Office
办公专家从入门到精通

—— 柏 松 刘立卿 编著 ——

北京日报出版社

图书在版编目（CIP）数据

Office 办公专家从入门到精通 / 柏松，刘立卿编著
. -- 北京 ：北京日报出版社, 2015.10
ISBN 978-7-5477-1787-5

Ⅰ. ①O… Ⅱ. ①柏… ②刘… Ⅲ. ①办公自动化－应用软件 Ⅳ. ①TP317.1

中国版本图书馆 CIP 数据核字(2015)第 215000 号

Office 办公专家从入门到精通

出版发行：北京日报出版社

地　　址：北京市东城区东单三条 8-16 号　东方广场东配楼四层

邮　　编：100005

电　　话：发行部：（010）65255876
　　　　　　总编室：（010）65252135-8043

印　　刷：北京市燕山印刷厂

经　　销：各地新华书店

版　　次：2015 年 12 月第 1 版
　　　　　　2015 年 12 月第 1 次印刷

开　　本：787 毫米×1092 毫米　1/16

印　　张：23

字　　数：575 千字

定　　价：58.00 元

前　言

 软件简介

Office 2010 是 Microsoft 公司推出的套装办公软件，它以美观的界面、强大的功能吸引了亿万计算机用户，成为全球受欢迎的桌面办公软件之一。本书立足于 Office 2010 的软件及行业应用，完全从一个初学者的角度出发，循序渐进地讲解每一个知识点，并通过大量行业案例演练，让读者在最短的时间内成为 Office 办公高手。

 本书特色

特　色	特　色　说　明
15 大核心技术精解	本书体系完整，由浅入深地对 Office 的 15 大核心技术：Word 基本操作、美化操作、高级排版、表格创建和编辑、Excel 公式函数应用、Excel 图表和透视表应用以及 PowerPoint 文本美化、幻灯片编辑与设置等做了全面讲解
200 多个应用技巧点拨	编者在编写时，将平常工作中各方面的 Office 实战技巧、设计经验，毫无保留地奉献给读者，不仅大大丰富和提高了本书的含金量，更能增加读者的实战技巧与经验，提高学习与工作的效率，学有所成
260 多个典型技能案例	本书包括 260 多个操作性极强的技能案例，帮助读者在实战演练中逐步掌握软件的核心技能与操作技巧
300 多分钟视频演示	书中 260 多个技能案例的所有操作，全部录制了带语音讲解的演示视频，读者可以结合书本，也可以独立观看视频演示，像看电影一样进行学习，既轻松方便又高效
近 1200 张图片全程图解	本书采用了近 1200 多张图片，对技能案例的操作步骤进行了全程式的图解，通过这些辅助图片，让实例的操作变得更通俗易懂，读者可以快速领会，大大提高学习的效率

 内容编排

本书共分为五篇：Office 入门篇、Word 排版篇、Excel 制表篇、PowerPiont 演示篇、案例实战篇，具体章节内容如下：

篇　章	主　要　内　容
Office 入门篇	第 1 章，专业讲解了 Office 2010 的新增功能、应用领域以及安装、启动和退出，了解 Office 2010 的工作界面、Word 2010 软件简介、Excel 2010 软件简介、PowerPoint 2010 软件简介等内容

续表

篇　章	主　要　内　容
Word 排版篇	第 2～6 章，专业讲解了文档的基本操作、文本内容的基本操作、视图的显示方式、设置文本样式、设置段落格式、设置边框和底纹、图文混排操作、设置特殊版式、创建和编辑表格、文档页面设置和排版等内容
Excel 制表篇	第 7～11 章，专业讲解了工作簿的基本操作、工作表的基本操作、工作表格设置、调整行高和列宽、公式的基本操作、常用函数的使用、创建数据清单、排序与筛选操作、创建与编辑图表、设置图表属性等内容
PowerPiont 演示篇	第 12～16 章，专业讲解了视图的显示方式、文稿的基本操作、文本基本操作、编辑文本对象、设置段落格式、幻灯片基本操作、幻灯片背景设置、绘制与编辑图形、插入图片和艺术字、创建与编辑图表、设置放映效果等内容
案例实战篇	第 17～20 章，从不同领域或行业，精选与精做了大量的办公案例效果，从 Word 办公、Excel 办公、PowerPoint 商务以及三个软件结合等方面进行讲解，既巩固前面所学，又能帮助读者在实战中将设计水平提升一个新的高度

 ## 作者售后

　　本书由刘立卿、柏松主编，同时参与编写的人员还有郭文亮、郭领艳、谭贤、刘嫔、杨闰艳等人。由于编写时间仓促，书中难免存在疏漏与不妥之处，恳请广大读者来信咨询指正，联系网址：http://www.china-ebooks.com。

 ## 版权声明

编　者

目 录

第 1 章　Office 2010 轻松上手

Office 2010 是 Microsoft 公司推出的套装办公软件，它主要由 Word 2010、Excel 2010、PowerPoint 2010 和 Access 2010 等组件构成，其全新设计的用户界面、稳定安全的文件格式、集中高效的运作机制，是众多办公自动化软件中的佼佼者，倍受广大电脑办公人员的喜爱。本章主要介绍 Office 2010 的基础知识，如安装、启动和退出 Office 2010，以及认识 Office 2010 工作界面和 Office 2010 组件介绍等内容。

1.1　初识 Office 2010

Office 2010 在 Office 2007 的基础上，进行了相应的改进，不但继承了以前版本的种种优秀特性，而且在工作界面、人机交互和功能方面有了很大的进步，是集文字排版、表格制作、幻灯片设计与数据处理等功能于一身的优秀办公软件。本节主要介绍 Office 2010 的软件概述、新增功能以及应用领域等内容。

1.1.1　Office 2010 软件概述

Office 2010 是 Microsoft 公司推出的 Office 办公系列文字处理软件中的最高版本，是一个功能强大的编辑程序，具有一整套的编写工具和易于使用的用户界面。Office 2010 拥有大量的新工具，用户可以比以往任何版本更快捷地创建专业水准的文档和内容。

Office 2010 共有 6 个版本，分别是初级版、家庭及学生版、家庭及商业版、标准版、专业版和专业高级版，此外还推出 Office 2010 免费版本，其中仅包括 Word 和 Excel 应用。除了完整版以外，微软还将发布针对 Office 2007 的升级版 Office 2010。Office 2010 可支持 32 位和 64 位 Vista 及 Windows 7 操作系统，仅支持 32 位 Windows XP，不支持 64 位 Windows XP。

Office 2010 全部的家庭成员分别为：Microsoft Word 2010、Microsoft Excel 2010、Microsoft PowerPoint 2010、Microsoft Access 2010、Microsoft InfoPath Designer 2010、Microsoft InfoPath Filler 2010、Microsoft OneNote 2010、Microsoft Outlook 2010、Microsoft Publisher 2010、Microsoft SharePoint Workspace 2010、Office Communicator 2010 等。

此外，Office 2010 的各个应用程序有着相似的命令、对话框和操作步骤。因此，只要学会了其中一个应用程序的用法，再学习其他应用程序也非常容易。值得指出的是，在使用 Office 2010 应用程序时，要特别注意程序间的协同工作。这种协同工作并不复杂，只要注意它们之间的形式关系就可以了。通过协同工作可以把 Word 文本、Excel 图表或 Access 数据库信息组合成一个非常完美的文档。

1.1.2　Office 2010 的新增功能

Office 2010 的工作界面简洁明快，标识也改为了全橙色，而不是此前的四种颜色。Office 2010 将采用 Ribbon 全新界面主题，由于程序功能的日益增多，微软专门为 Office 2010 开发了这套工作界面。下面向读者详细介绍 Office 2010 的新增功能。

1. 截屏工具

Windows Vista 操作系统中自带了一个简单的截屏工具，Office 2010 中的 Word、Excel 等组件里也增加了这个截屏功能，在"插入"选项卡中可以找到"屏幕截图"按钮，如图 1-1 所示。"屏幕截图"功能支持多种截图模式，特别是会自动缓存当前打开窗口的截图，单击鼠标左键，即可插入到文档中。

图 1-1　Word 2010 中的"屏幕截图"按钮

2. 背景移除工具

在 Word 2010 中，用户可以在 Word 2010 中的图片工具下方或者在"页面布局"面板中找到该工具，如图 1-2 所示。当用户执行简单的抠图操作时，就无需动用 Photoshop 等图形处理软件了，使用背景移除工具还可以添加、去除水印。

图 1-2　"水印"功能

3. 限制编辑

在线协作是 Office 2010 中一个非常重要的功能，也符合当今办公趋势。在 Office 2010 中，"审阅"面板中新增了"限制编辑"按钮，旁边还增加了"阻止作者"按钮，如图 1-3 所示。

图 1-3　"限制编辑"按钮

4. 打印选项

与 Office 2007 中的打印选项相比，Office 2010 中打印选项的各个参数全部显示在选项卡中，成为一个控制面板，如图 1-4 所示。

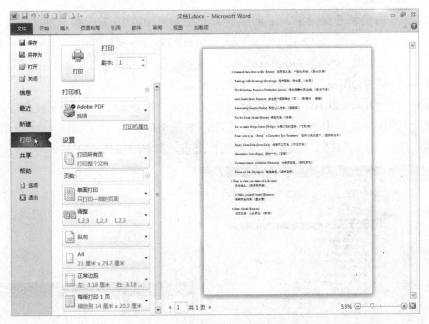

图 1-4　Word 2010 中的打印选项

5. SmartArt 模板

SmarArt 是 Office 2007 引入的一个很酷的功能，可以轻松制作出精美的业务流程图，而 Office 2010 在现有类别下增加了大量的全新模板，还增加了很多全新的类别，如图 1-5 所示。

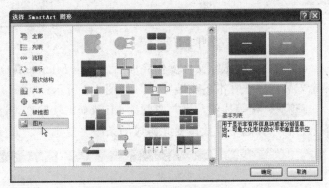

图 1-5　SmarArt 模板

1.2　安装、启动和退出 Office 2010

在使用 Office 2010 之前，还有一些准备工作要做。本章将详细地介绍 Office 2010 的安装、启动与退出操作。

1.2.1　【演练 1＋视频 】：安装 Office 2010

安装 Office 2010 应用程序与普通应用程序的安装方法不同，在安装 Office 2010 时，用户除了可以自己选择要安装的组件和相关功能外，还可以选择从网络上运行程序或只安装组件的外壳，等第一次使用该组件时再安装具体的功能，这样可以最大限度地节省磁盘空间。

Office 2010 的安装非常简单，下面向读者介绍 Office 2010 的安装方法。

素材文件	·无	效果文件	·无
视频文件	·\视频\第 1 章\安装 Office 2010.swf	视频时长	121 秒

【演练 1】安装 Office 2010 的具体操作步骤如下：

步骤① 打开 Office 2010 安装程序所在的文件夹，找到 exe 格式的安装文件，单击鼠标右键，在弹出的快捷菜单中选择"打开"选项，如图 1-6 所示。

步骤② 弹出相应对话框，显示解压缩文件进度，如图 1-7 所示。

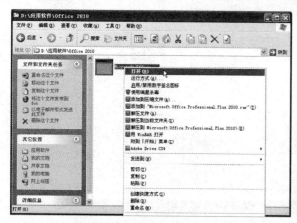

图 1-6 选择"打开"选项

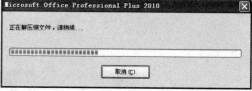

图 1-7 显示解压缩文件进度

步骤③ 待解压缩文件操作完成后，弹出 Microsoft Office Professional Plus 2010 对话框，显示安装程序正在准备安装文件，如图 1-8 所示。

步骤④ 稍等片刻，进入"阅读 Microsoft 软件许可证条款"页面，请用户仔细阅读许可条款内容，并选中"我接受此协议的条款"复选框，如图 1-9 所示。

图 1-8 安装程序正在准备安装文件

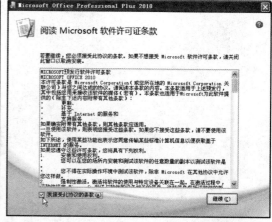

图 1-9 选中"我接受此协议的条款"复选框

 专家指点

打开 Office 2010 安装程序所在的文件夹，找到 exe 格式的安装文件，双击鼠标左键，也可以启动 Office 2010 安装程序。

步骤⑤ 单击"继续"按钮，进入"选择所需的安装"页面，单击"自定义"按钮，如图 1-10 所示。

步骤⑥ 进入"安装选项"选项卡，单击 Microsoft Office InfoPath 选项左侧的下拉按钮，在弹出的列表框中选择"不可用"选项，如图 1-11 所示。

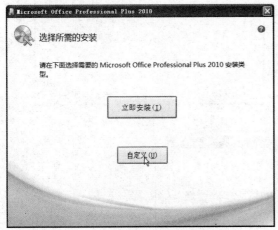

图 1-10　单击"自定义"按钮

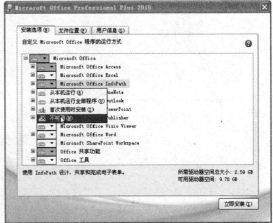

图 1-11　选择"不可用"选项

步骤⑦ 在"安装选项"选项卡中，用户可以选择需要安装的组件，在不需要安装的组件上选择"不可用"选项即可，如图 1-12 所示。

步骤⑧ 切换至"文件位置"选项卡，在其中用户可根据需要设置软件的安装位置，单击"浏览"按钮，如图 1-13 所示。

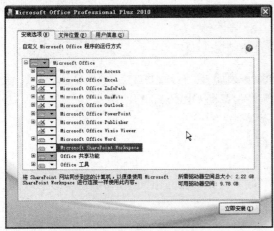

图 1-12　选择需要安装的组件

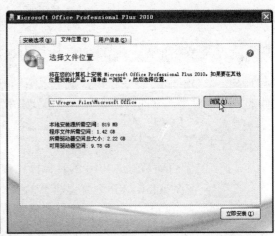

图 1-13　单击"浏览"按钮

步骤⑨ 弹出"浏览文件夹"对话框，在下拉列表框中选择软件的安装位置，如图 1-14 所示。

步骤⑩ 单击"确定"按钮，返回"文件位置"选项卡，单击"立即安装"按钮，即可开始安装 Office 2010，并显示软件的安装进度，如图 1-15 所示。

步骤⑪ 等软件安装完成后，进入安装完成页面（如图 1-16 所示），单击"关闭"按钮，完成 Office 2010 的安装操作。

图 1-14　选择软件的安装位置

图 1-15　显示软件的安装进度

图 1-16　完成 Office 2010 的安装操作

1.2.2　【演练 2 + 视频 】：启动 Office 2010

安装完 Office 2010 后，用户就可以启动 Office 2010 中的各组件了，启动 Office 2010 组件的方法有很多，下面向读者介绍通过"开始"菜单启动 Office 2010 的操作方法。

素材文件	·无	效果文件	·无
视频文件	·\视频\第 1 章\启动 Office 2010.swf	视频时长	秒

【演练 2】启动 Office 2010 的具体操作步骤如下：

步骤① 在 Windows XP 系统桌面上单击"开始"按钮，在弹出的菜单列表中单击"所有程序"| Microsoft Office 命令，在弹出的子菜单中选择任意组件，如选择 Microsoft Office Word 2010 选项，如图 1-17 所示。

步骤② 执行上述操作后，即可启动 Office 2010 中的组件 Word 2010，进入 Word 2010 的工作界面，如图 1-18 所示。

专家指点

　　在"我的电脑"（或资源管理器）窗口中，打开某个 Office 文件以激活其相应的应用程序。因为 Windows 系统提供了应用程序与文件的关联，所以在打开 Office 文件的同时就启动了相应的 Office 应用程序。

图 1-17　选择 Microsoft Office Word 2010 选项

图 1-18　进入 Word 2010 的工作界面

1.2.3　【演练 3 + 视频】：退出 Office 2010

退出 Office 2010 的方法很多，下面向读者介绍通过单击菜单命令退出 Office 2010 的方法。

素材文件	·无	效果文件	·无
视频文件	·\视频\第 1 章\退出 Office 2010.swf	视频时长	39 秒

【演练 3】退出 Office 2010 的具体操作步骤如下：

步骤① 单击"文件"选项卡，在弹出的面板中单击"退出"按钮，如图 1-19 所示。

步骤② 执行上述操作后，即可退出 Office 2010 应用程序，若在工作界面中进行了部分操作，之前也未保存，在退出该软件时，将会弹出提示信息框，如图 1-20 所示。单击"保存"按钮，将保存文件后退出；单击"不保存"按钮，将不保存文件直接退出；单击"取消"按钮，将不退出 Office 2010 应用程序。

图 1-19　单击"退出"按钮

图 1-20　提示信息框

 专家指点

用户还可以通过以下 3 种方法退出 Office 2010 应用程序：
- 单击 Word 2010 标题栏上的"关闭"按钮。
- 在标题栏的 Word 2010 程序图标上，双击鼠标左键。
- 按【Alt + F4】组合键。

1.3 Office 2010 工作界面

Office 2010 采用了全新的 Ribbon 界面，它可以智能显示相关命令，同时给人以赏心悦目的感觉。本节主要以 Word 2010 为例，介绍 Office 2010 工作界面的基本组成。Word 2010 的工作界面主要由自定义快速访问工具栏、标题栏、菜单栏、面板、标尺、滚动条、状态栏、编辑区、视图栏以及"帮助"按钮组成，如图 1-21 所示。

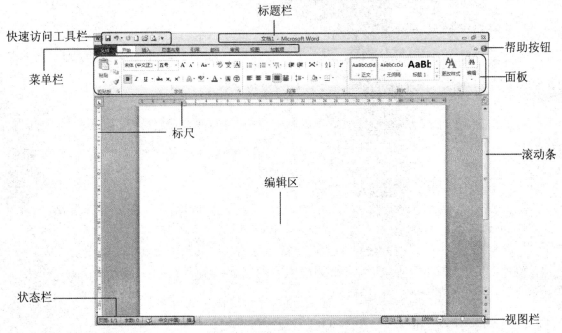

图 1-21　Word 2010 的工作界面

1.3.1　标题栏

标题栏位于工作界面顶端的右半部分，用来显示文档名称、程序名称和窗口控制按钮组，如图 1-22 所示。

图 1-22　标题栏

1.3.2　自定义快速访问工具栏

在 Word 2010 中，自定义快速访问工具栏位于工作界面的左上角，其中包括"新建"按钮、"保存"按钮、"打开"按钮、"撤销"按钮等（如图 1-23 所示），单击其中的按钮可以执行相应的操作。

图 1-23　自定义快速访问工具栏

1.3.3　菜单栏和面板

　　菜单栏和面板是对应的关系，在菜单栏中单击某个菜单即可显示相应的面板，在面板中有许多自动适应窗口大小的选项板，为用户提供了常用的命令按钮，图 1-24 所示为"插入"面板。

图 1-24　"插入"面板

1.3.4　帮助按钮

　　帮助按钮位于菜单栏的右侧，单击该按钮可以打开相应组件的帮助窗口，在其中可以查找需要的帮助信息，如图 1-25 所示。

图 1-25　Word 帮助窗口

1.3.5 编辑区

编辑区也称为工作区，是 Word 2010 工作界面中最大的区域，位于工作界面的中央，是输入文本和编辑文档的区域，如图 1-26 所示。该区域显示当前正在编辑的文档内容，用户对文档所进行的各种操作都是通过编辑区显示和反馈的。在一般情况下，光标（即插入点）总是停留在编辑区的文档中。

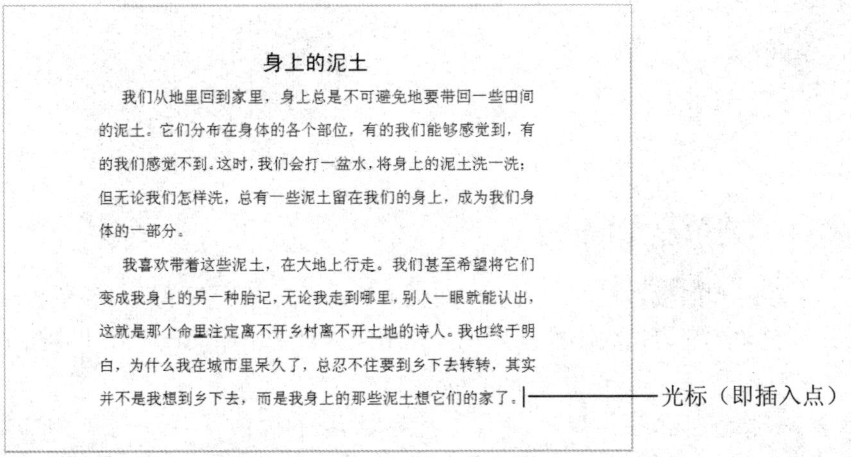

身上的泥土
我们从地里回到家里，身上总是不可避免地要带回一些田间的泥土。它们分布在身体的各个部位，有的我们能够感觉到，有的我们感觉不到。这时，我们会打一盆水，将身上的泥土洗一洗；但无论我们怎样洗，总有一些泥土留在我们的身上，成为我们身体的一部分。
我喜欢带着这些泥土，在大地上行走。我们甚至希望将它们变成我身上的另一种胎记，无论我走到哪里，别人一眼就能认出，这就是那个命里注定离不开乡村离不开土地的诗人。我也终于明白，为什么我在城市里呆久了，总忍不住要到乡下去转转，其实并不是我想到乡下去，而是我身上的那些泥土想它们的家了。
光标（即插入点）

图 1-26　编辑区

1.3.6 状态栏和视图区

状态栏位于工作界面底端的左半部分，用来显示当前 Word 文档的相关信息，如当前文档的页码、总页数、字数、当前光标在文档中的位置等内容，如图 1-27 所示。状态栏的右侧是视图栏，其中包括视图按钮组、调整页面显示比例滑块和当前显示比例等。

总页数
输入法状态
“页面视图”按钮
“Web 版式视图”按钮
“普通视图”按钮
调整显示比例滑
页面: 1/1
字数: 260
中文(中国)
插入
100%
当前页数
当前文档检错结果
“阅读版式视图”按钮
“大纲视图”按钮
当前显示比例

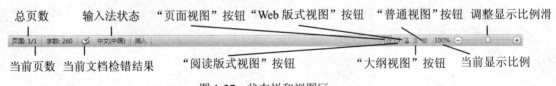

图 1-27　状态栏和视图区

1.4 Office 2010 组件介绍

Office 2010 由多个组件组成，主要有 Word、Excel、PowerPoint 和 Access 等，下面分别对各主要组件进行简单的介绍。

1.4.1 Word 2010 软件简介

Word 2010 是用户桌面办公中使用最多的一款软件。Word 2010 在 Word 2007 版本的基础上增加和改进了许多功能，它不但具有一整套编写工具，还具有易于使用的工作界面。Word 经常用于制作和编辑办公文档，在文字处理方面的功能十分强大，使用户在办公过程中能够更加轻松、方便。下面向读者介绍 Word 2010 软件的主要功能。

1. 模板库应用

Word 2010 的模板库和 Microsoft Office Online 官方网站上提供的个人简历、备忘录、传真、信函和证书奖状等各种模板，使用户可以方便地创建出具有专业水准的文档，如图 1-28 所示。

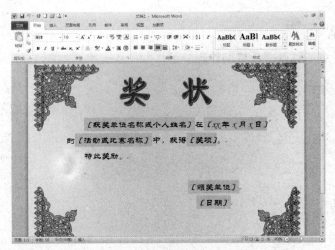

图 1-28　创建具有专业水准的文档

2. 多种快速样式

在 Word 2010 中，用户可以为段落、文本设置多种快速样式。用户在输入文本、绘制表格时可以轻松地应用精美的样式，还可以在文档中插入图片、文本框和艺术字等对象，制作出图文并茂的各种办公文档，如图 1-29 所示。

图 1-29　图文并茂的办公文档

3. 共享文档

在 Word 2010 中，将制作的文档保存在文档管理服务器中，还可以与同事、朋友共享以及有效地收集反馈信息。

1.4.2 Excel 2010 软件简介

　　Excel 2010 是 Microsoft 公司推出的电子表格处理软件,它具有十分完善的数据处理功能,可以广泛应用于财务、行政、金融、经济、统计和审计等众多领域,下面将介绍 Excel 2010 的主要功能。

1. 电子表格

　　在 Excel 2010 中,可以方便地制作出各种商业电子表格,如图 1-30 所示。

图 1-30　商业电子表格

2. 数据筛选

　　在 Excel 2010 中,用户可以对数据进行排序和筛选,便于用户进行数据的统计和分析等操作,如图 1-31 所示。

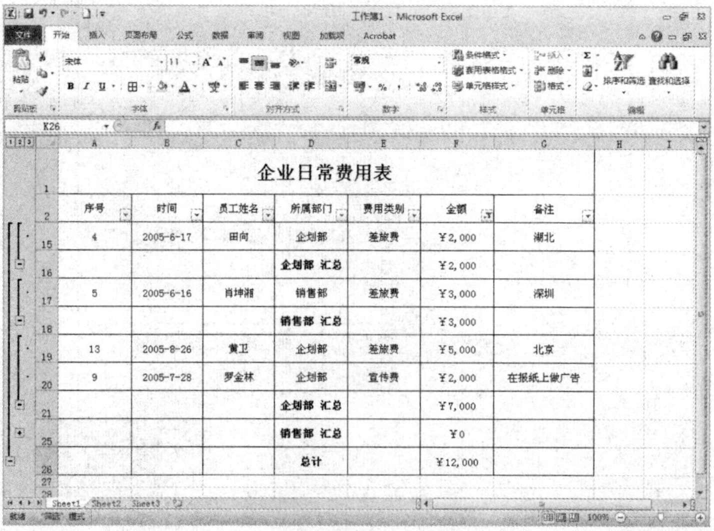

图 1-31　对数据进行排序和筛选

3. 数据运算

在 Excel 2010 中，用户可以对表格中的数据进行各种运算，如图 1-32 所示。

产品生产成本表			
编制:叶浩		时间	2007-3-1
项目	上年实际	本月实际	本年实际累计
生产费用:			
直接材料	￥800,000.00	￥300,000.00	￥950,000.00
其中:原材料	￥700,000.00	￥240,000.00	￥900,000.00
直接人工	￥200,000.00	￥140,000.00	￥300,000.00
燃料及动力	￥25,000.00	￥2,000.00	￥35,000.00
制造费用	￥220,000.00	￥30,000.00	￥320,000.00
生产费用合计	￥1,245,000.00	￥472,000.00	￥1,605,000.00
加:在产品、自制半成品期初余额	￥40,000.00	￥3,800.00	￥31,000.00
减:在产品、自制半成品期末余额	￥45,000.00	￥5,500.00	￥38,000.00
产品生产成本合计	￥1,240,000.00	￥470,300.00	￥1,598,000.00
减：自制设备耗用、在建工程耗用	￥4,000.00	￥500.00	￥3,200.00
减：其他不包括在产品成本中的生产费用	￥6,000.00	￥680.00	￥6,800.00
产品总成本	￥1,250,000.00	￥471,480.00	￥1,608,000.00

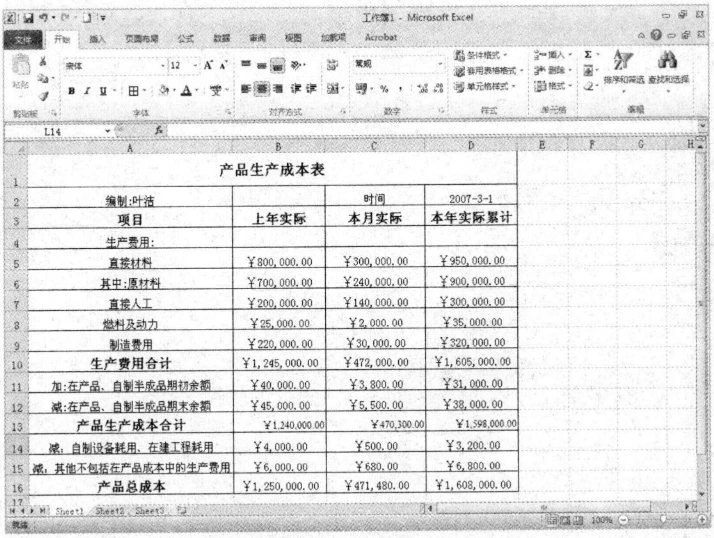

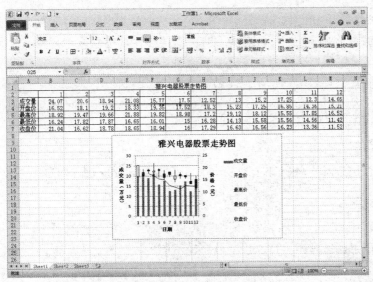

图 1-32　对表格中的数据进行各种运算

4. 转换图表

在 Excel 2010 中，用户可以将数据转换为各种形式的可视性图表并显示或打印出来，如图 1-33 所示。

雅兴电器股票走势图												
	1	2	3	4	5	6	7	8	9	10	11	12
成交量	24.07	20.6	18.94	21.08	15.77	17.5	12.52	13	15.2	17.25	12.3	14.65
开盘价	16.52	18.1	19.2	18.33	19.35	17.52	18.3	15.23	17.25	16.85	14.36	15.21
最高价	18.92	19.47	19.66	21.88	19.82	18.98	17.2	19.12	18.12	15.55	17.85	16.52
最低价	16.24	17.82	17.87	16.65	16.01	15	16.28	14.13	15.58	15.56	14.56	11.42
收盘价	21.04	16.62	18.78	18.65	18.94	16	17.29	16.63	16.56	16.23	13.36	11.52

图 1-33　将数据转换为图表显示

1.4.3 PowerPoint 2010 软件简介

PowerPoint 2010 是一款专门用来制作和播放幻灯片的软件，使用它可以轻松地制作出形象生动、声形并茂的幻灯片。下面向读者介绍 PowerPoint 2010 的主要功能。

1. 自定义动画

在 PowerPoint 2010 中，使用自定义动画功能可以使演示文稿妙趣横生。PowerPoint 2010 中高质量的自定义动画可以使演示文稿更加生动活泼，如图 1-34 所示。用户可以创建很多动画效果，如同时移动多个对象，或沿着轨迹移动对象（轨迹动画），并且可以很容易地安排动画效果的先后顺序。

2. 幻灯片样式

在 PowerPoint 2010 中，用户可根据需要创建包含文字、表格、形状和图片等对象的幻灯片，如图 1-35 所示。

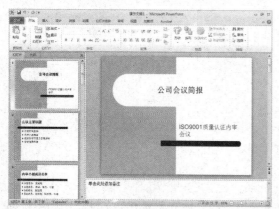
图 1-34 自定义动画的演示文稿

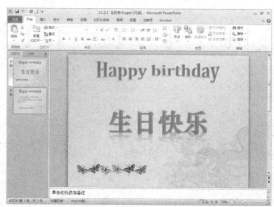
图 1-35 幻灯片各种样式

3. 演示幻灯片

在 PowerPoint 2010 中，幻灯片放映工具栏使用户在播放演示文稿时可以方便地进行幻灯片放映导航，还可以使用墨迹注释工具、笔和荧光笔选项以及"幻灯片放映"菜单命令轻松演示幻灯片，而且工具栏不会对观看演示文稿产生影响。

1.4.4 Office 2010 其他组件简介

除了以上向读者介绍的 Office 2010 组件外，还有其他相应组件，如 Access 2010、Outlook 2010、InfoPath 2010 以及 Publisher 2010 等，下面分别向大家进行简单介绍。

1. Access 2010

Access 2010 是数据库管理软件，使用它可以创建和使用程序来实现对信息的保存、维护、查询、统计、打印、交流和发布，利用 Access 2010 可以制作的数据库包括办公数据库、网站后台数据库、公司产品销售数据库和人力资源管理数据库等，还可以与其他 Office 组件交流数据，图 1-36 所示为图书查询统计表。

2. Outlook 2010

Outlook 2010 是一款功能强大的桌面信息管理软件，也是 Microsoft Office 2010 的一个组件，可用于组织和共享桌面信息，并可与他人通信。它最基层的信息分类是项目，各种信息都以项目为基本单位，存储在各个文件夹中。Outlook 的工作界面如图 1-37 所示。

图 1-36　图书查询统计表　　　　　　图 1-37　Outlook 的工作界面

3. InfoPath 2010

InfoPath 是微软 Office 2003 家族中的新成员，现在已经发布了 2010 版本，新版本支持在线填写表单。InfoPath 是企业级搜集信息和制作表单的工具，将很多的界面控件集成在该工具中，为企业开发表单搜集系统提供了极大的方便。

InfoPath 文件的后缀名是.XML，可见 InfoPath 是基于 XML 技术的，作为一个数据存储中间层的技术，InfoPath 拥有大量常用控件，如 Date Picker、文本框、可选节、重复节等，同时提供很多表格的页面设计工具。IT 开发人员可以为每个空间设置相应的数据有效性规则或数学公式。

如果 InfoPath 仅能做到上述功能，那么用户是可以用 Excel 做的表单代替 InfoPath 的。InfoPath 最重要的功能是它可以提供与数据库和 Web 服务之间的连接。用户可以先前将需要搜集的数据字段和表之间的关系在数据库中定义好（可以使用 SQL Server 和 Access 进行设计），然后将 InfoPath 表单中的控件和数据库中的字段进行绑定。这样当用户开始填写 InfoPath 表单时，数据就会自动存储到数据库中去。此时，IT 开发人员设计好的 InfoPath 表单是.xsn 后缀的文件，即 InfoPath 的模板文件，如果想改变用户使用的表单，只需改变模板就可以了。

4. Publisher 2010

Publisher 是 Microsoft Office 组件之一，它是完整的企业发布和营销材料解决方案。与客户保持联络并进行沟通，对任何企业都非常重要，Publisher 2010 可以帮助用户快速有效地创建专业的营销材料。使用 Publisher 软件，用户可以在企业内部比以往更轻松地设计、创建和发布专业的营销和沟通材料。

Microsoft Office Publisher 是 Publisher 的全称，是微软公司发行的桌面出版应用软件。它不仅可以对文字进行处理，还可以输出为 PDF 格式的文件。

第 2 章　Word 2010 基本操作

Word 2010 是 Office 2010 办公系统的核心软件，是专门为文本编辑、排版以及打印而设计的软件，它具有强大的文字输入、处理和自由制表等功能，是目前世界上最优秀、最流行的文字处理及排版软件之一。本章主要介绍 Word 2010 文档的一些基本操作，如新建文档、打开文档、文本内容的基本操作、视图的显示方式等内容。

2.1　文档的基本操作

文件是文档的存储形式，所有文档都需要存储为文件，以便以后编辑或使用。本节主要介绍 Word 2010 文档的基本操作，主要包括创建文档、打开文档、保存文档和关闭文档，以及设置密码保存文档等操作。

2.1.1　【演练 4 + 视频】：创建 Word 文档

在 Word 2010 中创建一个空白文档，可以在其中输入文本内容并进行各种编辑。下面介绍创建 Word 文档的操作方法。

素材文件	·无	效果文件	·无
视频文件	·\视频\第 2 章\创建 Word 文档.swf	视频时长	31 秒

【演练 4】创建 Word 文档的具体操作步骤如下：

步骤① 在 Word 2010 工作界面中，单击"文件"菜单，在弹出的面板中单击"新建"命令，如图 2-1 所示。

步骤② 切换至"新建"选项卡，在中间窗格中单击"空白文档"按钮，如图 2-2 所示。

图 2-1　单击"新建"命令

图 2-2　单击"空白文档"按钮

如果用户需要创建一些特殊的新文档，可以使用 Word 2010 提供的模板和向导，它们能帮助用户创建报告、传真、出版物、信函、邮件标签、备忘录以及 Web 文档等。

步骤③ 单击右侧的"创建"按钮，即可新建一个空白文档，如图 2-3 所示。

图 2-3　新建一个空白文档

在 Word 2010 工作界面中按【Ctrl＋N】组合键，也可以新建 Word 文档。

2.1.2　【演练 5＋视频██】：打开 Word 文档

在编辑一个已经存在的文档之前，必须先将其打开，下面向读者介绍打开本机硬盘上 Word 文档的操作方法。

素材文件	• \素材\第 2 章\2-5.docx	效果文件	• 无
视频文件	• \视频\第 2 章\打开 Word 文档.swf	视频时长	26 秒

【演练 5】打开 Word 文档的具体操作步骤如下：

步骤① 在 Word 2010 工作界面中，单击"文件"菜单，在弹出的面板中单击"打开"命令，如图 2-4 所示。

步骤② 弹出"打开"对话框，在其中选择需要打开的 Word 文档，如图 2-5 所示。

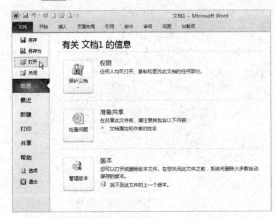

图 2-4　单击"打开"命令

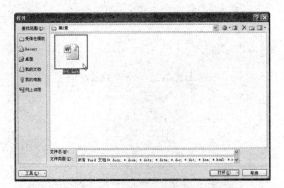

图 2-5　选择需要打开的文档

步骤③ 单击"打开"按钮，即可打开 Word 文档，效果如图 2-6 所示。

图 2-6　打开 Word 文档

在 Word 2010 工作界面中按【Ctrl+O】组合键，也可以打开电脑中已存在的 Word 文档。

2.1.3　【演练 6+视频 】：保存 Word 文档

保存文档是把文档作为一个磁盘文件存储起来，在 Word 2010 中，工作时所创建的文档是驻留在计算机内存（RAM）和磁盘上的临时文件中的，只有保存了文档才能永久地将其保存下来，否则文档中的信息将丢失。因此，养成及时保存文档的习惯是非常必要的。

素材文件	·无	效果文件	·\效果\第 2 章\2-9.docx
视频文件	·\视频\第 2 章\保存 Word 文档.swf	视频时长	38 秒

【演练 6】保存 Word 文档的具体操作步骤如下：

步骤① 进入 Word 2010 工作界面中，选择一种合适的输入法，输入相应文本内容，如图 2-7 所示。

步骤② 单击"文件"菜单，在弹出的面板中单击"保存"命令，如图 2-8 所示。

图 2-7　输入相应文本内容

图 2-8　单击"保存"命令

步骤③ 弹出"另存为"对话框，在其中设置文档的保存位置及文件名称，如图 2-9

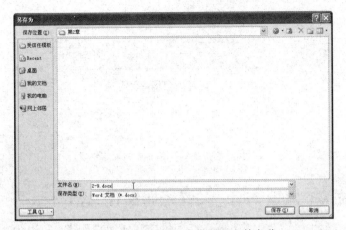

图 2-9　设置文档的保存位置及文件名称

步骤④　设置完成后，单击"保存"按钮，即可将 Word 文档进行保存。

专家指点

在 Word 2010 工作界面中按【Ctrl＋S】组合键，也可以保存 Word 文档。

2.1.4　【演练 7＋视频 】：关闭 Word 文档

在 Word 2010 中编辑好文档后，需要将文档关闭，下面介绍关闭 Word 文档的方法。

素材文件	·无	效果文件	·无
视频文件	·\视频\第 2 章\关闭 Word 文档.swf	视频时长	30 秒

【演练 7】关闭 Word 文档的具体操作步骤如下：

步骤①　进入 Word 2010 工作界面中，选择一种合适的输入法，输入相应文本内容，如图 2-10 所示。

步骤②　单击"文件"菜单，在弹出的面板中单击"关闭"命令，如图 2-11 所示。

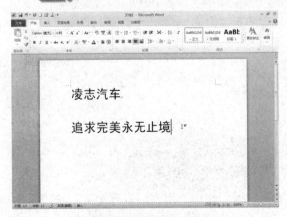

图 2-10　输入相应文本内容

图 2-11　单击"关闭"命令

步骤③　执行上述操作后，将弹出提示信息框，提示用户是否保存文档（如图 2-12 所示），单击"不保存"按钮，即可关闭 Word 文档。

图 2-12 提示用户是否保存文档

专家指点

> 在 Word 2010 工作界面中按【Ctrl＋W】组合键，也可以关闭 Word 文档。

2.1.5 【演练 8＋视频──】：设置密码保存文档

如果用户有重要的个人信息或公司资料不想让其他用户知道，可以为文件设置密码，进行加密保护。

素材文件	·\素材\第 2 章\2-13.docx	效果文件	·\效果\第 2 章\2-17.docx
视频文件	·\视频\第 2 章\设置密码保存文档.swf	视频时长	58 秒

【演练 8】设置密码保存文档的具体操作步骤如下：

步骤① 单击"文件"菜单，在弹出的面板中单击"打开"命令，打开一个 Word 文档，如图 2-13 所示。

步骤② 单击"文件"菜单，在弹出的面板中单击"信息"命令，切换至"信息"选项卡，如图 2-14 所示。

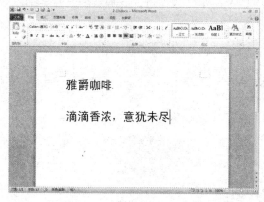

图 2-13 输入相应文本内容

图 2-14 切换至"信息"选项卡

专家指点

> 设置文档密码时，用户要注意密码的强度以及字母的大小写，由大写字母、小写字母、数字和符号组合而成的密码称为强密码，如果只有数字或字母等，则属于弱密码。

步骤③ 单击"保护文档"按钮，在弹出的列表框中选择"用密码进行加密"选项，如图 2-15 所示。

步骤④ 弹出"加密文档"对话框，在其中设置文档的密码，如图 2-16 所示。

步骤⑤ 单击"确定"按钮，弹出"确认密码"对话框，在其中重新输入密码（如图 2-17 所示），设置完成后，单击"确定"按钮，即可加密保存文档。

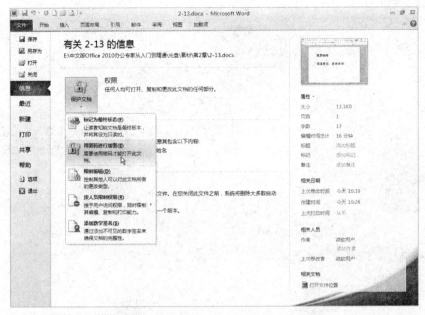

图 2-15 选择"用密码进行加密"选项

图 2-16 设置文档的密码

图 2-17 重新输入密码

2.2 文本内容基本操作

在 Word 2010 中，文本内容的基本操作包括文本的输入、选择、移动、删除、复制、查找以及替换等，只有熟练掌握这些基本的操作方法和编辑技巧，才能在处理文档时灵活自如。本节主要介绍文本内容的基本操作方法。

2.2.1 【演练 9 + 视频 】：输入文本内容

启动 Word 2010 时，Word 2010 会自动建立一个空白文档。输入文本时，光标从左向右移动，这样用户可以不断地输入文本。Word 2010 会根据页面的大小自动换行，当光标移动到页面的右边界时，再输入字符，光标会自动移至下一行行首位置。如果用户想另起一段文本，可按【Enter】键换行。

素材文件	·无	效果文件	·\效果\第 2 章\2-20.docx
视频文件	·\视频\第 2 章\输入文本内容.swf	视频时长	27 秒

【演练 9】输入文本内容的具体操作步骤如下：

步骤① 进入 Word 2010 工作界面，将光标定位在文档中，如图 2-18 所示。

步骤② 单击任务栏中的语言图标，在弹出的列表框中选择"极品五笔输入法 2009"选项，如图 2-19 所示。

图 2-18　将光标定位在文档中

图 2-19　选择"极品五笔输入法 2009"选项

步骤③ 执行上述操作后，即可在编辑区中输入相应文本内容，效果如图 2-20 所示。

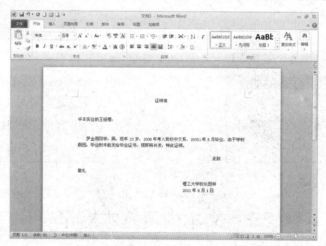

图 2-20　输入相应文本内容

专家指点

　　当用户输入文本时，按住【Shift】键的同时再按键盘上的按键，可以输入大写字母或者是该按键上方所标的符号。

2.2.2 【演练 10 ＋ 视频】: 选择文本内容

　　在编辑文本时，经常需要对文档的某一部分进行移动、复制等操作，这时就需要先选择操作对象。被选中的对象不仅可以是文本，还可以包括表格、图形和图像等。下面向读者介绍选择文本内容的操作方法。

素材文件	·无	效果文件	·无
视频文件	·\视频\第 2 章\选择文本内容.swf	视频时长	27 秒

　　【演练 10】选择文本内容的具体操作步骤如下：

　　步骤① 单击"文件"菜单，在弹出的面板中单击"打开"命令，打开上一例的效果文件，将鼠标指针定位至需要选择的文本的开始位置，如图 2-21 所示。

步骤 2　单击鼠标左键并拖曳，至目标位置后释放鼠标，即可选择所需文本，如图 2-22 所示。

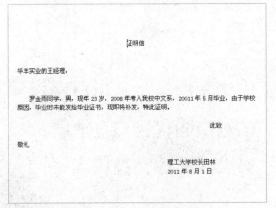

证明信

华丰实业的王经理：

罗金雨同学，男，现年 23 岁，2008 年考入我校中文系，20011 年 5 月毕业，由于学校原因，毕业时未能发给毕业证书，现即将补发，特此证明。

此致

敬礼

理工大学校长田林
2011 年 8 月 1 日

图 2-21　定位鼠标的位置

证明信

华丰实业的王经理：

罗金雨同学，男，现年 23 岁，2008 年考入我校中文系，20011 年 5 月毕业，由于学校原因，毕业时未能发给毕业证书，现即将补发，特此证明。

此致

敬礼

理工大学校长田林
2011 年 8 月 1 日

图 2-22　选择所需文本的效果

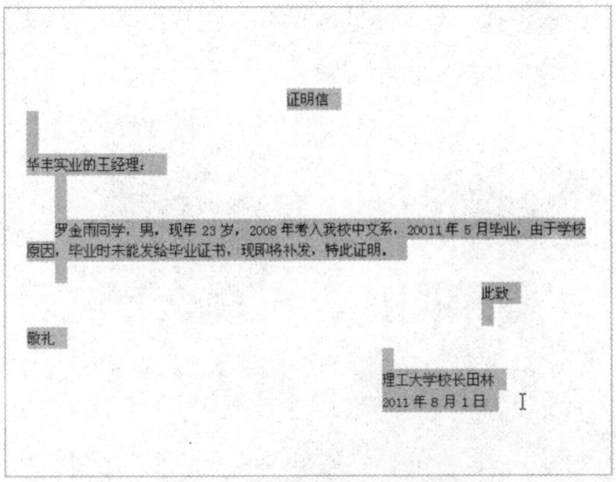

专家指点

在 Word 2010 中，如果用户需要选择一行文本，可将鼠标指针移到该行左侧，待鼠标指针呈向右的箭头形状时，单击鼠标左键，即可选择该行文字。

2.2.3　【演练 11 + 视频】：移动文本内容

在编辑文档时，有时需要将一段文字移到另外一个位置，Word 2010 为用户提供了很多方便的移动操作，下面向读者介绍移动文本内容的操作方法。

素材文件	• \素材\第 2 章\2-23.docx	效果文件	• \效果\第 2 章\2-26.docx
视频文件	• \视频\第 2 章\移动文本内容.swf	视频时长	35 秒

【演练 11】移动文本内容的具体操作步骤如下：

步骤 1　单击"文件"菜单，在弹出的面板中单击"打开"命令，打开一个 Word 文档，如图 2-23 所示。

步骤 2　在编辑区中选择需要移动的文本，如图 2-24 所示。

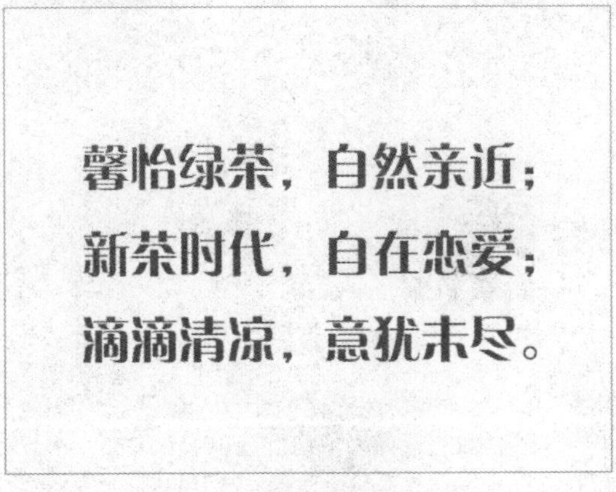

馨怡绿茶，自然亲近；
新茶时代，自在恋爱；
滴滴清凉，意犹未尽。

图 2-23　打开一个 Word 文档

馨怡绿茶，自然亲近；
新茶时代，自在恋爱；
滴滴清凉，意犹未尽。

图 2-24　选择需要移动的文本

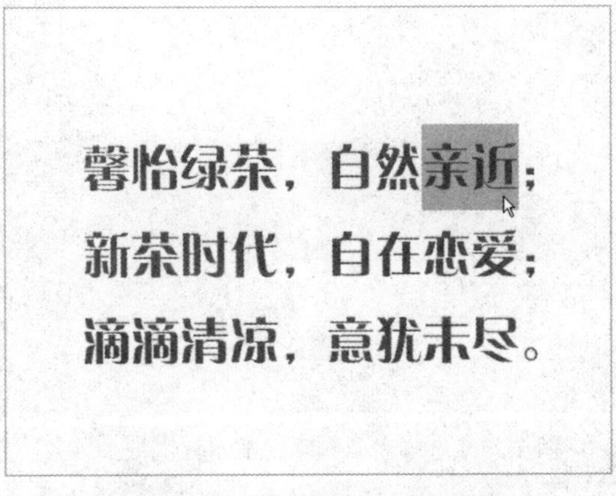

步骤③ 单击鼠标左键并向左拖曳，至合适位置后，将出现一条竖线，表示文本将要放置的位置，如图 2-25 所示。

步骤④ 释放鼠标左键，即可移动文本内容，效果如图 2-26 所示。

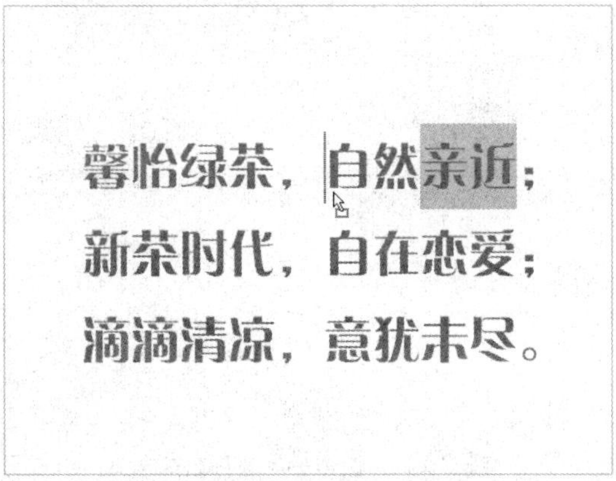

馨怡绿茶，自然亲近；
新茶时代，自在恋爱；
滴滴清凉，意犹未尽。

图 2-25　文本将要放置的位置

馨怡绿茶，亲近自然；
新茶时代，自在恋爱；
滴滴清凉，意犹未尽。

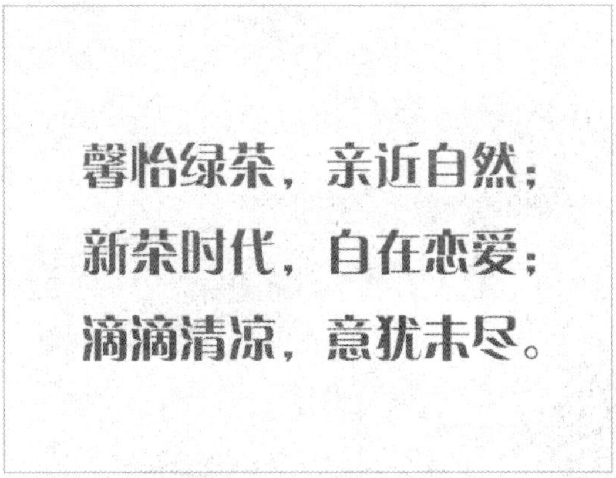

图 2-26　移动文本内容

2.2.4 【演练 12 + 视频】：删除文本内容

在 Word 2010 中，删除文本的方法很简单，一般在输入文本的过程中，用户可以使用【Backspace】键来删除光标左侧的文本，用【Delete】键删除光标右侧的文本。但如果要删除大段文字或多个段落，这两种方法就不合适了。

素材文件	• 无	效果文件	• \效果\第 2 章\2-29.docx
视频文件	• \视频\第 2 章\删除文本内容.swf	视频时长	28 秒

【演练 12】删除文本内容的具体操作步骤如下：

步骤① 单击“文件”菜单，在弹出的面板中单击“打开”命令，打开上一例的效果文件，选择需要删除的文本内容，如图 2-27 所示。

步骤② 单击鼠标右键，在弹出的快捷菜单中选择“剪切”选项，如图 2-28 所示。

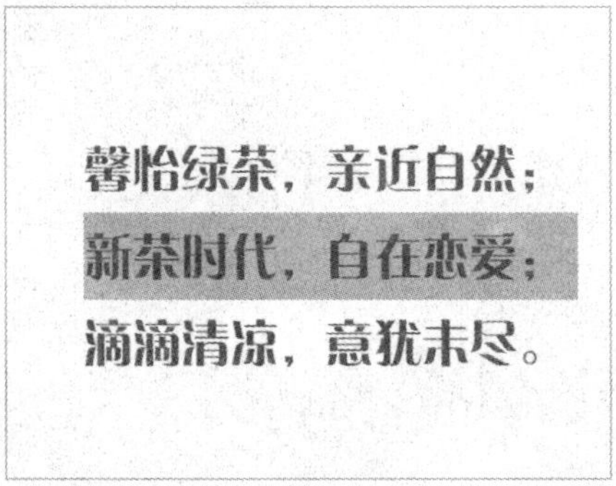

馨怡绿茶，亲近自然；
新茶时代，自在恋爱；
滴滴清凉，意犹未尽。

图 2-27　选择需要删除的文本内容

2-26.docx - Microsoft Word
AaBbCcDd
AaBbCcDd
AaBb
滴滴清凉，

图 2-28　选择“剪切”选项

步骤③ 执行上述操作后，即可删除文本内容，效果如图 2-29 所示。

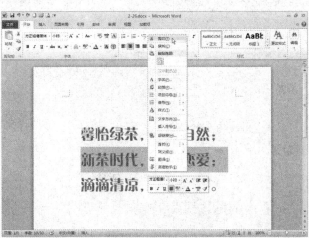

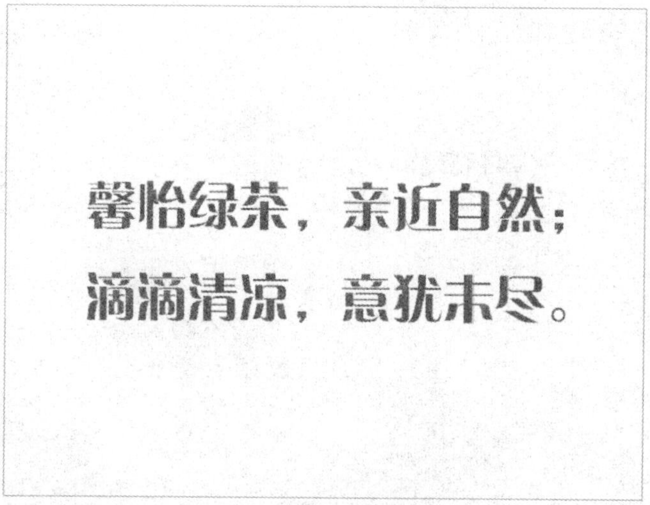

馨怡绿茶，亲近自然；

滴滴清凉，意犹未尽。

图 2-29 删除文本内容

2.2.5 【演练 13 + 视频──】：复制文本内容

复制是简化文档输入的有效方式之一，当编辑文档过程中有与上文相同的部分时，就可以使用复制功能来避免重复的编辑工作。

素材文件	• \素材\第 2 章\2-30.docx	效果文件	• \效果\第 2 章\2-33.docx
视频文件	• \视频\第 2 章\复制文本内容.swf	视频时长	50 秒

【演练 13】复制文本内容的具体操作步骤如下：

步骤① 单击"文件"菜单，在弹出的面板中单击"打开"命令，打开一个 Word 文档，如图 2-30 所示。

步骤② 在编辑区中选择需要复制的文本内容，单击鼠标右键，在弹出的快捷菜单中选择"复制"选项，如图 2-31 所示。

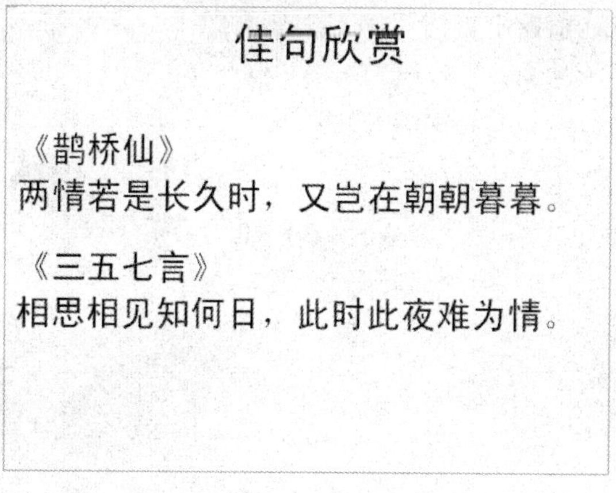

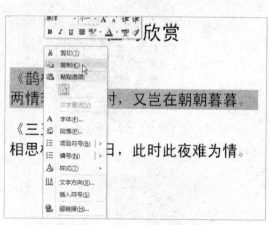

图 2-30 打开一个 Word 文档   图 2-31 选择"复制"选项

步骤③ 将鼠标定位于需要粘贴文本内容的位置，单击鼠标右键，在弹出的快捷菜单中单击"保留源格式"按钮，如图 2-32 所示。

步骤④ 执行上述操作后，即可将复制的文本内容进行粘贴操作，效果如图 2-33 所示。

图 2-32　单击"保留源格式"按钮　　　　图 2-33　将复制的文本内容进行粘贴操作

专家指点

在 Word 2010 工作界面中按【Ctrl＋C】组合键，可以复制文本内容；按【Ctrl＋V】组合键，可以粘贴文本内容。

2.2.6　【演练 14 ＋视频】：查找替换文本

使用 Word 2010 中的"查找与替换"功能，可以查找和替换文档中的文本、格式、段落标记、分页符和其他项目，还可以使用通配符和代码扩展搜索。

素材文件	·\素材\第 2 章\2-34.docx	效果文件	·\效果\第 2 章\2-39.docx
视频文件	·\视频\第 2 章\查找替换文本.swf	视频时长	74 秒

【演练 14】查找替换文本的具体操作步骤如下：

步骤① 单击"文件"菜单，在弹出的面板中单击"打开"命令，打开一个 Word 文档，如图 2-34 所示。

步骤② 切换至"开始"面板，在"编辑"选项板中单击"编辑"下方的下三角按钮，在弹出的列表框中选择"替换"选项，如图 2-35 所示。

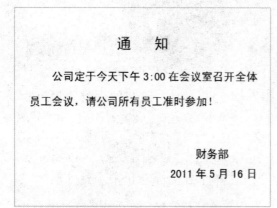

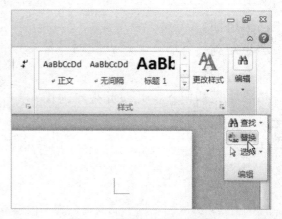

图 2-34　打开一个 Word 文档　　　　　图 2-35　选择"替换"选项

步骤③ 弹出"查找和替换"对话框，在"查找内容"文本框中输入"财务部"，在"替换为"文本框中输入"总经办",如图 2-36 所示。

步骤④　单击"查找下一处"按钮,文档中将高亮显示需要替换的文本内容,如图 2-37 所示。

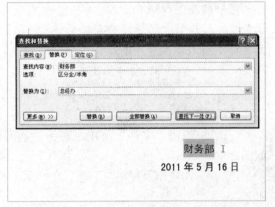

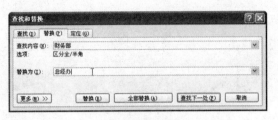

图 2-36　输入需要替换的文本内容　　　　图 2-37　显示需要替换的文本内容

步骤⑤　单击"替换"按钮,弹出提示信息框,提示用户已完成对文档的搜索(如图 2-38 所示),单击"确定"按钮。

步骤⑥　执行上述操作后,即可查找替换文档中的文本内容,效果如图 2-39 所示。

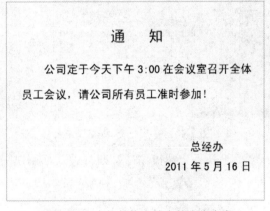

图 2-38　弹出提示信息框　　　　　图 2-39　查找替换文档中的文本内容

专家指点

在 Word 2010 工作界面中按【Ctrl + G】组合键,也可以弹出"查找和替换"对话框,切换至"替换"选项卡即可。

2.3　视图的显示方式

视图方式是指文档在屏幕上的不同显示方式。在不同的视图方式下,用户可以进行不同的操作,从而便于文本的输入和排版。在 Word 2010 中提供了 5 种视图方式,即普通视图、大纲视图、页面视图、阅读版式视图以及 Web 版式视图,Word 2010 文档中默认的视图方式是页面视图。

2.3.1 【演练 15 + 视频 】：进入草稿视图

草稿视图是 Word 中比较常用的视图方式之一，在草稿视图中，页与页之间用单虚线表示分页，节与节之间用双虚线表示分节，从而方便用户缩短显示和查找数据的时间。下面向读者介绍进入草稿视图的操作方法。

素材文件	·\素材\第 2 章\2-40.docx	效果文件	·无
视频文件	·\视频\第 2 章\进入草稿视图.swf	视频时长	24 秒

【演练 15】进入草稿视图的具体操作步骤如下：

步骤① 单击"文件"菜单，在弹出的面板中单击"打开"命令，打开一个 Word 文档，如图 2-40 所示。

步骤② 切换至"视图"面板，在"文档视图"选项板中单击"草稿"按钮，如图 2-41 所示。

图 2-40 打开一个 Word 文档

图 2-41 单击"草稿"按钮

步骤③ 执行上述操作后，即可进入草稿视图，效果如图 2-42 所示。

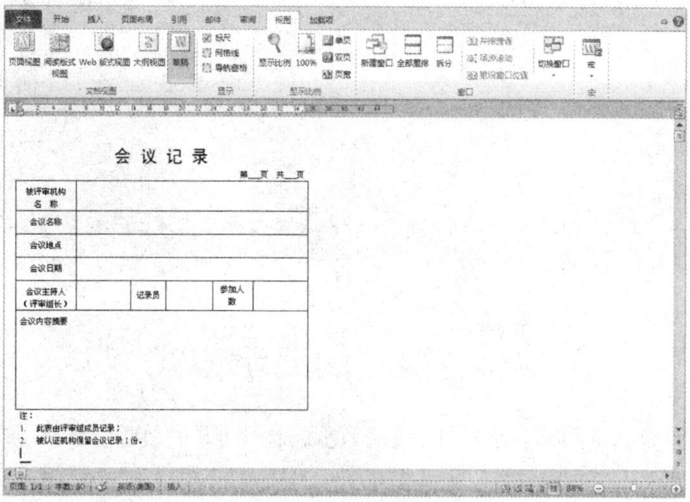

图 2-42 进入草稿视图

专家指点

在 Word 2010 草稿视图中不能显示页眉和页脚，多栏排版时也不能显示多栏，只能在一个栏中进行编辑。此外，在这种模式下不能绘图。

2.3.2　【演练16＋视频】：进入大纲视图

大纲视图用于显示、修改或创建文档的大纲，大纲是文档的组织结构，如果要编辑多层次的长文档，大纲视图是最佳的视图方式。下面介绍进入大纲视图的操作方法。

素材文件	·\素材\第2章\2-43.docx	效果文件	·无
视频文件	·\视频\第2章\进入大纲视图.swf	视频时长	20秒

【演练16】进入大纲视图的具体操作步骤如下：

步骤① 单击"文件"菜单，在弹出的面板中单击"打开"命令，打开一个 Word 文档，如图 2-43 所示。

步骤② 切换至"视图"面板，在"文档视图"选项板中单击"大纲视图"按钮，如图 2-44 所示。

图 2-43　打开一个 Word 文档

图 2-44　单击"大纲视图"按钮

步骤③ 执行上述操作后，即可进入大纲视图，效果如图 2-45 所示。

图 2-45　进入大纲视图

 专家指点

在 Word 2010 页面视图中按【Ctrl+Alt+O】组合键,也可以进入大纲视图。

2.3.3 【演练 17 + 视频 •••】:进入页面视图

页面视图是 Word 文档中最常见的视图方式,也是 Word 文档默认的视图方式。在页面视图中,用户可以看到对象在实际打印页面中的位置,从而方便用户进一步美化文档。

素材文件	·无	效果文件	·无
视频文件	·\视频\第 2 章\进入页面视图.swf	视频时长	25 秒

【演练 17】进入页面视图的具体操作步骤如下:

步骤① 单击"文件"菜单,在弹出的面板中单击"打开"命令,打开上一例的素材文件,切换至"视图"面板,在"文档视图"选项板中单击"页面视图"按钮 ,如图 2-46 所示。

步骤② 执行上述操作后,即可切换至页面视图,如图 2-47 所示。

图 2-46 单击"页面视图"按钮

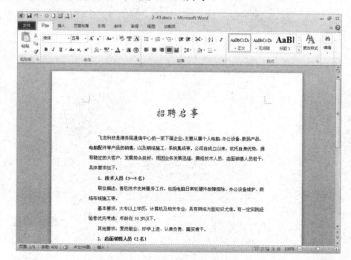

图 2-47 切换至页面视图

 专家指点

在 Word 2010 工作界面中按【Ctrl+Alt+P】组合键,也可以进入页面视图。

2.3.4 【演练 18 + 视频 •••】:进入阅读版式视图

阅读版式视图最大的特点就是方便阅读,在这种视图中,Word 文档将不再显示面板、选项板、状态栏和滚动条等,整个屏幕上只显示文档内容。

素材文件	·\素材\第 2 章\2-48.docx	效果文件	·无
视频文件	·\视频\第 2 章\进入阅读版式视图.swf	视频时长	25 秒

【演练 18】进入阅读版式视图的具体操作步骤如下:

步骤① 单击"文件"菜单,在弹出的面板中单击"打开"命令,打开一个 Word 文档,

如图 2-48 所示。

步骤② 切换至"视图"面板，在"文档视图"选项板中单击"阅读版式视图"按钮　，如图 2-49 所示。

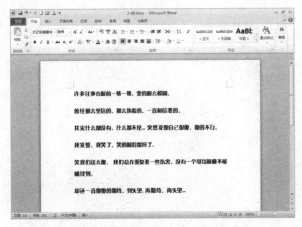

图 2-48　打开一个 Word 文档

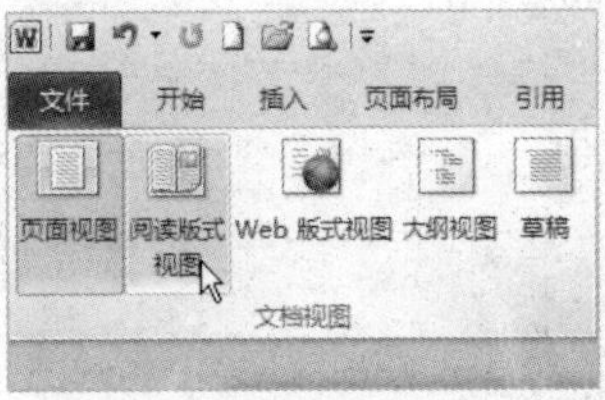

图 2-49　单击"阅读版式视图"按钮

步骤③ 执行上述操作后，即可进入阅读版式视图，效果如图 2-50 所示。

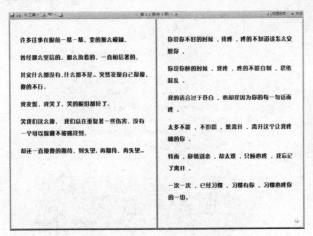

图 2-50　进入阅读版式视图

专家指点

在 Word 2010 阅读版式视图中按【Ecs】键，可以退出阅读版式视图。

2.3.5　【演练 19 + 视频　】：进入 Web 版式视图

Web 版式视图主要用于编辑 Web 页，在 Web 版式视图下，编辑窗口将显示文档的 Web 布局视图，不显示与 Web 页无关的信息，如分页符和分隔符等。

素材文件	·\素材\第 2 章\2-51.docx	效果文件	·无
视频文件	·\视频\第 2 章\进入 Web 版式视图.swf	视频时长	20 秒

【演练 19】进入 Web 版式视图的具体操作步骤如下：

步骤① 单击"文件"菜单，在弹出的面板中单击"打开"命令，打开一个 Word 文档，如图 2-51 所示。

步骤② 切换至"视图"面板，在"文档视图"选项板中单击"Web 版式视图"按钮，如图 2-52 所示。

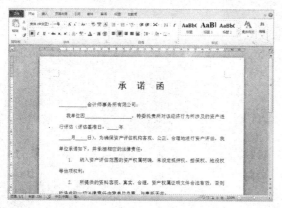

图 2-51　打开一个 Word 文档

图 2-52　单击"Web 版式视图"按钮

步骤③ 执行上述操作后，即可进入 Web 版式视图，效果如图 2-53 所示。

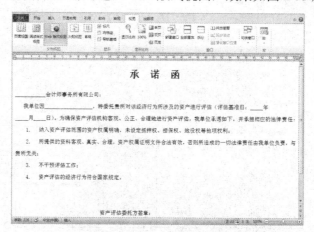

图 2-53　进入 Web 版式视图

2.3.6　【演练 20＋视频 】：展开导航窗格

导航窗格是一个独立的窗口，位于文档窗口左侧，用来显示文档的标题列表。通过导航窗格可以对整个文档的结构进行浏览，还可以跟踪光标在文档中的位置。

素材文件	·\素材\第 2 章\2-54.docx	效果文件	·无
视频文件	·\视频\第 2 章\展开导航窗格.swf	视频时长	24 秒

【演练 20】展开导航窗格的具体操作步骤如下：

步骤① 单击"文件"菜单，在弹出的面板中单击"打开"命令，打开一个 Word 文档，如图 2-54 所示。

步骤② 切换至"视图"面板，在"显示"选项板中选中"导航窗格"复选框，如图 2-55 所示。

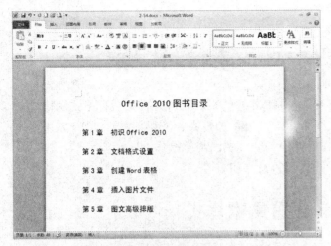

图 2-54　打开一个 Word 文档　　　　　图 2-55　选中"导航窗格"复选框

步骤③ 执行上述操作后，即可展开导航窗格，效果如图 2-56 所示。

图 2-56　展开导航窗格

第3章　Word文档美化操作

当用户在 Word 文档中完成了输入文本的基本操作后，往往还需要执行格式编排操作，对文档案应用一定的格式，使文档在外观上看起来更加整齐、美观。Word 2010 为用户提供了强大而丰富的格式化功能。本章主要介绍 Word 文档的美化操作，主要包括设置文本样式、设置段落格式、设置边框和底纹以及设置项目符号和编号等。

3.1　设置文本样式

在 Word 2010 中，不仅可以设置字体、字号和颜色，还可以使用不同的文本格式，如对文本使用粗体、斜体格式，也可以为文本添加下划线。本节主要介绍设置文本样式的各种操作方法。

3.1.1　【演练 21 + 视频 🎬】：设置文本字体

Word 2010 中所使用的字体，本身只是 Windows 系统的一部分，而不属于 Word 程序，因而在 Word 2010 中可以使用的字体类型取决于用户在 Windows 系统中安装的字体，如果要在 Word 2010 中使用更多的字体，就必须在系统中添加字体。下面介绍设置 Word 文档中文本字体的操作方法。

素材文件	·\素材\第 3 章\3-1.docx	效果文件	·\效果\第 3 章\3-4.docx
视频文件	·\视频\第 3 章\设置文本字体.swf	视频时长	32 秒

【演练 21】设置文本字体的具体操作步骤如下：

步骤① 单击"文件"菜单，在弹出的面板中单击"打开"命令，打开一个 Word 文档，如图 3-1 所示。

步骤② 在 Word 文档中选择需要修改字体的文本内容，如图 3-2 所示。

图 3-1　打开一个 Word 文档

图 3-2　选择需要修改字体的文本内容

步骤③ 在"开始"面板的"字体"选项板中，单击"字体"下拉按钮，在弹出的下拉列表框中选择"黑体"选项，如图 3-3 所示。

步骤④　执行上述操作后，即可更改所选文字字体效果，如图 3-4 所示。

图 3-3　选择"黑体"选项

图 3-4　更改所选文字字体效果

 专家指点

在有些文本中既包含中文汉字又包含英文字母，系统默认状态下，当用户选择一种西文字体并改变其字体时，只改变选定文本中的西文字符；选择一种中文字体改变字体后，则中文和英文都会发生改变。

3.1.2　【演练 22 + 视频】：设置文本字号

在 Word 2010 中，字号是指文本的大小，下面向读者介绍设置文本字号的操作方法。

素材文件	·\素材\第 3 章\3-5.docx	效果文件	·\效果\第 3 章\3-8.docx
视频文件	·\视频\第 3 章\设置文本字号.swf	视频时长	31 秒

【演练 22】设置文本字号的具体操作步骤如下：

步骤①　单击"文件"菜单，在弹出的面板中单击"打开"命令，打开一个 Word 文档，如图 3-5 所示。

步骤②　在 Word 文档中选择需要修改字号的文本内容，如图 3-6 所示。

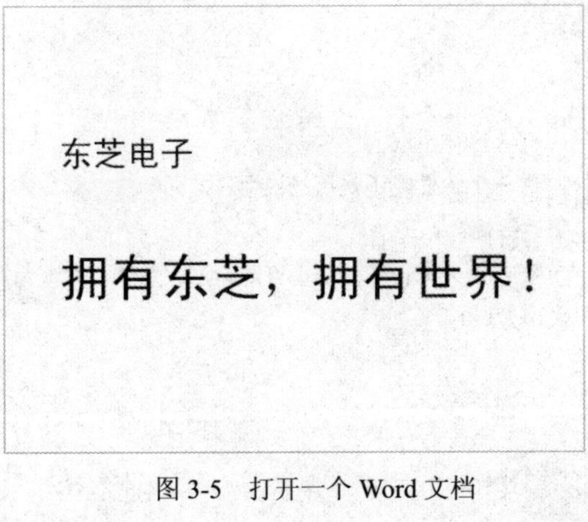

东芝电子

拥有东芝，拥有世界！

图 3-5　打开一个 Word 文档

东芝电子

拥有东芝，拥有世界！

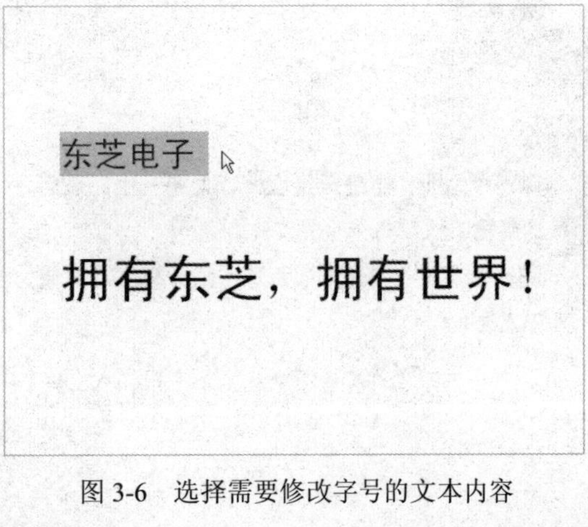

图 3-6　选择需要修改字号的文本内容

步骤③ 在“开始”面板的“字体”选项板中，单击“字号”下拉按钮，在弹出的下拉列表框中选择“小初”选项，如图 3-7 所示。

步骤④ 执行上述操作后，即可设置文本字号，效果如图 3-8 所示。

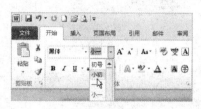

文件
开始
插入
页面布局
引用
邮件
审阅
黑体
小一
粘贴
初号
小初
小一
剪贴板

图 3-7　选择“小初”选项

东芝电子
拥有东芝，拥有世界！

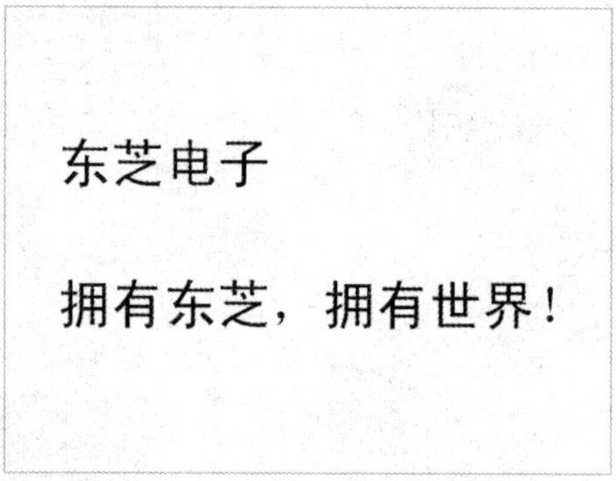

图 3-8　设置文本字号后的效果

专家指点

在 Word 2010 中，字号采用“号”和“磅”两种度量单位来度量文字的大小，其中“号”是中国的习惯用法，而“磅”则是西方的习惯用法，用户可以根据自身的习惯进行设置。

3.1.3 【演练 23 + 视频】：设置文本字形

在 Word 2010 中，字形是字符格式的附加属性，改变文档中某些文本的字型，也可以起到突出显示文本的作用。

素材文件	• \素材\第 3 章\3-9.docx	效果文件	• \效果\第 3 章\3-12.docx
视频文件	• \视频\第 3 章\设置文本字形.swf	视频时长	26 秒

【演练 23】设置文本字形的具体操作步骤如下：

步骤① 单击“文件”菜单，在弹出的面板中单击“打开”命令，打开一个 Word 文档，如图 3-9 所示。

步骤② 在 Word 文档中选择需要设置字形的文本内容，如图 3-10 所示。

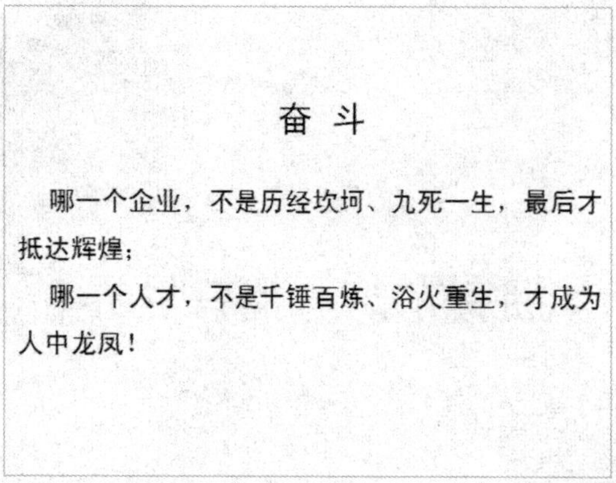

奋 斗
哪一个企业，不是历经坎坷、九死一生，最后才抵达辉煌；
哪一个人才，不是千锤百炼、浴火重生，才成为人中龙凤！

图 3-9　打开一个 Word 文档

奋 斗
哪一个企业，不是历经坎坷、九死一生，最后才抵达辉煌；
哪一个人才，不是千锤百炼、浴火重生，才成为人中龙凤！

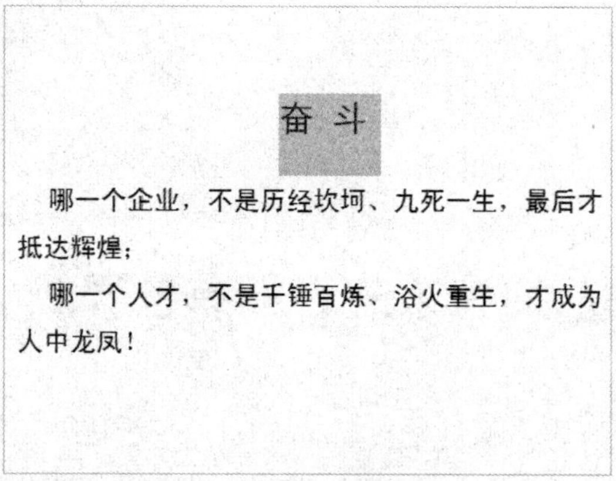

图 3-10　选择需要设置字形的文本内容

步骤③ 在"开始"面板的"字体"选项板中，单击"倾斜"按钮 I，如图 3-11 所示。

步骤④ 执行上述操作后，即可设置文本字形，效果如图 3-12 所示。

图 3-11　单击"倾斜"按钮

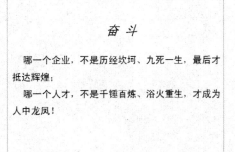

图 3-12　设置文本字形后的效果

专家指点

在"开始"面板的"字体"选项板中，单击"加粗"按钮 B，执行上述操作后，也可以设置文本字形。

3.1.4　【演练 24 + 视频】：设置文本颜色

在文档中输入文本时，默认的字体颜色为黑色，如果需要使用一些特殊的色彩效果，可以在输入文本后更改文字的颜色。

素材文件	·无	效果文件	·\效果\第 3 章\3-15.docx
视频文件	·\视频\第 3 章\设置文本颜色.swf	视频时长	28 秒

【演练 24】设置文本颜色的具体操作步骤如下：

步骤① 打开上一例的效果文件，在 Word 文档中选择需要设置颜色的文本内容，如图 3-13 所示。

步骤② 在"开始"面板的"字体"选项板中，单击"字体颜色"下拉按钮，在弹出的颜色面板中选择紫色，如图 3-14 所示。

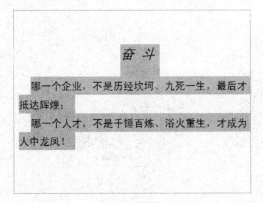

图 3-13　选择需要设置颜色的文本内容

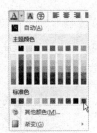

图 3-14　在列表框中选择紫色

步骤③ 执行上述操作后，即可更改字体的颜色，效果如图 3-15 所示。

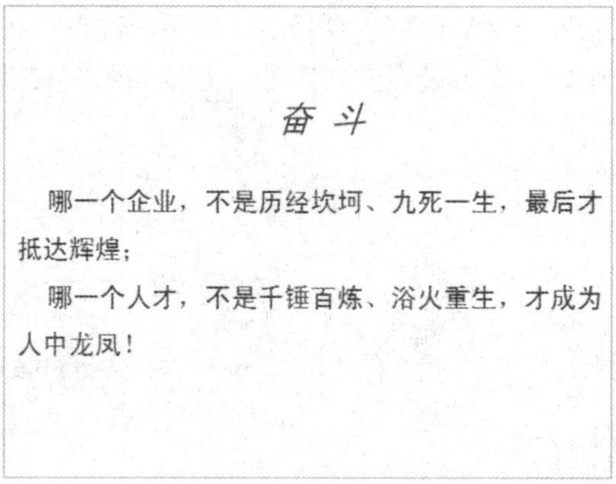

奋 斗

　　哪一个企业，不是历经坎坷、九死一生，最后才
抵达辉煌；

　　哪一个人才，不是千锤百炼、浴火重生，才成为
人中龙凤！

图 3-15　更改字体颜色后的效果

专家指点

　　在"字体颜色"面板中选择"其他颜色"选项，在弹出的"颜色"对话框中可以选择更多
的颜色。

3.1.5　【演练 25＋视频】：设置字符间距

　　字符间距是指字符与字符之间的距离，有时为了达到某种特殊的效果，需要对字符之间
的间距进行调整。

素材文件	·\素材\第 3 章\3-16.docx	效果文件	·\效果\第 3 章\3-19.docx
视频文件	·\视频\第 3 章\设置字符间距.swf	视频时长	45 秒

　　【演练 25】设置字符间距的具体操作步骤如下：

　　步骤① 单击"文件"菜单，在弹出的面板中单击"打开"命令，打开一个 Word 文档，
如图 3-16 所示。

　　步骤② 在编辑区中选择需要设置字符间距的文字"请柬"，在"开始"面板的"字体"
选项板中，单击面板右侧的"字体"按钮 ，如图 3-17 所示。

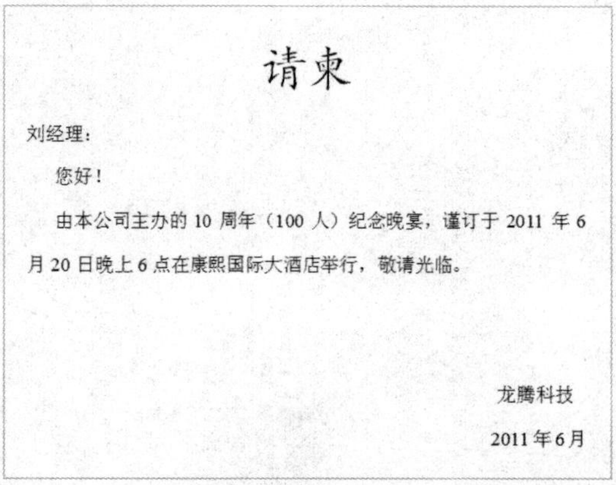

请柬

刘经理：

　您好！

　由本公司主办的 10 周年（100 人）纪念晚宴，谨订于 2011 年 6
月 20 日晚上 6 点在康熙国际大酒店举行，敬请光临。

龙腾科技

2011 年 6 月

图 3-16　打开一个 Word 文档

图 3-17　单击"字体"按钮

　　步骤③ 弹出"字体"对话框，切换至"高级"选项卡，在"字符间距"选项区中设置

"间距"为"加宽"、"磅值"为"10 磅",如图 3-18 所示。

步骤④ 设置完成后,单击"确定"按钮,即可设置字符间距,效果如图 3-19 所示。

图 3-18　设置字符间距参数

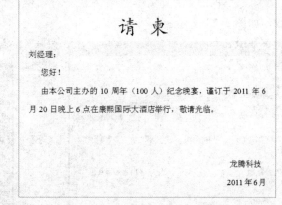

图 3-19　设置字符间距后的效果

专家指点

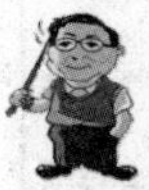

默认状态下,Word 中显示的英文字符或中文是标准型的,并且字符与字符之间的间距也是标准格式。有时为了文字排版的效果更佳,需要对字符或者字符之间的间距进行调整。当用户在"字体"对话框中,设置了文字的间距值后,在下方的预览框中将显示预览效果。

3.1.6　【演练 26 + 视频■■】:设置文本效果

为了增强文档的交互性,需要设置文本效果。下面介绍设置文本效果的操作方法。

素材文件	• \素材\第 3 章\3-20.docx	效果文件	• \效果\第 3 章\3-24.docx
视频文件	• \视频\第 3 章\设置文本效果.swf	视频时长	53 秒

【演练 26】设置文本效果的具体操作步骤如下:

步骤① 单击"文件"菜单,在弹出的面板中单击"打开"命令,打开一个 Word 文档,如图 3-20 所示。

步骤② 在 Word 文档中,选择需要设置的文本内容,如图 3-21 所示。

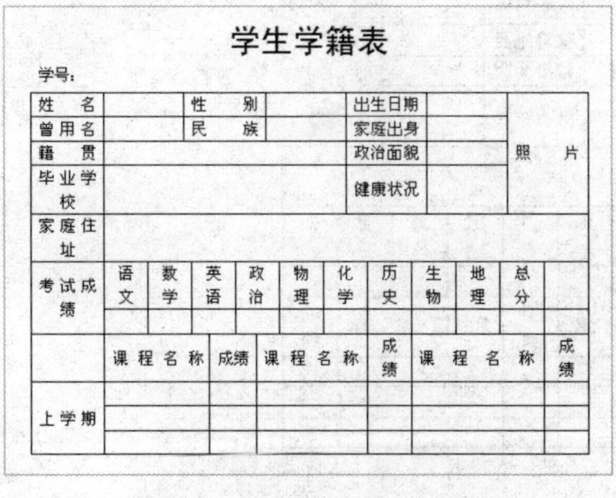

图 3-20　打开一个 Word 文档

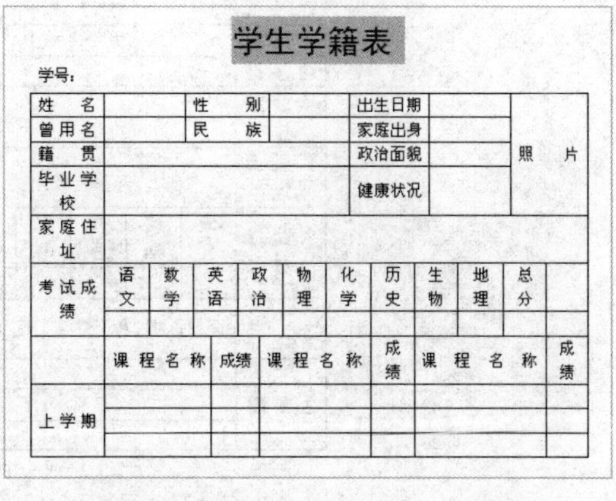

图 3-21　选择需要设置的文本内容

步骤③ 在"开始"面板的"字体"选项板中，单击面板右侧的"字体"按钮，弹出"字体"对话框，单击"文字效果"按钮，如图 3-22 所示。

步骤④ 弹出"设置文本效果格式"对话框，切换至"阴影"选项卡，在其中设置各项参数，如图 3-23 所示。

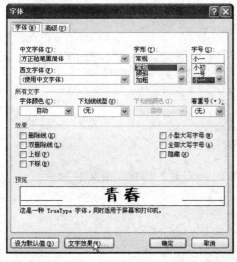

图 3-22　单击"文字效果"按钮

图 3-23　在"阴影"选项卡中设置参数

专家指点

在"设置文本效果格式"对话框中，用户还可以根据需要设置文本的多种特殊效果，如文本渐变填充效果、文本边框效果、大纲样式、映像效果、发光和柔化边缘效果以及三维格式效果等，使文本内容及版式丰富多彩。

步骤⑤ 设置完成后，依次单击"关闭"和"确定"按钮，返回编辑区，即可查看设置阴影效果后的文本内容，效果如图 3-24 所示。

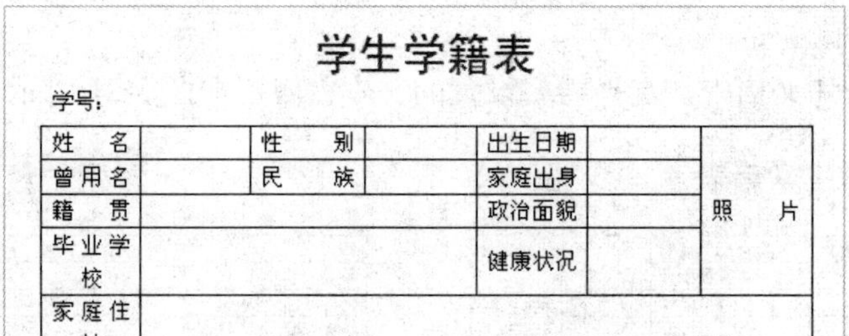

学生学籍表

学号：

姓　名		性　别		出生日期		
曾用名		民　族		家庭出身		照　片
籍　贯				政治面貌		
毕业学校				健康状况		
家庭住址						

考试成绩	语文	数学	英语	政治	物理	化学	历史	生物	地理	总分

	课程名称	成绩	课程名称	成绩	课程名称	成绩
上学期						

图 3-24　设置文字阴影效果

3.2 设置段落格式

段落指的是两个回车符之间的文本内容，是独立的信息单位，具有自身的格式特征。段落格式的设置主要包括设置对齐方式、段落缩进、行间距和段间距等。本节主要介绍设置段落格式的方法。

3.2.1 【演练 27 + 视频■■】：设置水平对齐

在 Word 2010 中，水平对齐方式决定了段落边缘的外观和方向，水平对齐方式有左对齐、右对齐、居中对齐、两端对齐和分散对齐 5 种。下面以居中对齐文本为例，介绍设置水平对齐的操作方法。

素材文件	·\素材\第 3 章\3-25.docx	效果文件	·\效果\第 3 章\3-29.docx
视频文件	·\视频\第 3 章\设置水平对齐.swf	视频时长	40 秒

【演练 27】设置水平对齐的具体操作步骤如下：

步骤① 单击"文件"菜单，在弹出的面板中单击"打开"命令，打开一个 Word 文档，如图 3-25 所示。

步骤② 在 Word 文档中选择需要设置水平对齐的文本内容，如图 3-26 所示。

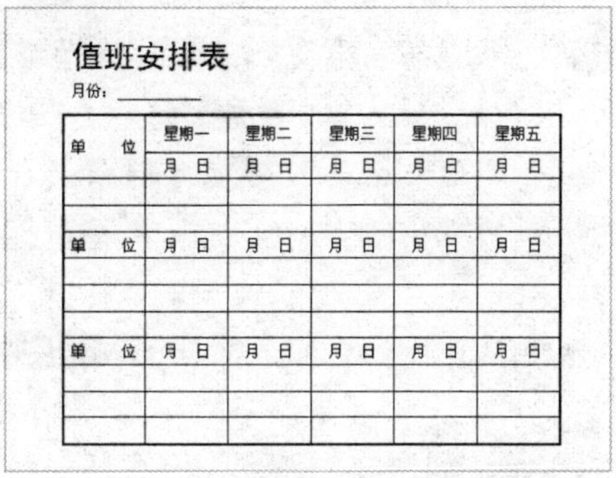

图 3-25 打开一个 Word 文档 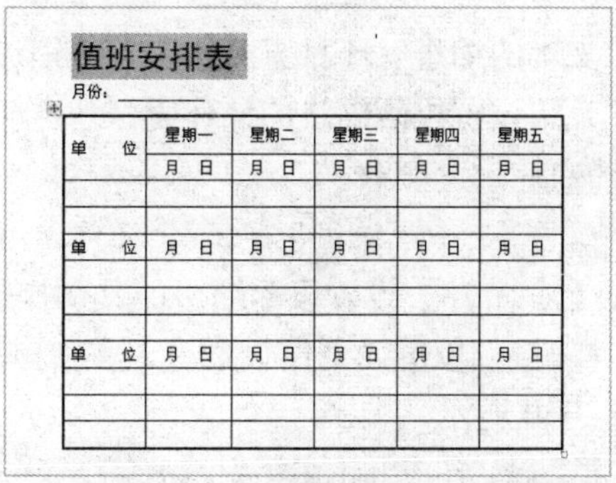　　　　图 3-26 选择需要设置的文本内容

步骤③ 在"开始"面板的"段落"选项板中，单击面板右侧的"段落"按钮，如图 3-27 所示。

步骤④ 弹出"段落"对话框，在"常规"选项卡中，单击"对齐方式"右侧的下拉按钮，在弹出的列表框中选择"居中"选项，如图 3-28 所示。

图 3-27 单击"段落"按钮

图 3-28 选择"居中"选项

步骤⑤ 单击"确定"按钮，即可设置文本水平对齐，效果如图 3-29 所示。

值班安排表

月份：_____

单位	星期一		星期二		星期三		星期四		星期五	
	月	日	月	日	月	日	月	日	月	日
单位	月	日	月	日	月	日	月	日	月	日
单位	月	日	月	日	月	日	月	日	月	日

图 3-29　设置文本水平对齐的效果

专家指点

> 段落的水平对齐方式有 5 种，分别为两端对齐、左对齐、右对齐、居中对齐和分散对齐。文档的右对齐方式在信函和表格地经常用到，如文档中的日期就经常使用右对齐方式。

3.2.2 【演练 28 + 视频 ▶ 】：设置段落缩进

文本的缩进有 4 种方式，即首行缩进、悬挂缩进、左缩进和右缩进，下面以首行缩进为例，介绍设置段落缩进的操作方法。

素材文件	·\素材\第 3 章\3-30.docx	效果文件	·\效果\第 3 章\3-33.docx
视频文件	·\视频\第 3 章\设置段落缩进.swf	视频时长	40 秒

【演练 28】设置段落缩进的具体操作步骤如下：

步骤① 单击"文件"菜单，在弹出的面板中单击"打开"命令，打开一个 Word 文档，如图 3-30 所示。

步骤② 在 Word 文档中选择需要设置段落缩进的文本，如图 3-31 所示。

图 3-30　打开一个 Word 文档　　　　　图 3-31　选择需要设置段落缩进的文本

步骤③ 在"开始"面板的"段落"选项板中，单击面板右侧的"段落"按钮，弹出"段落"对话框，在"缩进"选项区中设置"特殊格式"为"首行缩进"，如图 3-32 所示。

步骤④ 单击"确定"按钮，即可设置文本首行缩进，效果如图 3-33 所示。

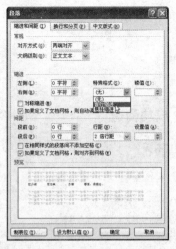

图 3-32　设置首行缩进

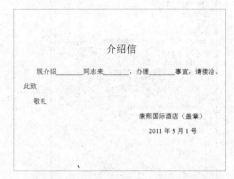

图 3-33　设置文本首行缩进的效果

 专家指点

在 Word 2010 中，文本的缩进一般可以用设置标尺位置或使用【Tab】键来实现。

3.2.3　【演练 29 + 视频 】：设置段落间距

在 Word 2010 中，段间距分两种，段前间距和段后间距。段前间距是指本段与上一段之间的距离；段后间距是指本段与下一段之间的距离，如果相邻的两个段落段前与段后间距不同，以数值大的为准。下面介绍设置段落间距的操作方法。

素材文件	·\素材\第 3 章\3-34.docx	效果文件	·\效果\第 3 章\3-37.docx
视频文件	·\视频\第 3 章\设置段落间距.swf	视频时长	39 秒

【演练 29】设置段落间距的具体操作步骤如下：

步骤① 单击"文件"菜单，在弹出的面板中单击"打开"命令，打开一个 Word 文档，如图 3-34 所示。

步骤② 在 Word 文档中选择需要设置段落间距的文本，如图 3-35 所示。

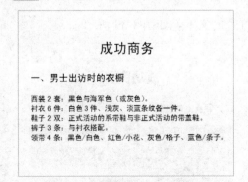

图 3-34　打开一个 Word 文档

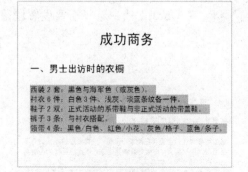

图 3-35　选择需要设置的文本

步骤③ 单击鼠标右键，在弹出的快捷菜单中选择"段落"选项，弹出"段落"对话框，在"间距"选项区中设置"段前"、"段后"分别为"1 行"，如图 3-36 所示。

步骤④ 单击"确定"按钮，即可设置段落间距，效果如图 3-37 所示。

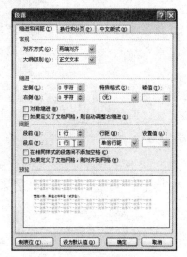

图 3-36　设置段前段后间距

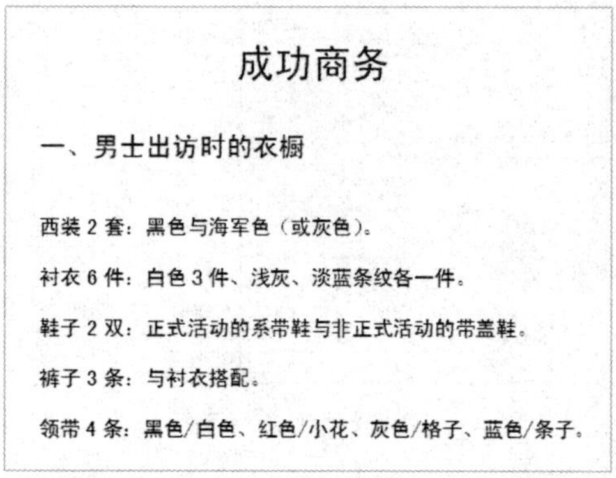

成功商务

一、男士出访时的衣橱

西装 2 套：黑色与海军色（或灰色）。

衬衣 6 件：白色 3 件、浅灰、淡蓝条纹各一件。

鞋子 2 双：正式活动的系带鞋与非正式活动的带盖鞋。

裤子 3 条：与衬衣搭配。

领带 4 条：黑色/白色、红色/小花、灰色/格子、蓝色/条子。

图 3-37　设置段落间距的效果

 专家指点

在 Word 2010 中按【Ctrl＋1】组合键，行距为单倍行距；按【Ctrl＋2】组合键，行距为双倍行距；按【Ctrl＋5】组合键，行距为 1.5 倍行距。

3.2.4　【演练 30＋视频---】：设置段落行距

在默认情况下，Word 会自动设置段落内文本的行间距为 1 个行高，当行中插入的图形或字体发生变化时，系统会自动调节行距。

素材文件	·\素材\第 3 章\3-38.docx	效果文件	·\效果\第 3 章\3-41.docx
视频文件	·\视频\第 3 章\设置段落行距.swf	视频时长	37 秒

【演练 30】设置段落行距的具体操作步骤如下：

步骤① 单击"文件"菜单，在弹出的面板中单击"打开"命令，打开一个 Word 文档，如图 3-38 所示。

步骤② 在 Word 文档中选择需要设置段落行距的文本，如图 3-39 所示。

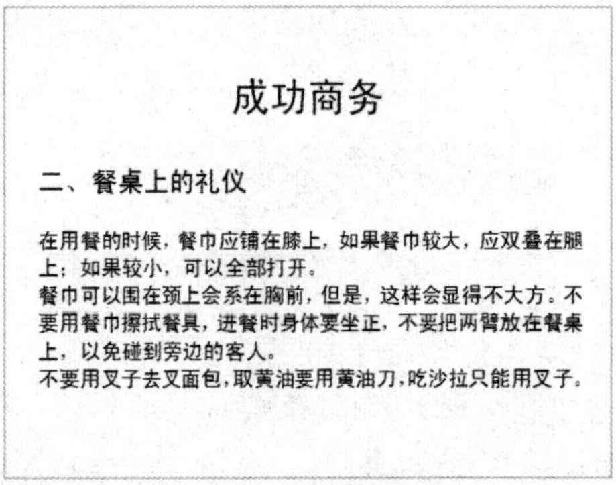

成功商务

二、餐桌上的礼仪

在用餐的时候，餐巾应铺在膝上，如果餐巾较大，应双叠在腿上；如果较小，可以全部打开。
餐巾可以围在颈上会系在胸前，但是，这样会显得不大方。不要用餐巾擦拭餐具，进餐时身体要坐正，不要把两臂放在餐桌上，以免碰到旁边的客人。
不要用叉子去叉面包，取黄油要用黄油刀，吃沙拉只能用叉子。

图 3-38　打开一个 Word 文档

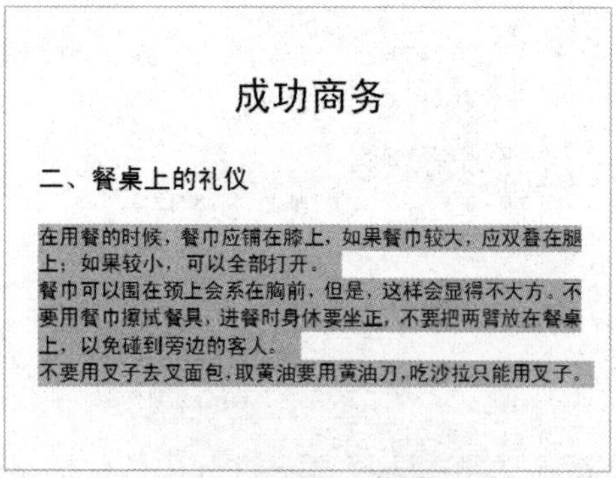

成功商务

二、餐桌上的礼仪

在用餐的时候，餐巾应铺在膝上，如果餐巾较大，应双叠在腿上；如果较小，可以全部打开。
餐巾可以围在颈上会系在胸前，但是，这样会显得不大方。不要用餐巾擦拭餐具，进餐时身体要坐正，不要把两臂放在餐桌上，以免碰到旁边的客人。
不要用叉子去叉面包，取黄油要用黄油刀，吃沙拉只能用叉子。

图 3-39　选择需要设置的文本

专家指点

> 在"行距"列表框中，各选项含义如下：
>
> ◉ 单倍行距、1.5 倍行距、2 倍行距：行间距为该行最大字体的 1 倍、1.5 倍或 2 倍，另外加上一点额外的间距，额外间距值取决于所用的字体，单倍行距比按回车键换行生成的行间距稍窄。
>
> ◉ 最小值：选择该选项后，在对应的"设置值"数值框中设置最小的行距值。
>
> 固定值：以"设置值"数值框中设置的值（以磅为单位）为固定行距，在这种情况下，当前段落中所有行之间的行间距相等。
>
> ◉ 多倍行距：以"设置值"数值框中设置的值（以行为单位，可为小数）为行间距。

步骤③ 单击鼠标右键，在弹出的快捷菜单中选择"段落"选项，弹出"段落"对话框，在"间距"选项区中设置"行距"为"2 倍行距"，如图 3-40 所示。

步骤④ 单击"确定"按钮，即可设置文本行距，效果如图 3-41 所示。

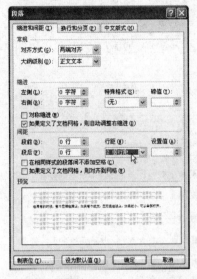

图 3-40 设置"行距"为"2 倍行距"　　　　图 3-41 设置文本行距的效果

3.3 设置边框和底纹

在 Word 2010 中，为文档中某些重要文本或段落添加边框和底纹，可以使显示的内容更加突出和醒目，也可以使文档更加美观。本节主要介绍设置边框和底纹的操作方法。

3.3.1 【演练 31 + 视频━━】：设置文字边框

添加文字边框是指将用户认为重要的文本用边框围起来着重显示，下面介绍设置文字边框的操作方法。

素材文件	• \素材\第 3 章\3-42.docx	效果文件	• \效果\第 3 章\3-45.docx
视频文件	• \视频\第 3 章\设置文字边框.swf	视频时长	29 秒

【演练 31】设置文字边框的具体操作步骤如下：

步骤① 单击"文件"菜单,在弹出的面板中单击"打开"命令,打开一个 Word 文档,如图 3-42 所示。

步骤② 在 Word 文档中选择需要设置边框的文字,如图 3-43 所示。

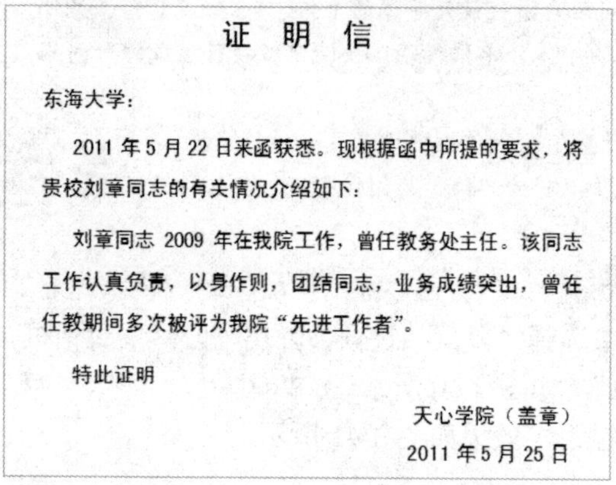

证　明　信

东海大学:

2011 年 5 月 22 日来函获悉。现根据函中所提的要求,将贵校刘章同志的有关情况介绍如下:

刘章同志 2009 年在我院工作,曾任教务处主任。该同志工作认真负责,以身作则,团结同志,业务成绩突出,曾在任教期间多次被评为我院"先进工作者"。

特此证明

天心学院(盖章)
2011 年 5 月 25 日

图 3-42　打开一个 Word 文档

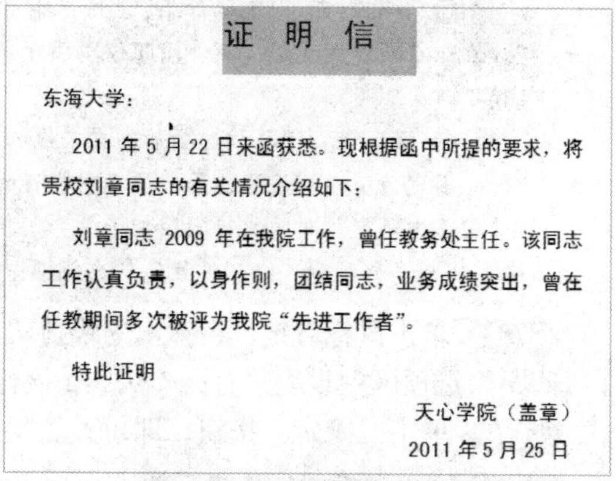

证　明　信

东海大学:

2011 年 5 月 22 日来函获悉。现根据函中所提的要求,将贵校刘章同志的有关情况介绍如下:

刘章同志 2009 年在我院工作,曾任教务处主任。该同志工作认真负责,以身作则,团结同志,业务成绩突出,曾在任教期间多次被评为我院"先进工作者"。

特此证明

天心学院(盖章)
2011 年 5 月 25 日

图 3-43　选择需要设置的文本

步骤③ 在"开始"面板的"字体"选项板中,单击"字符边框"按钮 Ⓐ,如图 3-44 所示。

步骤④ 执行上述操作后,即可为文字添加边框,效果如图 3-45 所示。

图 3-44　单击"字符边框"按钮

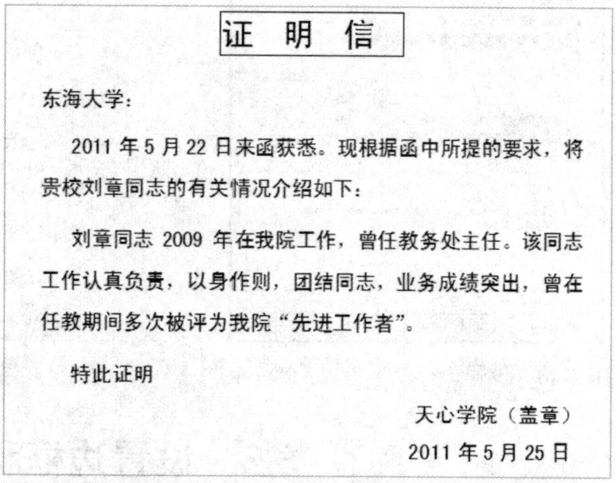

证　明　信

东海大学:

2011 年 5 月 22 日来函获悉。现根据函中所提的要求,将贵校刘章同志的有关情况介绍如下:

刘章同志 2009 年在我院工作,曾任教务处主任。该同志工作认真负责,以身作则,团结同志,业务成绩突出,曾在任教期间多次被评为我院"先进工作者"。

特此证明

天心学院(盖章)
2011 年 5 月 25 日

图 3-45　为文字添加边框后的效果

3.3.2　【演练 32 + 视频██】:设置底纹效果

添加底纹可以使文档内容更加突出,对于一般的文档如果没有特别要求,应该设置相对简单和淡色的底纹,以免画蛇添足,给读者阅读带来不便。

素材文件	•\素材\第 3 章\3-46.docx	效果文件	•\效果\第 3 章\3-49.docx
视频文件	•\视频\第 3 章\设置底纹效果.swf	视频时长	27 秒

【演练 32】设置底纹效果的具体操作步骤如下:

步骤① 单击"文件"菜单,在弹出的面板中单击"打开"命令,打开一个 Word 文档,如图 3-46 所示。

步骤② 在 Word 文档中，选择需要设置底纹的文本，如图 3-47 所示。

中层管理人员业绩考核表

编　号 FND03055	员　工　考　核　表						共1页 第1页
项　目 满 姓　得　分 名	工作成果与绩效	决策与开拓能力	敬业精神与责任心	组织与协调能力	工作分量与勤勉程度	专业与业务能力	小　计
	20	20	15	15	15	15	100

图 3-46　打开一个 Word 文档

中层管理人员业绩考核表

编　号 FND03055	员　工　考　核　表						共1页 第1页
项　目 满 姓　得　分 名	工作成果与绩效	决策与开拓能力	敬业精神与责任心	组织与协调能力	工作分量与勤勉程度	专业与业务能力	小　计
	20	20	15	15	15	15	100

图 3-47　选择需要设置底纹的文本

步骤③ 在"开始"面板的"字体"选项板中，单击"字符底纹"按钮 A，如图 3-48 所示。

步骤④ 执行上述操作后，即可为文字添加底纹，效果如图 3-49 所示。

中层管理人员业绩考核表

编　号 FND03055	员　工　考　核　表						共1页 第1页
项　目 满 姓　得　分 名	工作成果与绩效	决策与开拓能力	敬业精神与责任心	组织与协调能力	工作分量与勤勉程度	专业与业务能力	小　计
	20	20	15	15	15	15	100

图 3-48　单击"字符底纹"按钮

图 3-49　为文字添加底纹后的效果

3.3.3 【演练 33 ＋视频━━】：设置背景效果

背景在打印文档时并不会被打印出来，只有在 Web 版式视图中背景才是可见的。在创建用于联机阅读的 Word 文档时，添加背景可以增强文本的视觉效果。

| 素材文件 | ·\素材\第 3 章\3-50.docx | 效果文件 | ·\效果\第 3 章\3-52.docx |
| 视频文件 | ·\视频\第 3 章\设置背景效果.swf | 视频时长 | 29 秒 |

【演练 33】设置背景效果的具体操作步骤如下：

步骤① 单击"文件"菜单，在弹出的面板中单击"打开"命令，打开一个 Word 文档，如图 3-50 所示。

步骤② 切换至"页面布局"面板，在"页面背景"选项板中单击"页面颜色"按钮，在弹出的列表框中选择"浅绿"选项，如图 3-51 所示。

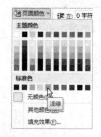

图 3-50 打开一个 Word 文档   图 3-51 在列表框中选择"浅绿"选项

专家指点

单击"页面颜色"按钮，在弹出的列表框中选择"其他颜色"选项，弹出"颜色"对话框，在其中用户可以为页面背景选择更多的颜色。

步骤 ③ 执行上述操作后，即可将页面背景更改为浅绿色，效果如图 3-52 所示。

图 3-52 将页面背景更改为浅绿色

专家指点

在 Word 2010 中，如果用户需要清除页面背景颜色，可以在"页面布局"选项板中单击"页面背景"按钮，在弹出的列表框中选择"无颜色"选项，即可清除页面背景颜色。

3.4 添加项目符号和编号

使用项目符号列表可显示一系列无序的项目，即那些不需要编号的项目。用户可以创建图形作为项目符号，而不使用默认的标准项目符号。如果要显示连续的项目列表，则既可以创建编号列表，也可以选择使用字母或数字作为编号。本节主要介绍添加项目符号和编号列表的操作方法。

3.4.1 【演练 34 + 视频▪▪】：创建项目符号

项目符号一般在表述并列条目的情况下使用，创建项目符号后，能够使文档结构更加清晰，便于阅读。

素材文件	• \素材\第 3 章\3-53.docx	效果文件	• \效果\第 3 章\3-56.docx
视频文件	• \视频\第 3 章\创建项目符号.swf	视频时长	35 秒

【演练 34】创建项目符号的具体操作步骤如下：

步骤① 单击"文件"菜单，在弹出的面板中单击"打开"命令，打开一个 Word 文档，如图 3-53 所示。

步骤② 在 Word 文档中选择需要添加项目符号的文本内容，如图 3-54 所示。

图 3-53　打开一个 Word 文档　　　　　　　图 3-54　选择相应的文本内容

步骤③ 在"开始"面板的"段落"选项板中，单击"项目符号"右侧的下拉按钮，在弹出的列表框中选择相应的项目符号样式，如图 3-55 所示。

步骤④ 执行上述操作后，即可为文本添加项目符号，效果如图 3-56 所示。

图 3-55　选择相应的项目符号样式　　　　　图 3-56　为文本添加项目符号

专家指点

单击"项目符号"右侧的下拉按钮，在弹出的列表框中选择"定义新项目符号"选项，弹出"定义新项目符号"对话框，在其中用户可根据需要定义其他图片或图形为项目符号样式。

3.4.2 【演练 35 + 视频▪▪】：创建编号列表

在 Word 2010 中，编号列表经常用来创建一个由低到高有一定顺序的项目。下面介绍创建编号列表的操作方法。

素材文件	·\素材\第 3 章\3-57.docx	效果文件	·\效果\第 3 章\3-60.docx
视频文件	·\视频\第 3 章\创建编号列表.swf	视频时长	36 秒

【演练 35】创建编号列表的具体操作步骤如下：

步骤① 单击"文件"菜单，在弹出的面板中单击"打开"命令，打开一个 Word 文档，如图 3-57 所示。

步骤② 在 Word 文档中选择需要添加编号列表的文本内容，如图 3-58 所示。

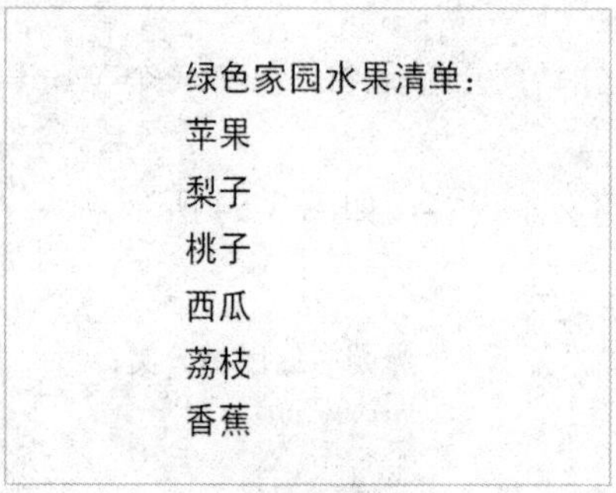

<table>
<tr><td>绿色家园水果清单：

苹果

梨子

桃子

西瓜

荔枝

香蕉</td><td> 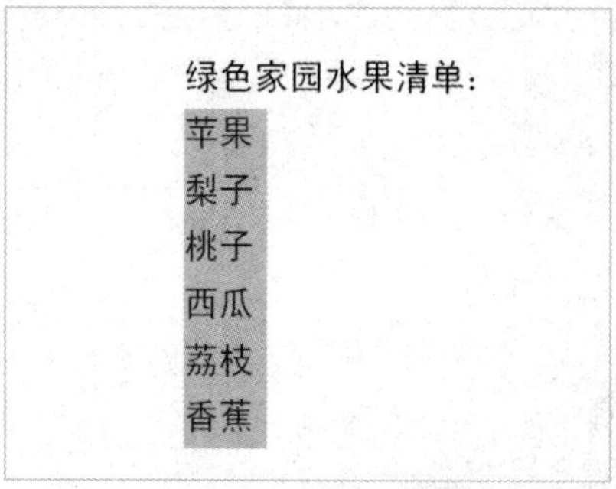绿色家园水果清单：

苹果

梨子

桃子

西瓜

荔枝

香蕉</td></tr>
<tr><td>图 3-57　打开一个 Word 文档</td><td>图 3-58　选择相应的文本内容</td></tr>
</table>

步骤③ 在"开始"面板的"段落"选项板中，单击"编号"右侧的下拉按钮，在弹出的列表框中选择相应的编号样式，如图 3-59 所示。

步骤④ 执行上述操作后，即可为文本添加编号样式，效果如图 3-60 所示。

图 3-59　选择相应的编号样式

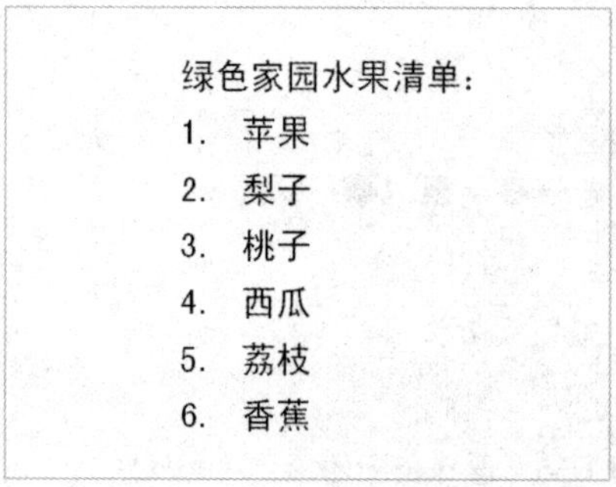

绿色家园水果清单：

1. 苹果

2. 梨子

3. 桃子

4. 西瓜

5. 荔枝

6. 香蕉

图 3-60　为文本添加编号样式

 专家指点

在 Word 2010 中，用户还可以添加多级项目符号列表。多级符号列表是为列表或文档设置层次结构而创建的列表，一般由项目符号和编号列表混合组成，多级符号列表中每段的项目符号或编号可以根据缩进范围发生变化，在 Word 2010 中，最多可以支持 9 个级别的多级列表，每个级别的项目符号或者编号格式都可以进行自定义设置。

第 4 章　Word 图文高级排版

作为一款优秀的文字处理软件，Word 2010 提供了丰富的图形处理功能。在一份文档中加入美观的图形，不仅可以增强文档的可读性，而且会使整个文档变得赏心悦目。本章将向读者介绍 Word 2010 图文高级排版的方法，主要内容包括图文混排操作、设置图形特效、设置特殊版式以及编辑图表与数据表等。

4.1　图文混排操作

在编辑文档的过程中，将文本和图片混合编辑到文档中，会使文档增色不少。本节主要介绍图文的混排操作，内容包括插入图片、绘制图形、插入剪贴画、插入艺术字、绘制文本框以及创建 SmartArt 图形等。

4.1.1　【演练 36 + 视频】：插入图片

在 Word 2010 中，用户可以在文档中插入图片，以实现图文混排，并且可以精确地调整图片的大小及位置等。

素材文件	·\素材\第 4 章\4-1.docx、4-3.jpg	效果文件	·\效果\第 4 章\4-6.docx
视频文件	·\视频\第 4 章\插入图片.swf	视频时长	58 秒

【演练 36】插入图片的具体操作步骤如下：

步骤①　单击"文件"菜单，在弹出的面板中单击"打开"命令，打开一个 Word 文档，将鼠标定位到需要插入图片的位置，如图 4-1 所示。

步骤②　切换至"插入"面板，在"插图"选项板中单击"图片"按钮，如图 4-2 所示。

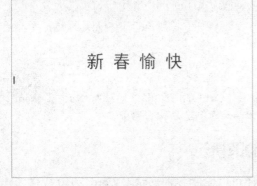

图 4-1　打开一个 Word 文档

图 4-2　单击"图片"按钮

 专家指点

用户还可以从扫描仪或数码相机中插入图片，要直接从扫描仪或数码相机插入图片，必须确认设备是 TWAIN 或 WIA 兼容的设备，并且与计算机正确连接。

步骤③ 弹出"插入图片"对话框，在其中选择需要插入的图片，如图 4-3 所示。

步骤④ 单击"插入"按钮，即可将图片插入到 Word 文档中，如图 4-4 所示。

图 4-3 选择需要插入的图片

图 4-4 将图片插入到 Word 文档中

步骤⑤ 在"格式"面板的"大小"选项板中，设置"形状高度"为 8，如图 4-5 所示。

步骤⑥ 按【Enter】键确认调整图片大小，并调整图片的缩进效果，如图 4-6 所示。

图 4-5 设置"形状高度"为 8

图 4-6 调整图片的大小

专家指点

在目标文件夹中选择需要插入的图片，按【Ctrl + C】组合键复制图片，切换至 Word 文档中，按【Ctrl + V】组合键粘贴图片，也可以插入图片至 Word 文档中。

4.1.2 【演练 37 + 视频】：绘制图形

在 Word 2010 中，不但可以插入图片，还可以绘制各种形状。Word 2010 提供了丰富的绘图工具，包括线条、基本形状、箭头总汇以及流程图等多种类型，通过使用这些工具可以绘制出需要的图形。

| 素材文件 | ·\素材\第 4 章\4-7.docx | 效果文件 | ·\效果\第 4 章\4-10.docx |
| 视频文件 | ·\视频\第 4 章\绘制图形.swf | 视频时长 | 78 秒 |

【演练 37】绘制图形的具体操作步骤如下：

步骤① 单击"文件"菜单，在弹出的面板中单击"打开"命令，打开一个 Word 文档，如图 4-7 所示。

步骤② 切换至"插入"面板，在"插图"选项板中单击"形状"按钮，在弹出的下拉列表中单击"云形标注"按钮，如图 4-8 所示。

图 4-7　打开一个 Word 文档

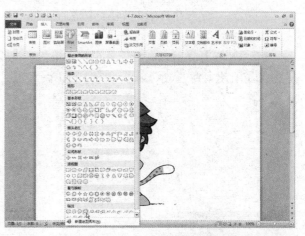

图 4-8　单击"云形标注"按钮

步骤③ 在舞台中的合适位置上单击鼠标左键并拖曳，至合适位置后释放鼠标，绘制云形标注，如图 4-9 所示。

步骤④ 将鼠标定位于云形标注中，选择一种合适的输入法，输入相应文字，在"开始"面板的"字体"选项板中设置文字的相应属性，效果如图 4-10 所示。

图 4-9　绘制云形标注

图 4-10　设置文字的相应属性

 专家指点

　　图片插入到文档中后，如果其大小、位置不能满足需求，这时可以使用图形编辑功能对这些图形进行适当的处理，使文档更加美观大方。

4.1.3　【演练 38 + 视频】：插入剪贴画

用户还可以通过"剪贴画"任务窗格插入来自其他应用程序的图片，下面介绍插入剪贴画的操作方法。

素材文件	·无	效果文件	·\效果\第 4 章\4-13.docx
视频文件	·\视频\第 4 章\插入剪贴画.swf	视频时长	40 秒

【演练 38】插入剪贴画的具体操作步骤如下：

步骤① 新建一个 Word 文档，切换至"插入"面板，在"插图"选项板中单击"剪贴画"按钮，如图 4-11 所示。

步骤② 打开"剪贴画"任务窗格，单击"搜索文字"右侧的"搜索"按钮，在下拉列表框中将显示搜索到的剪贴画，如图 4-12 所示。

图 4-11 单击"剪贴画"按钮

图 4-12 显示搜索到的剪贴画

步骤③ 在下拉列表框中选择相应的剪贴画，即可将其插入到 Word 文档中，效果如图 4-13 所示。

图 4-13 将剪贴画插入文档

 专家指点

在"剪贴画"任务窗格中，有许多精美的剪贴画，将其插入至文档中，可使文档更加引人注目。

4.1.4　【演练 39 + 视频 🎬】：插入艺术字

在 Word 2010 中，使用艺术字功能可以方便地为文档中的文本创建艺术字效果。由于 Word 2010 是将艺术字作为图形对象来处理的，所以用户可以通过"格式"面板来设置艺术字的文字环绕、填充色、阴影和三维等效果。下面介绍插入艺术字的操作方法。

素材文件	•\素材\第 4 章\4-14.docx	效果文件	•\效果\第 4 章\4-17.docx
视频文件	•\视频\第 4 章\插入艺术字.swf	视频时长	58 秒

【演练 39】插入艺术字的具体操作步骤如下：

步骤① 新建一个 Word 文档，切换至"插入"面板，在"文本"选项板中单击"艺术字"按钮，在弹出的列表框中选择相应的艺术字样式，如图 4-14 所示。

步骤② 文档中将显示相应提示信息"请在此放置您的文字"，如图 4-15 所示。

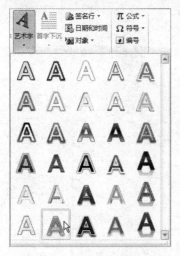

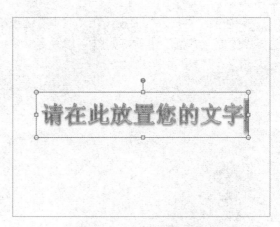

图 4-14　选择艺术字样式　　　　　　　图 4-15　显示相应提示信息

步骤③ 在文本框中选择相应文字，按【Delete】键将其删除，然后输入相应文字，如图 4-16 所示。

步骤④ 在编辑区中的空白位置单击鼠标左键，完成艺术字的创建，效果如图 4-17 所示。

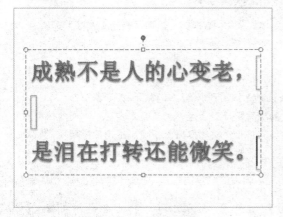

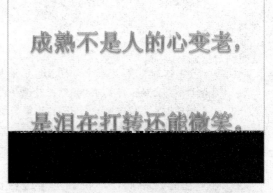

图 4-16　输入相应文字　　　　　　　　图 4-17　完成艺术字的创建

专家指点

> 插入艺术字后，还可以更改艺术字属性，包括风格、样式、格式、形状和旋转等。Word 2010 提供了多种选择，使用户可以尽情地发挥想象力。

4.1.5 【演练 40 + 视频 👓】：绘制文本框

在图片中输入文字时，不能像在 Word 2010 文档中输入文字一样，必须使用文本框。在 Word 2010 中，文本框有横排和竖排两种形式，用户可根据需要进行相应选择。

素材文件	·\素材\第 4 章\4-18.docx	效果文件	·\效果\第 4 章\4-23.docx
视频文件	·\视频\第 4 章\绘制文本框.swf	视频时长	98 秒

【演练 40】绘制文本框的具体操作步骤如下：

步骤① 单击"文件"菜单，在弹出的面板中单击"打开"命令，打开一个 Word 文档，如图 4-18 所示。

步骤② 切换至"插入"面板，在"文本"选项板中单击"文本框"按钮，在弹出的列表框中选择"绘制文本框"选项，如图 4-19 所示。

图 4-18　打开一个 Word 文档

图 4-19　选择"绘制文本框"选项

专家指点

> 文本框与图片一样，文本框上也有 8 个控制点，也可以通过鼠标来调整文本框的大小。文本框四个角上的控制点可以用于同时调整文本框的宽度和高度，文本框左右两边中间的控制点用于调整文本框的宽度，上下两边中间的控制点用于调整文本框的高度。不论是横排还是竖排文本框，当文字较多时，文本框中的部分文字可能暂时不可见，用户可根据文本框内的文字多少，适当地调整文本框的大小。

步骤③ 在图片中的合适位置上单击鼠标左键并拖曳，绘制一个文本框，如图 4-20 所示。

步骤④ 在其中输入文字"真爱一生"，在"开始"面板的"字体"选项板中设置文字的相应属性，效果如图 4-21 所示。

图 4-20　绘制一个文本框

图 4-21　输入相应文字

步骤⑤ 切换至"格式"面板，在"形状样式"选项板中单击"形状填充"按钮，在弹出的列表框中选择"无填充颜色"选项（如图 4-22 所示），清除文本框的填充颜色。

步骤⑥ 单击"形状轮廓"按钮，在弹出的列表框中选择"无轮廓"选项，清除文本框的轮廓颜色，此时的文本框效果如图 4-23 所示。

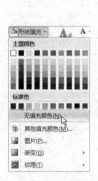

图 4-22　清除文本框的填充颜色

图 4-23　绘制的文本框文字效果

4.1.6　【演练 41 + 视频 】：创建 SmartArt 图形

在 Word 2010 中，使用 SmartArt 图形工具可以制作出具有专业水准的结构图和流程图。

素材文件	·无	效果文件	·\效果\第 4 章\4-27.docx
视频文件	·\视频\第 4 章\创建 SmartArt 图形.swf	视频时长	50 秒

【演练 41】创建 SmartArt 图形的具体操作步骤如下：

步骤① 新建一个 Word 文档，切换至"插入"面板，在"插图"选项板中单击 SmartArt 按钮，如图 4-24 所示。

步骤② 弹出"选择 SmartArt 图形"选项，在左侧列表框中选择"关系"选项，在中间窗格中选择需要的图形样式，如图 4-25 所示。

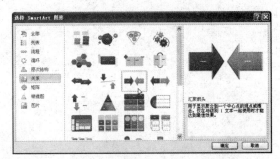

图 4-24　单击 SmartArt 按钮　　　　　　　　图 4-25　选择需要的图形样式

步骤③ 单击"确定"按钮，即可在文档中插入相应的 SmartArt 图形，如图 4-26 所示。

步骤④ 在图形中的"文本"处输入相应文字，效果如图 4-27 所示。

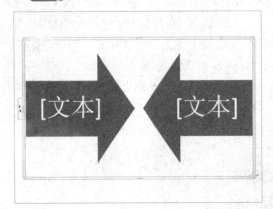

图 4-26　插入相应的 SmartArt 图形　　　　　　　图 4-27　在图形中输入相应文字

专家指点

　　当插入 SmartArt 图形后，将激活 SmartArt 工具的"设计"和"格式"面板，通过这两个面板中的按钮或列表框，可以对 SmartArt 图形的布局、颜色和样式等进行编辑和修改。

4.2　设置图形特效

　　为了使绘制的图形更加美观，可以给图形加上填充色，使用绘图对象边框，给图形添加底纹、阴影或三维效果等图形特效。本节主要介绍设置图形特效的操作方法。

4.2.1　【演练 42 + 视频 ▶】：添加图片样式

　　在 Word 2010 中，为图片添加相应的样式，可以使图片在文档中更加美观。

素材文件	·\素材\第 4 章\4-28.docx	效果文件	·\效果\第 4 章\4-30.docx
视频文件	·\视频\第 4 章\添加图片样式.swf	视频时长	30 秒

　　【演练 42】添加图片样式的具体操作步骤如下：

　　步骤① 单击"文件"菜单，在弹出的面板中单击"打开"命令，打开一个 Word 文档，

如图 4-28 所示。

步骤② 在文档中选择需要添加样式的图片，切换至"格式"面板，在"图片样式"选项板中选择需要的图片样式，如图 4-29 所示。

图 4-28　打开一个 Word 文档　　　　　　图 4-29　选择图片样式

步骤③ 执行上述操作后，即可为图片添加相应的样式，效果如图 4-30 所示。

图 4-30　为图片添加相应的样式

 专家指点

在"图片样式"选项板中单击"图片边框"按钮，在弹出的列表框中选择相应的选项，也可以为图片添加相应的边框样式。

4.2.2　【演练 43 + 视频 】：设置填充效果

在 Word 2010 中，可以为绘制的图形添加背景填充效果。

素材文件	• \素材\第 4 章\4-31.docx、4-33.jpg	效果文件	• \效果\第 4 章\4-34.docx
视频文件	• \视频\第 4 章\设置填充效果.swf	视频时长	45 秒

【演练 43】设置填充效果的具体操作步骤如下：

步骤① 单击"文件"菜单，在弹出的面板中单击"打开"命令，打开一个 Word 文档，

如图 4-31 所示。

步骤② 在文档中选择需要编辑的图形对象，切换至"格式"面板，在"图形样式"选项
板中单击"形状填充"按钮，在弹出的列表框中选择"图片"选项，如图 4-32 所示。

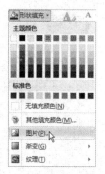

图 4-31　打开一个 Word 文档　　　　　　　　　　图 4-32　选择"图片"选项

步骤③ 弹出"插入图片"对话框，在其中选择需要插入的素材图片，如图 4-33 所示。

步骤④ 单击"插入"按钮，即可将图片插入到文档中，效果如图 4-34 所示。

图 4-33　选择素材图片　　　　　　　　　　　　　图 4-34　将图片插入文档

专家指点

　　在"图片样式"选项板中单击"形状填充"按钮，在弹出的列表框中选择"纹理"选项，在弹出的子菜单中，用户可根据需要选择相应的纹理样式为填充效果。

4.2.3　【演练 44 + 视频 】：设置艺术效果

在 Word 2010 中，用户可根据需要为图片或图形添加艺术效果。

素材文件	·\素材\第 4 章\4-35.docx	效果文件	·\效果\第 4 章\4-37.docx
视频文件	·\视频\第 4 章\设置艺术效果.swf	视频时长	33 秒

【演练 44】设置艺术效果的具体操作步骤如下：

步骤① 单击"文件"菜单，在弹出的面板中单击"打开"命令，打开一个 Word 文档，如图 4-35 所示。

步骤② 在文档中选择需要编辑的图形对象，切换至"格式"面板，在"调整"选项板中单击"艺术效果"按钮，在弹出的列表框中选择"影印"选项，如图 4-36 所示。

图 4-35　打开一个 Word 文档 　　　　　　　　　图 4-36　选择"影印"选项

步骤③ 执行上述操作后，即可将图片的艺术效果设置为影印，如图 4-37 所示。

图 4-37　图片影印效果

 专家指点

　　在"艺术效果"列表框中选择"艺术效果选项"选项，在弹出的"设置图片格式"对话框中，用户可根据需要对图片的艺术效果进行相应操作。

4.2.4 【演练 45 + 视频——】：设置阴影效果

　　用户可以为文档中的图形添加阴影效果，并且可以改变阴影的方向和颜色，在改变阴影颜色时，只会改变阴影部分，而不会改变图形对象本身。

素材文件	·\素材\第 4 章\4-38.docx	效果文件	·\效果\第 4 章\4-40.docx
视频文件	·\视频\第 4 章\设置阴影效果.swf	视频时长	43 秒

【演练 45】设置阴影效果的具体操作步骤如下：

步骤① 单击"文件"菜单，在弹出的面板中单击"打开"命令，打开一个 Word 文档，如图 4-38 所示。

步骤② 在文档中选择需要编辑的图形对象，切换至"格式"面板，在"形状样式"选项板中单击"形状效果"按钮，在弹出的列表框中选择"阴影"选项，在弹出的子菜单中选择相应的阴影样式，如图 4-39 所示。

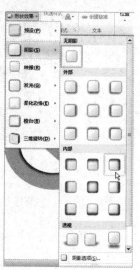

图 4-38　打开一个 Word 文档

图 4-39　选择阴影样式

步骤③ 执行上述操作后，即可设置图形的阴影样式，效果如图 4-40 所示。

图 4-40　阴影样式效果

专家指点

　　单击"形状效果"按钮，在弹出的列表框中选择"阴影"选项，在弹出的子菜单中，如果列出的阴影样式用户都不满意，可选择"阴影选项"选项，在弹出的对话框中可以设置相关的阴影参数。

4.2.5　【演练 46 + 视频 】：设置三维效果

在 Word 2010 中，可以给绘制的线条、自选图形、任意多边形和艺术字添加三维效果，并且允许用户自定义延伸深度、颜色以及角度等。

素材文件	• \素材\第 4 章\4-41.docx	效果文件	• \效果\第 4 章\4-43.docx
视频文件	• \视频\第 4 章\设置三维效果.swf	视频时长	39 秒

【演练 46】设置三维效果的具体操作步骤如下：

步骤① 单击"文件"菜单，在弹出的面板中单击"打开"命令，打开一个 Word 文档，如图 4-41 所示。

步骤② 在文档中选择需要编辑的图形对象，切换至"绘图工具"的"格式"面板，在"形状样式"选项板中单击"形状效果"按钮，在弹出的列表框中选择"预设"选项，在弹出的子菜单中选择相应的三维样式，如图 4-42 所示。

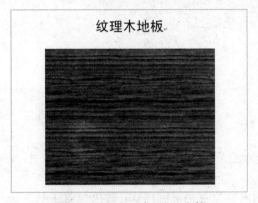

图 4-41　打开一个 Word 文档

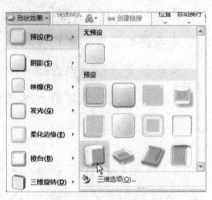

图 4-42　选择三维样式

步骤③ 执行上述操作后，即可设置图形的三维效果，如图 4-43 所示。

图 4-43　设置图形的三维效果

4.3　设置特殊版式

本节主要向读者介绍在日常工作中，经常用到的报纸、杂志等文档编辑排版的方法，如设置首字下沉、分栏排版等。

4.3.1 【演练 47＋视频】：设置首字下沉

首字下沉就是将文章开始的第一个字或几个字放大数倍，增强文章的可读性。

素材文件	• \素材\第 4 章\4-44.docx	效果文件	• \效果\第 4 章\4-46.docx
视频文件	• \视频\第 4 章\设置首字下沉.swf	视频时长	15 秒

【演练 47】设置首字下沉的具体操作步骤如下：

步骤① 单击“文件”菜单，在弹出的面板中单击“打开”命令，打开一个 Word 文档，如图 4-44 所示。

步骤② 切换至“插入”面板，在“文本”选项板中单击“首字下沉”按钮，在弹出的列表框中选择“下沉”选项，如图 4-45 所示。

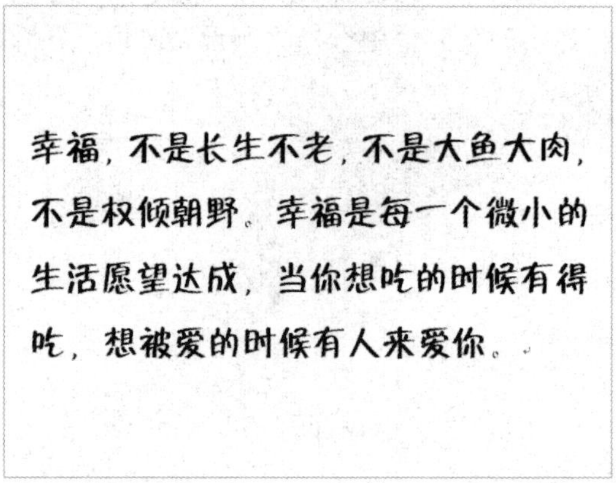
幸福，不是长生不老，不是大鱼大肉，不是权倾朝野。幸福是每一个微小的生活愿望达成，当你想吃的时候有得吃，想被爱的时候有人来爱你。

图 4-44　打开一个 Word 文档

签名行
日期和时间
对象
公式
符号
编号
首字下沉
符号
无
下沉
悬挂
首字下沉选项(D)...

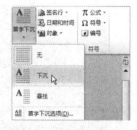

图 4-45　选择“下沉”选项

步骤③ 执行上述操作后，即可设置文档中的内容为首字下沉样式，效果如图 4-46 所示。

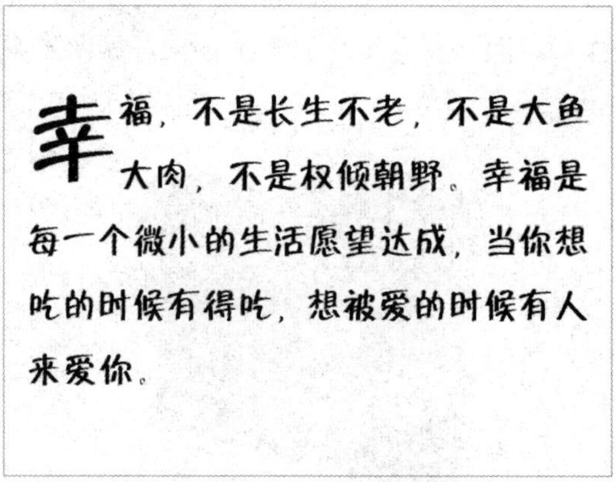
幸福，不是长生不老，不是大鱼大肉，不是权倾朝野。幸福是每一个微小的生活愿望达成，当你想吃的时候有得吃，想被爱的时候有人来爱你。

图 4-46　首字下沉效果

4.3.2 【演练 48＋视频】：设置分栏排版

在 Word 2010 中可以制作形式多样的分栏版式，并且操作简单、方便。

素材文件	• \素材\第 4 章\4-47.docx	效果文件	• \效果\第 4 章\4-51.docx
视频文件	• \视频\第 4 章\设置分栏排版.swf	视频时长	50 秒

【演练 48】设置分栏排版的具体操作步骤如下：

步骤①　单击"文件"菜单，在弹出的面板中单击"打开"命令，打开一个 Word 文档，如图 4-47 所示。

步骤②　在 Word 文档中选择需要分栏的文本内容，如图 4-48 所示。

图 4-47　打开一个 Word 文档

图 4-48　选择需要分栏的文本内容

步骤③　切换至"页面布局"面板，在"页面设置"选项板中单击"分栏"按钮，在弹出的列表框中选择"更多分栏"选项，如图 4-49 所示。

步骤④　弹出"分栏"对话框，在"预设"选项区中单击"两栏"按钮，选中"分隔线"复选框，如图 4-50 所示。

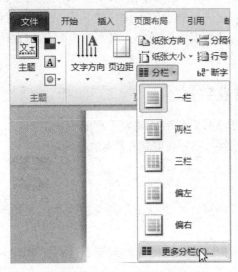

图 4-49　选择"两栏"选项

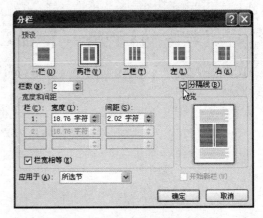

图 4-50　选中"分隔线"复选框

　专家指点

　　在"页面设置"选项板中单击"分栏"按钮，在弹出的列表框中选择相应的栏数，也可以对文档进行分栏操作。

步骤⑤　单击"确定"按钮，即可将文档内容分为两栏，效果如图 4-51 所示。

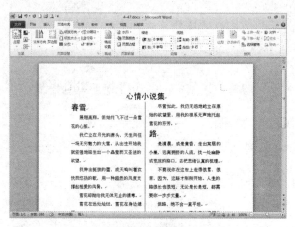

图 4-51　将文档内容分为两栏

 专家指点

　　按【Ctrl＋A】组合键，也可以选择文档中的所有内容。用户如果没有在"分栏"对话框中选中"分隔线"复选框，则栏与栏之间将不会有分隔线。

4.4　编辑图表与数据表

　　Word 2010 强大的图表功能，能够更加直观地将工作表中的表格表现出来，并能够做到层次分明、条理清晰并易于理解，用户还可以对图表进行适当的美化，使其更加赏心悦目。编排文档有许多技巧，熟练地使用这些技巧可以提高警惕编辑效率，编写出高质量的文档。本节主要介绍编辑图表与数据表的操作方法。

4.4.1　【演练 49＋视频 】：插入图表数据

　　图表程序提供了众多的常用图表类型，用户可根据需要选择最为适宜的图表类型。

素材文件	·无	效果文件	·\效果\第 4 章\4-54.docx
视频文件	·\视频\第 4 章\插入图表数据.swf	视频时长	44 秒

　　【演练 49】插入图表数据的具体操作步骤如下：

　　步骤① 新建一个 Word 文档，切换至"插入"面板，在"插图"选项板中单击"图表"按钮，如图 4-52 所示。

　　步骤② 弹出"插入图表"对话框，在右侧窗格中选择相应的柱形图图表样式，如图 4-53 所示。

　　步骤③ 单击"确定"按钮，即可在 Word 文档中插入图表样式，同时系统会自动启动 Excel 2010 应用程序，其中显示了图表数据，如图 4-54 所示。

 专家指点

　　在"图表类型"对话框中提供了丰富的图表类型，用户可以根据需要选择合适的图表类型来表示统计的数据。

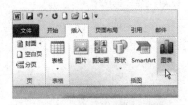

图 4-52　单击"图表"按钮

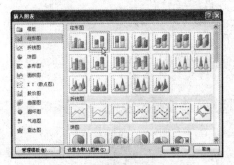

图 4-53　选择柱形图图表样式

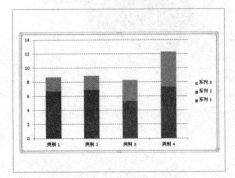

Word 中的图表

Excel 中的图表数据

图 4-54　Word 中的图表及 Excel 中的图表数据

4.4.2　【演练 50 + 视频 】：设置图表类型

如果用户对图表的类型不满意，还可以选择其他图表类型，如折线图、曲线图或者三维类型等。

素材文件	·\素材\第 4 章\4-55.docx	效果文件	·\效果\第 4 章\4-58.docx
视频文件	·\视频\第 4 章\设置图表类型 swf	视频时长	45 秒

【演练 50】设置图表类型的具体操作步骤如下：

步骤① 单击"文件"菜单，在弹出的面板中单击"打开"命令，打开一个 Word 文档，如图 4-55 所示。

步骤② 在文档中选择需要更改类型的图表，切换至"设计"面板，在"类型"选项板中单击"更改图表类型"按钮，如图 4-56 所示。

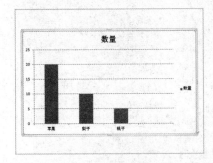

图 4-55　打开一个 Word 文档

图 4-56　单击"更改图表类型"按钮

步骤③ 弹出"更改图表类型"对话框，在"饼图"选项区中选择相应的饼图样式，如图 4-57 所示。

步骤④ 单击"确定"按钮，即可更改图表样式，效果如图 4-58 所示。

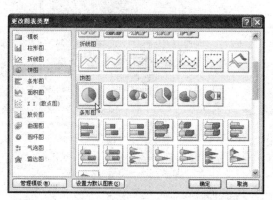

图 4-57 选择饼图样式

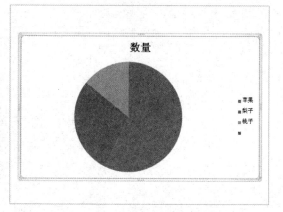

图 4-58 更改图表样式后的效果

专家指点

在"更改图表类型"对话框中单击下方的"设置为默认图表"按钮，即可将图表类型更改为默认设置。

4.4.3 【演练 51 + 视频□□】：设置图表数据

在 Word 2010 中，如果用户对图表中的数据不满意，可在 Excel 中对数据进行更改。

素材文件	·\素材\第 4 章\4-59.docx	效果文件	·\效果\第 4 章\4-62.docx
视频文件	·\视频\第 4 章\设置图表数据.swf	视频时长	49 秒

【演练 51】设置图表数据的具体操作步骤如下：

步骤① 单击"文件"菜单，在弹出的面板中单击"打开"命令，打开一个 Word 文档，如图 4-59 所示。

步骤② 在文档中选择需要更改数据的图表，切换至"设计"面板，在"数据"选项板中单击"编辑数据"按钮，如图 4-60 所示。

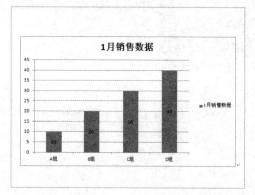

图 4-59 打开一个 Word 文档

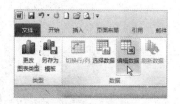

图 4-60 单击"编辑数据"按钮

步骤③　执行上述操作后，系统自动启动 Excel 应用程序，在其中用户可根据需要更改相应数据，并按【Enter】键确认，如图 4-61 所示。

步骤④　返回 Word 工作界面，图表中的相应参数将发生变化，效果如图 4-62 所示。

图 4-61　更改相应数据

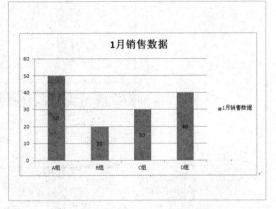

图 4-62　更改数据后的图表效果

专家指点

在"数据"选项板中单击"选择数据"按钮，执行上述操作后，系统自动启动 Excel 2010 应用程序，用户可根据需要选择相应数据，图表中的数据将随用户选择的数据而发生变化。

4.4.4 【演练 52 + 视频••】：创建数据表

图表的主要元素是表格数据，因此首先要将数据输入到数据表中。只有将数据表中的数据具体化，并且配合适当的图片示例，才能更好地将所要说明的例子表述清楚。

素材文件	·无	效果文件	·\效果\第 4 章\4-66.docx
视频文件	·\视频\第 4 章\创建数据表.swf	视频时长	50 秒

【演练 52】创建数据表的具体操作步骤如下：

步骤①　新建一个 Word 文档，切换至"插入"面板，在"文本"选项板中单击"对象"右侧的下拉按钮，在弹出的列表框中选择"对象"选项，如图 4-63 所示。

步骤②　弹出"对象"对话框，在"对象类型"下拉列表框中选择"Microsoft Graph 图表"选项，如图 4-64 所示。

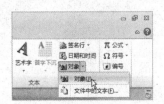

图 4-63　选择"对象"选项

图 4-64　选择"Microsoft Graph 图表"选项

步骤③ 单击"确定"按钮，即可在 Word 文档中插入数据表，如图 4-65 所示。

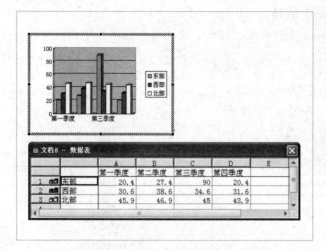

图 4-65　在 Word 文档中插入数据表

步骤④ 将鼠标移至图表四周的控制柄上，单击鼠标左键并拖曳，可以调整图表的大小，效果如图 4-66 所示。

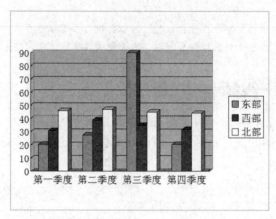

图 4-66　调整图表大小后的效果

第 5 章　表格的创建与编辑

在 Word 2010 中，运用表格可以将各种复杂的信息简洁、明了地表达出来。Word 具有强大的表格制作、编辑功能，不仅可以快速创建各种各样的表格，还可以极为方便地修改表格格式、调整表格大小等。用户不仅可以在表格中输入文字、数据，还可以建立超链接，实现在文本和表格之间相互转换，对表格的内容进行排序、简单的统计和计算等。本章主要向读者介绍表格的创建与编辑操作。

5.1　创建和编辑表格

在日常的工作中，常常用到表格，如个人简历、成绩单、花名册以及各种报表等。表格能够给人以直观、严谨的感觉，特别是在预算报告、财务分析等文档中，表格具有更强的说服力。本节主要介绍创建和编辑表格的方法。

5.1.1　【演练 53 + 视频 】：插入表格

在使用表格前，首先需要创建表格。Word 2010 的表格以单元格为中心来组织信息，一张表是由多个单元格组成的。下面介绍插入表格的操作方法。

素材文件	·无	效果文件	·\效果\第 5 章\5-3.docx
视频文件	·\视频\第 5 章\插入表格.swf	视频时长	31 秒

【演练 53】插入表格的具体操作步骤如下：

步骤① 新建一个 Word 文档，切换至"插入"面板，在"表格"选项板中单击"表格"按钮，在弹出的列表框中选择"插入表格"选项，如图 5-1 所示。

步骤② 弹出"插入表格"对话框，在其中设置"列数"为 5、"行数"为 20，如图 5-2 所示。

图 5-1　选择"插入表格"选项

图 5-2　设置表格参数

步骤③ 单击"确定"按钮，即可在文档中插入多行表格，效果如图 5-3 所示。

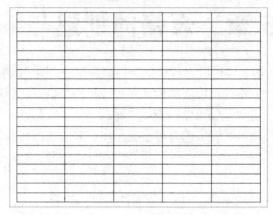

图 5-3　在文档中插入多行表格

 专家指点

单击"表格"按钮，在弹出的列表框中选择"快速表格"选项，在弹出的子菜单中可以选择模板来快速创建表格。

5.1.2　【演练 54 + 视频 ☞】：绘制表格

在 Word 2010 中，如果用户需要创建一些复杂的表格，如包含不同高度的单元格或者每行有不同列数的表格时，可以使用绘制表格的方法。

素材文件	·无	效果文件	·\效果\第 5 章\5-7.docx
视频文件	·\视频\第 5 章\绘制表格.swf	视频时长	49 秒

【演练 54】绘制表格的具体操作步骤如下：

步骤① 新建一个 Word 文档，切换至"插入"面板，在"表格"选项板中单击"表格"按钮，在弹出的列表框中选择"绘制表格"选项，如图 5-4 所示。

步骤② 此时鼠标指针呈 ✐ 形状，在编辑区中单击鼠标左键并拖曳，如图 5-5 所示。

图 5-4　选择"绘制表格"选项

图 5-5　单击鼠标左键并拖曳

步骤③ 至合适位置后释放鼠标，即可绘制表格，如图 5-6 所示。

步骤④ 用与上述相同的方法，在表格中绘制其他线条，效果如图 5-7 所示。

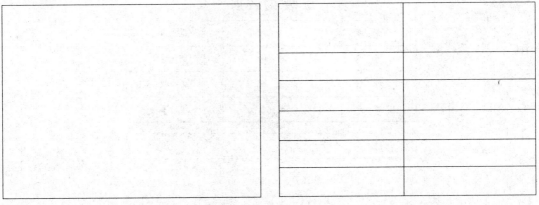

图 5-6　绘制表格　　　　　　　　　　　图 5-7　绘制其他线条

 专家指点

绘制表格的大致形状后，如果没有按【Esc】键，则可以继续绘制表格线条。

5.1.3 【演练 55 + 视频■■】：拆分表格

在 Word 2010 中，拆分表格是指对一个表格进行拆分操作。

素材文件	·\素材\第 5 章\5-8.docx	效果文件	·\效果\第 5 章\5-10.docx
视频文件	·\视频\第 5 章\拆分表格.swf	视频时长	26 秒

【演练 55】拆分表格的具体操作步骤如下：

步骤① 单击"文件"菜单，在弹出的面板中单击"打开"命令，打开一个 Word 文档，将鼠标定位于需要拆分的表格内，如图 5-8 所示。

步骤② 切换至"布局"面板，在"合并"选项板中单击"拆分表格"按钮▦，如图 5-9 所示。

班级花名册

刘 罗	方 翔	符 宇
惠 惠	杨 平	胡 莹
周 佳	张 顺	肖 帮
李 忠	刘 名	艳 子
陈 东		

图 5-8　打开一个 Word 文档　　　　　　图 5-9　单击"拆分表格"按钮

步骤③ 执行上述操作后，即可将表格进行拆分，效果如图 5-10 所示。

班级花名册

刘 罗	方 翔	符 宇
惠 惠	杨 平	胡 莹
周 佳	张 顺	肖 帮
李 忠	刘 名	艳 子

陈 东	

图 5-10　将表格进行拆分

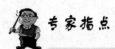

拆分表格时，只能将一个表格拆分成两个单独的表格。

5.1.4　【演练 56 + 视频 56】：合并单元格

在 Word 2010 中，合并单元格是指将两个或多个单元格合并为一个单元格。

素材文件	·\素材\第 5 章\5-11.docx	效果文件	·\效果\第 5 章\5-14.docx
视频文件	·\视频\第 5 章\合并单元格.swf	视频时长	25 秒

【演练 56】合并单元格的具体操作步骤如下：

步骤① 单击"文件"菜单，在弹出的面板中单击"打开"命令，打开一个 Word 文档，如图 5-11 所示。

步骤② 在表格中选择需要合并的单元格，如图 5-12 所示。

水果分类	牛奶分类
香 蕉	纯牛奶
西 瓜	酸 奶
橙 子	鲜牛奶
葡 萄	低脂牛奶

图 5-11　打开一个 Word 文档

水果分类	牛奶分类
香 蕉	纯牛奶
西 瓜	酸 奶
橙 子	鲜牛奶
葡 萄	低脂牛奶

图 5-12　选择需要合并的单元格

步骤③ 单击鼠标右键，在弹出的快捷菜单中选择"合并单元格"选项，如图 5-13 所示。

步骤④ 执行上述操作后，即可合并单元格，效果如图 5-14 所示。

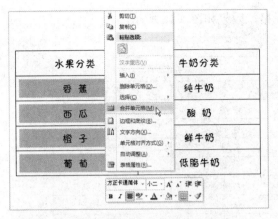

图 5-13 选择"合并单元格"选项 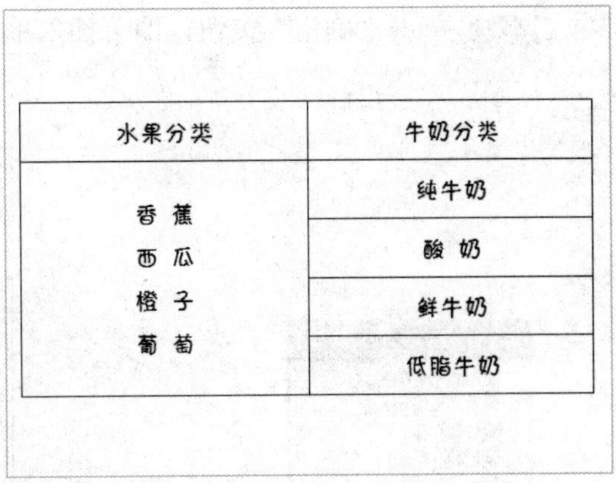　　　　图 5-14 合并单元格后的效果

 专家指点

选择需要合并的单元格，切换至"布局"面板，在"合并"选项板中单击"合并单元格"按钮，即可合并单元格。

5.1.5 【演练57＋视频 】：插入单元格

在表格中不仅可以插入行或列，还可以插入单个或多个单元格。

素材文件	·\素材\第 5 章\5-15.docx	效果文件	·\效果\第 5 章\5-18.docx
视频文件	·\视频\第 5 章\插入单元格.swf	视频时长	39 秒

【演练57】插入单元格的具体操作步骤如下：

步骤① 单击"文件"菜单，在弹出的面板中单击"打开"命令，打开一个 Word 文档，如图 5-15 所示。

步骤② 将鼠标定位于需要插入单元格的位置，单击鼠标右键，在弹出的快捷菜单中选择"插入"|"插入单元格"选项，如图 5-16 所示。

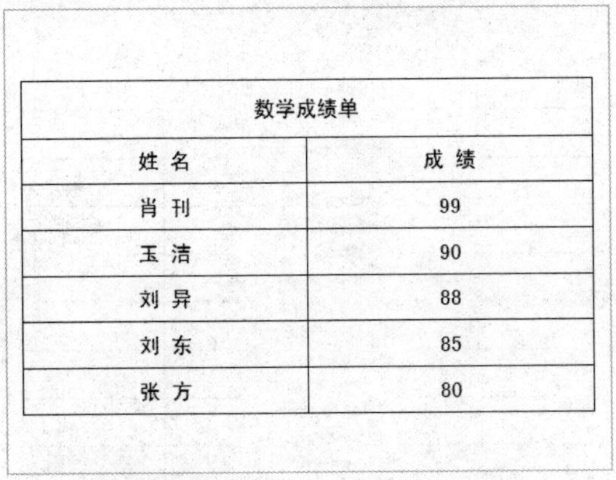

图 5-15 打开一个 Word 文档 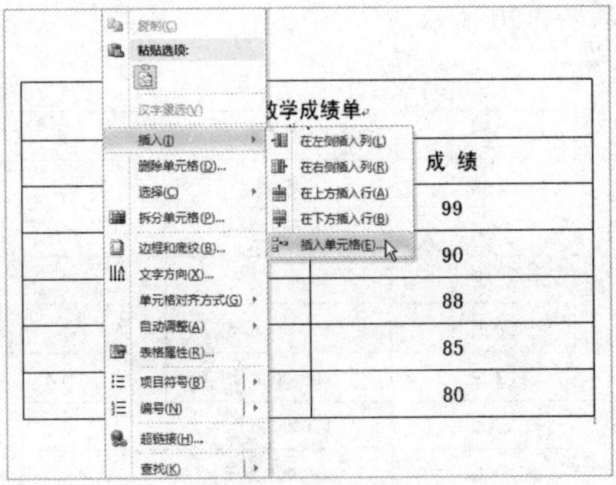　　　　图 5-16 选择"插入单元格"选项

步骤③ 弹出"插入单元格"对话框，在其中选中"活动单元格下移"单选按钮，如图 5-17 所示。

步骤④ 单击"确定"按钮，即可插入单元格，效果如图 5-18 所示。

图 5-17　选中相应单选按钮

数学成绩单	
	成　绩
姓　名	99
肖　刊	90
玉　洁	88
刘　异	85
刘　东	80
张　方	

图 5-18　插入单元格后的效果

专家指点

> 在"插入单元格"对话框中选中"整行插入"单选按钮，则在表格中插入一行。

5.1.6　【演练 58 + 视频 58 】：删除行与列

在绘制表格的过程中，用户可根据需要对表格中的行与列进行删除操作。下面以删除行为例，介绍删除行与列的操作方法。

素材文件	·\素材\第 5 章\5-19.docx	效果文件	·\效果\第 5 章\5-21.docx
视频文件	·\视频\第 5 章\删除行与列.swf	视频时长	25 秒

【演练 58】删除行与列的具体操作步骤如下：

步骤① 单击"文件"菜单，在弹出的面板中单击"打开"命令，打开一个 Word 文档，如图 5-19 所示。

步骤② 选择需要删除的行，单击鼠标右键，在弹出的快捷菜单中选择"删除行"选项，如图 5-20 所示。

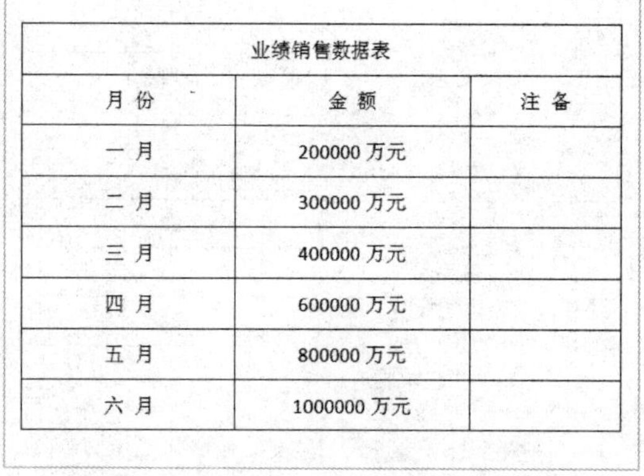

业绩销售数据表		
月　份	金　额	注　备
一　月	200000 万元	
二　月	300000 万元	
三　月	400000 万元	
四　月	600000 万元	
五　月	800000 万元	
六　月	1000000 万元	

图 5-19　打开一个 Word 文档

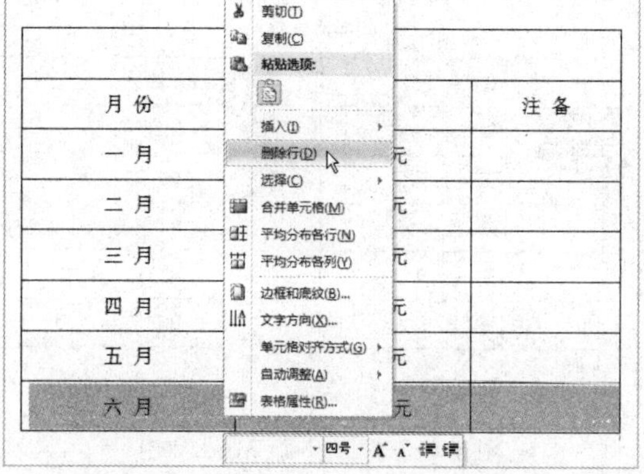

图 5-20　选择"删除行"选项

步骤③ 执行上述操作后，即可删除行，效果如图 5-21 所示。

业绩销售数据表		
月 份	金 额	注 备
一 月	200000 万元	
二 月	300000 万元	
三 月	400000 万元	
四 月	600000 万元	
五 月	800000 万元	

图 5-21　删除行后的效果

专家指点

在表格中选择需要删除的行，按【Delete】键也可以删除行。删除列的方法与删除行的方法类似，用户可根据需要进行相应的操作即可。

5.1.7　【演练 59 + 视频 📹】：调整行高列宽

表格中的每一个单元格的高度都是一样的，一般情况下，向表格中输入内容时，Word会自动调整行高以显示输入的内容，也可以自定义表格的行高与列宽以满足不同的需要。

素材文件	• \素材\第 5 章\5-22.docx	效果文件	• \效果\第 5 章\5-27.docx
视频文件	• \视频\第 5 章\调整行高列宽.swf	视频时长	58 秒

【演练 59】调整行高与列宽的具体操作步骤如下：

步骤① 单击"文件"菜单，在弹出的面板中单击"打开"命令，打开一个 Word 文档，如图 5-22 所示。

步骤② 将鼠标指针移至需要调整行高的行线上，此时鼠标指针呈双向箭头形状 ÷，如图 5-23 所示。

联营电器员工业绩表		
员工姓名	第一季度	第二季度
张 三	405,102	500,850
李 四	500,500	650,482
王 五	650,800	750,458
李 用	350,280	582,482
黄 文	1000,530	1822,112
李 可	286,450	542,852
李 永	688,123	896,510

图 5-22　打开一个 Word 文档

联营电器员工业绩表		
员工姓名	第一季度	第二季度
张 三	405,102	500,850
李 四	500,500	650,482
王 五	650,800	750,458
李 用	350,280	582,482
黄 文	1000,530	1822,112
李 可	286,450	542,852
李 永	688,123	896,510

图 5-23　鼠标指针呈双向箭头形状

步骤③ 单击鼠标左键并向下拖曳，此时表格行线呈虚线显示，如图 5-24 所示。

步骤④ 拖曳至合适位置后，释放鼠标左键，即可调整表格行高，效果如图 5-25 所示。

联营电器员工业绩表		
员工姓名	第一季度	第二季度
张 三	405,102	500,850
李 四	500,500	650,482
王 五	650,800	750,458
李 用	350,280	582,482
黄 文	1000,530	1822,112
李 可	286,450	542,852
李 永	688,123	896,510

图 5-24 表格行线呈虚线显示

联营电器员工业绩表		
员工姓名	第一季度	第二季度
张 三	405,102	500,850
李 四	500,500	650,482
王 五	650,800	750,458
李 用	350,280	582,482
黄 文	1000,530	1822,112
李 可	286,450	542,852
李 永	688,123	896,510

图 5-25 调整高行的效果

步骤⑤ 将鼠标移至标尺上的"移动表格列"滑块上，单击鼠标左键并向左拖曳，此时表格线呈虚线显示，如图 5-26 所示。

步骤⑥ 拖曳至合适位置后释放鼠标左键，即可调整表格列宽，效果如图 5-27 所示。

联营电器员工业绩表		
员工姓名	第一季度	第二季度
张 三	405,102	500,850
李 四	500,500	650,482
王 五	650,800	750,458
李 用	350,280	582,482
黄 文	1000,530	1822,112
李 可	286,450	542,852
李 永	688,123	896,510

图 5-26 单击鼠标左键并向左拖曳

联营电器员工业绩表		
员工姓名	第一季度	第二季度
张 三	405,102	500,850
李 四	500,500	650,482
王 五	650,800	750,458
李 用	350,280	582,482
黄 文	1000,530	1822,112
李 可	286,450	542,852
李 永	688,123	896,510

图 5-27 调整列宽的效果

专家指点

将鼠标移至需要调整列宽的表格列线上，单击鼠标左键并向左或向右拖曳，至合适位置后释放鼠标，也可以调整表格列宽。

5.2 编辑内容与格式

要真正完成一个表格，还需要在表格中填入内容。在表格中处理文本的方法与在普通文档中处理文本的方法略有不同，因为在表格中，每一个单元格就是一个独立的单位，在输入过程中，Word 2010 会根据内容的多少自动调整单元格的大小。本节主要介绍编辑表格中的内容与格式等操作。

5.2.1 【演练60＋视频-=】：选择表格文本

在表格中选择文本，多数情况下与在文档的其他位置选择文本的方法相同，但由于表格的特殊性，Word 2010 还提供了多种选择表格中文本的方法。

素材文件	·\素材\第 5 章\5-28.docx	效果文件	·无
视频文件	·\视频\第 5 章\选择表格文本.swf	视频时长	31 秒

【演练60】选择表格文本的具体操作步骤如下：

步骤① 单击"文件"菜单，在弹出的面板中单击"打开"命令，打开一个 Word 文档，如图 5-28 所示。

步骤② 将鼠标指针移至表格左侧，此时鼠标指针呈 ↗ 形状，如图 5-29 所示。

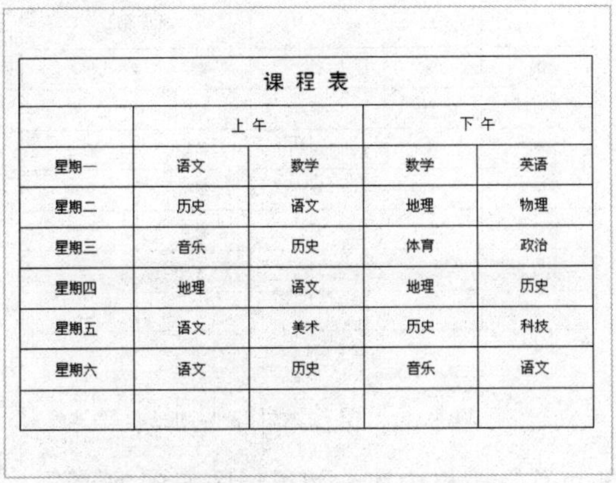

课　程　表			
	上　午		下　午
星期一	语文	数学	数学	英语
星期二	历史	语文	地理	物理
星期三	音乐	历史	体育	政治
星期四	地理	语文	地理	历史
星期五	语文	美术	历史	科技
星期六	语文	历史	音乐	语文

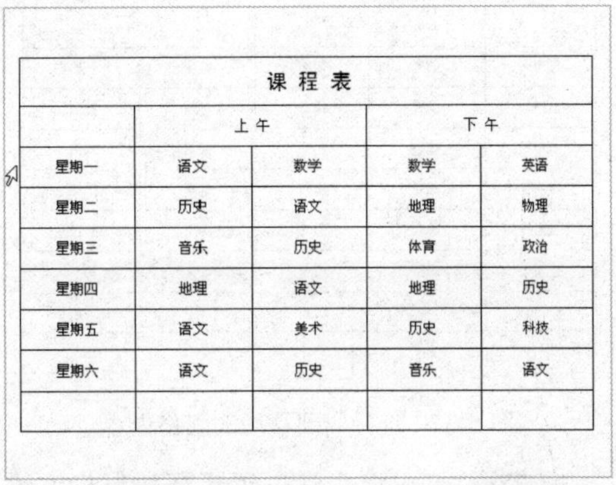

图 5-28　打开一个 Word 文档　　　　图 5-29　将鼠标指针移至表格左侧

步骤③ 单击鼠标左键并向下拖曳，至合适位置后释放鼠标，即可选择多行表格文本，效果如图 5-30 所示。

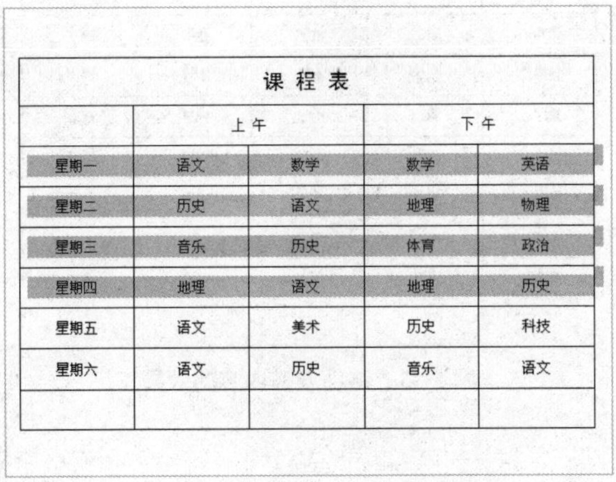

课　程　表			
	上　午		下　午
星期一	语文	数学	数学	英语
星期二	历史	语文	地理	物理
星期三	音乐	历史	体育	政治
星期四	地理	语文	地理	历史
星期五	语文	美术	历史	科技
星期六	语文	历史	音乐	语文

图 5-30　选择多行文本的效果

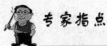
专家指点

将鼠标移至某一个单元格前面，单击鼠标左键，即可选择该单元格中的文本内容。

5.2.2 【演练 61 + 视频 】：移动表格内容

在表格中输入文本后，用户还可以根据需要对表格中输入的文本进行移动操作。

素材文件	• 无	效果文件	• \素材\第 5 章\5-33.docx
视频文件	• \视频\第 5 章\移动表格内容.swf	视频时长	25 秒

【演练 61】移动表格内容的具体操作步骤如下：

步骤① 打开上一例的素材文件，在表格中选择需要移动的表格内容，如图 5-31 所示。

步骤② 单击鼠标左键并向下拖曳，此时鼠标指针呈形状，如图 5-32 所示。

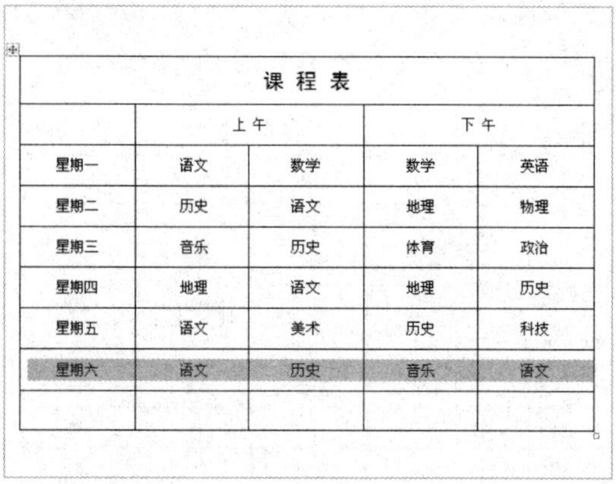

课 程 表				
	上 午		下 午	
星期一	语文	数学	数学	英语
星期二	历史	语文	地理	物理
星期三	音乐	历史	体育	政治
星期四	地理	语文	地理	历史
星期五	语文	美术	历史	科技
星期六	语文	历史	音乐	语文

图 5-31 选择需要移动的表格内容

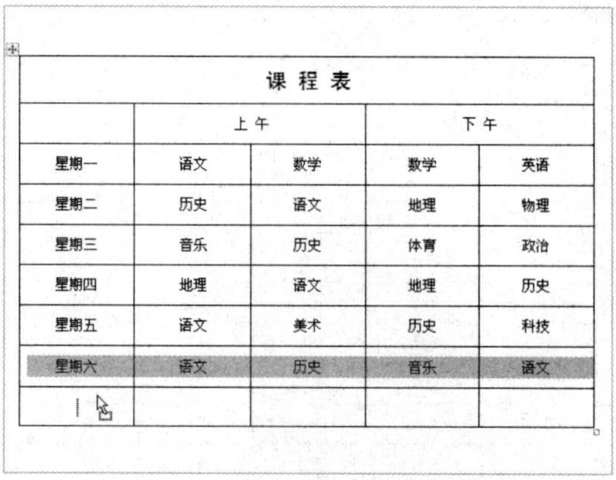

课 程 表				
	上 午		下 午	
星期一	语文	数学	数学	英语
星期二	历史	语文	地理	物理
星期三	音乐	历史	体育	政治
星期四	地理	语文	地理	历史
星期五	语文	美术	历史	科技
星期六	语文	历史	音乐	语文

图 5-32 鼠标指针呈形状

步骤③ 拖曳至合适位置后释放鼠标左键，即可移动表格内容，效果如图 5-33 所示。

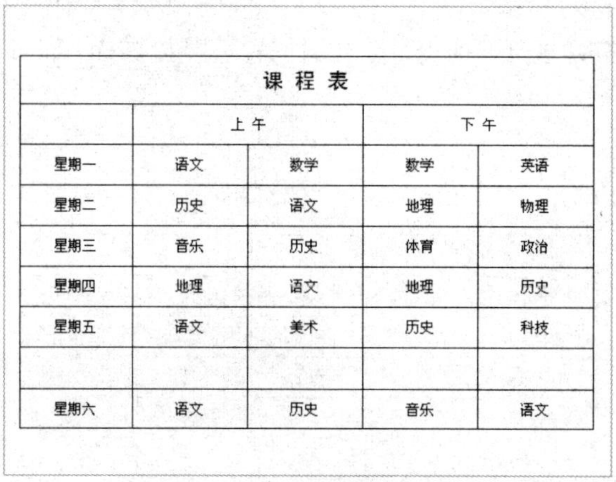

课 程 表				
	上 午		下 午	
星期一	语文	数学	数学	英语
星期二	历史	语文	地理	物理
星期三	音乐	历史	体育	政治
星期四	地理	语文	地理	历史
星期五	语文	美术	历史	科技
星期六	语文	历史	音乐	语文

图 5-33 移动表格内容的效果

专家指点

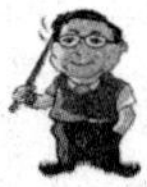

使用键盘在表格中移动插入点的方法如下：

- 按【Alt + End】组合键，可移至本行的最后一个单元格中。
- 按【Alt + Page Up】组合键，可移至本列的第一个单元格中。
- 按【Alt + Page Down】组合键，可移至本列的最后一个单元格中。

5.2.3　【演练 62 + 视频】：复制表格内容

在 Word 2010 中，在表格中对单元格、行或列中的内容进行复制操作，可以提高工作效率，节省时间。

素材文件	·\素材\第 5 章\5-34.docx	效果文件	·\素材\第 5 章\5-37.docx
视频文件	·\视频\第 5 章\复制表格内容.swf	视频时长	38 秒

【演练 62】复制表格内容的具体操作步骤如下：

步骤① 单击"文件"菜单，在弹出的面板中单击"打开"命令，打开一个 Word 文档，如图 5-34 所示。

步骤② 在表格中选择需要复制的表格内容，如图 5-35 所示。

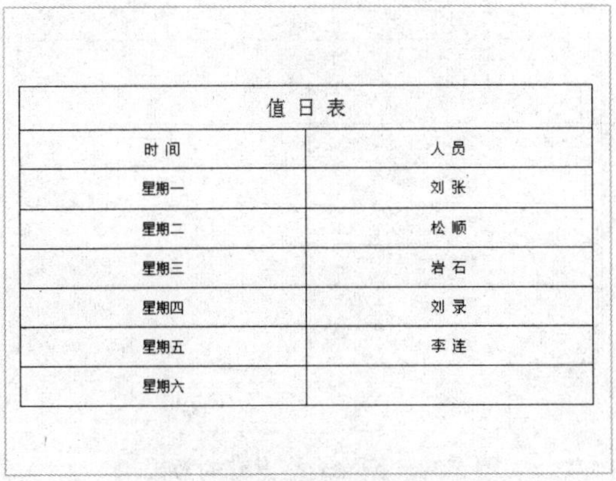

图 5-34　打开一个 Word 文档

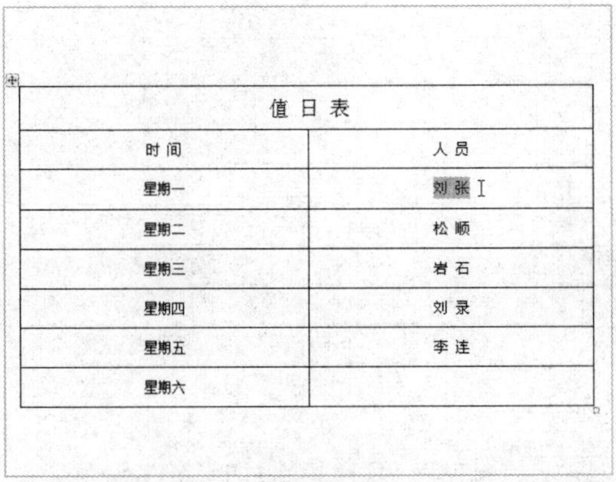

图 5-35　选择需要复制的表格内容

步骤③ 单击鼠标右键，在弹出的快捷菜单中选择"复制"选项，将鼠标定位至需要粘贴的位置，单击鼠标右键，在弹出的列表框中单击"保留源格式"按钮，如图 5-36 所示。

步骤④ 执行上述操作后，即可复制表格内容，效果如图 5-37 所示。

图 5-36　单击"保留源格式"按钮

图 5-37　复制表格内容的效果

 专家指点

复制文本内容后，单击"剪贴板"中的"粘贴"按钮，也可以对复制的文本进行粘贴操作。

5.2.4 【演练 63 + 视频 ▫▫ 】：删除表格内容

在 Word 2010 中，用户可以对不需要的表格内容进行删除操作。

素材文件	·无	效果文件	·\素材\第 5 章\5-39.docx
视频文件	·\视频\第 5 章\删除表格内容.swf	视频时长	14 秒

【演练 63】删除表格内容的具体操作步骤如下：

步骤❶ 打开上一例的效果文件，在表格中选择需要删除的表格内容，如图 5-38 所示。

步骤❷ 按【Delete】键，即可删除表格内容，效果如图 5-39 所示。

值　日　表	
时　间	人　员
星期一	刘　张
星期二	松　顺
星期三	岩　石
星期四	刘　录
星期五	李　连
星期六	刘　张

图 5-38　选择要删除的表格内容

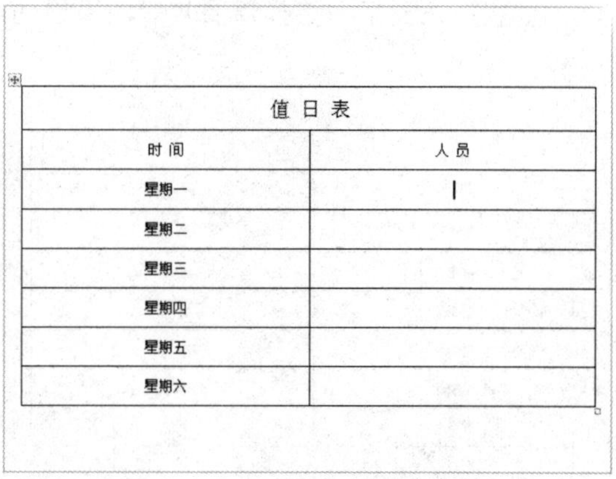

值　日　表	
时　间	人　员
星期一	I
星期二	
星期三	
星期四	
星期五	
星期六	

图 5-39　删除表格内容的效果

专家指点

在 Word 2010 中选择需要删除的表格内容，然后在"开始"面板的"剪贴板"选项板中，单击"剪切"按钮 ✂，以剪切需要删除的表格内容。

5.2.5 【演练 64 + 视频 ▫▫ 】：设置表格边框

创建一个表格时，Word 2010 会以默认的 0.5 磅的单实线绘制表格的边框，用户还可以设置表格边框的粗细以及线型等属性。

素材文件	·\素材\第 5 章\5-40.docx	效果文件	·\素材\第 5 章\5-43.docx
视频文件	·\视频\第 5 章\设置表格边框.swf	视频时长	42 秒

【演练 64】设置表格边框的具体操作步骤如下：

步骤❶ 单击"文件"菜单，在弹出的面板中单击"打开"命令，打开一个 Word 文档，如图 5-40 所示。

步骤❷ 单击表格左上角的正方形按钮，选择整个表格，单击鼠标右键，在弹出的快捷菜单中选择"边框和底纹"选项，如图 5-41 所示。

步骤❸ 弹出"边框和底纹"对话框，在"边框"选项卡的"样式"下拉列表框中，选择相应的表格边框样式，如图 5-42 所示。

步骤❹ 单击"确定"按钮，即可设置表格的边框样式，效果如图 5-43 所示。

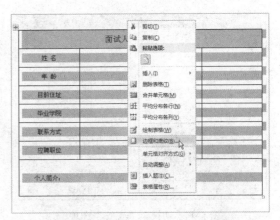

图 5-40　打开一个 Word 文档 　　　　图 5-41　选择"边框和底纹"选项

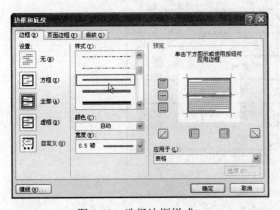

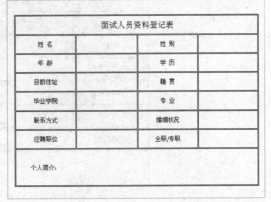

图 5-42　选择边框样式 　　　　　　图 5-43　设置边框后的效果

 专家指点

　　在"边框和底纹"对话框的"边框"选项卡中，单击"颜色"右侧的下拉按钮，在弹出的列表框中选择相应的颜色，也可以改变边框的颜色。

5.2.6　【演练 65 + 视频■■】：设置表格底纹

　　在 Word 2010 中，设置相应的底纹效果，可以美化表格，使表格显示出特殊的效果。

素材文件	·无	效果文件	·\效果\第 5 章\5-46.docx
视频文件	·\视频\第 5 章\设置表格底纹.swf	视频时长	36 秒

　　【演练 65】设置表格底纹的具体操作步骤如下：

　　步骤① 打开上一例效果文件，选择整个表格，单击鼠标右键，在弹出的快捷菜单中选择"边框和底纹"选项，弹出"边框和底纹"对话框，切换至"底纹"选项卡，如图 5-44 所示。

　　步骤② 单击"填充"右侧的下拉按钮，在弹出的列表框中选择淡蓝色，如图 5-45 所示。

　　步骤③ 单击"确定"按钮，即可设置表格底纹，效果如图 5-46 所示。

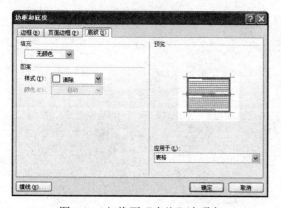

图 5-44 切换至"底纹"选项卡

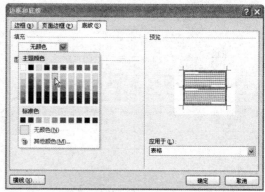

图 5-45 选择淡蓝色

面试人员资料登记表			
姓 名		姓 别	
年 龄		学 历	
目前住址		籍 贯	
毕业学院		专 业	
联系方式		婚姻状况	
应聘职位		全职/专职	
个人简介：			

图 5-46 设置表格底纹的效果

专家指点

在"开始"面板的"段落"选项板中，单击"边框"右侧的下拉按钮，在弹出的列表框中选择"边框和底纹"选项，也可以弹出"边框和底纹"对话框。

5.2.7 【演练 66＋视频-■■】：设置对齐方式

由于表格中每个单元格相当于一个小文档，因此可以对选择的单个单元格、多个单元格、行或列里的文本内容进行对齐操作。

素材文件	·\素材\第 5 章\5-47.docx	效果文件	·\效果\第 5 章\5-50.docx
视频文件	·\视频\第 5 章\设置对齐方式.swf	视频时长	37 秒

【演练 66】设置对齐方式的具体操作步骤如下：

步骤① 单击"文件"菜单，在弹出的面板中单击"打开"命令，打开一个 Word 文档，如图 5-47 所示。

步骤② 在表格中选择需要设置对齐方式的表格内容，如图 5-48 所示。

步骤③ 单击鼠标右键，在弹出的快捷菜单中选择"单元格对齐方式"选项，在弹出的子菜单中单击"水平居中"按钮，如图 5-49 所示。

步骤④ 执行上述操作后，即可设置表格内容为居中对齐，效果如图 5-50 所示。

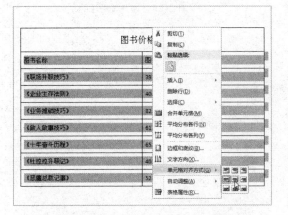

图 5-47　打开一个 Word 文档

图 5-48　选择需要设置的表格内容

图 5-49　单击"水平居中"按钮

图 5-50　设置表格内容为居中对齐

专家指点

> 选择需要设置对齐方式的表格内容，在"开始"面板的"段落"选项板中单击相应的对齐按钮，也可以设置表格内容的对齐方式。

5.2.8　【演练 67＋视频￭￭】：自动套用格式

在 Word 2010 中，用户不仅可以自定义设置表格样式，还可以自动套用表格格式，使表格效果更加美观。

素材文件	·无	效果文件	·\效果\第 5 章\5-53.docx
视频文件	·\视频\第 5 章\自动套用格式.swf	视频时长	26 秒

【演练 67】自动套用表格格式的具体操作步骤如下：

步骤① 打开上一例效果文件，在表格中选择需要自动套用格式的表格，如图 5-51 所示。

步骤② 切换至"设计"面板，在"表格样式"选项板的下拉列表框中选择相应的表格样式，如图 5-52 所示。

步骤③ 执行上述操作后，即可自动套用表格样式，效果如图 5-53 所示。

图书价格表	
图书名称	图书价格
《职场升职技巧》	39.5 元
《企业生存法则》	40.6 元
《业务推销技巧》	82.5 元
《做人做事技巧》	61.5 元
《十年奋斗历程》	65.9 元
《杜拉拉升职记》	40.8 元
《恶魔总裁记事》	52.5 元

图 5-51 选择需要自动套用格式的表格

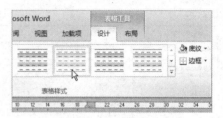

图 5-52 选择表格样式

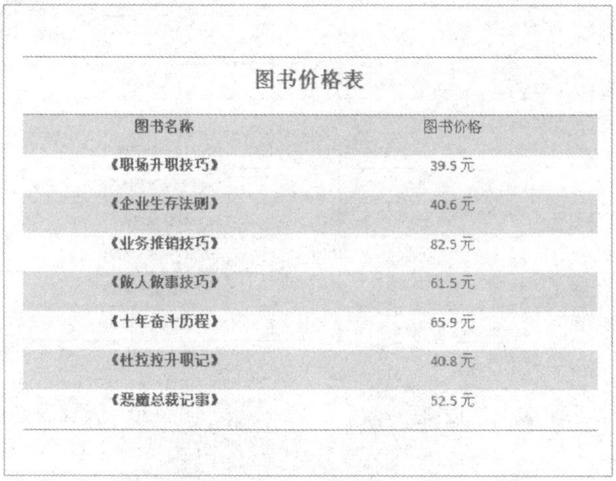

图书价格表	
图书名称	图书价格
《职场升职技巧》	39.5 元
《企业生存法则》	40.6 元
《业务推销技巧》	82.5 元
《做人做事技巧》	61.5 元
《十年奋斗历程》	65.9 元
《杜拉拉升职记》	40.8 元
《恶魔总裁记事》	52.5 元

图 5-53 自动套用表格样式效果

 专家指点

> 在"设计"面板中，单击"表格样式"选项板右侧的"其他"按钮▼，在弹出的下拉列表框中显示了多种表格样式，用户可根据需要进行相应的选择。

5.3 排序和计算表格

Word 2010 提供了强大的计算功能，它可以完成表格中数据的计算工作，还提供了数据排序功能，可以将表格中的文本、数字等按升序或降序进行排序。本节主要介绍排序和计算表格的操作方法。

5.3.1 【演练 68 + 视频┅┅】：排序表格数据

排序是指在二维表中针对某列的特性（如数字的大小、文字的拼音或笔画等）对二维表中的数据进行重新组织顺序的一种方法。在 Word 2010 中，用户可以方便地对表格中的数据进行排序操作。

素材文件	• \素材\第 5 章\5-54.docx	效果文件	• \效果\第 5 章\5-58.docx
视频文件	• \视频\第 5 章\排序表格数据.swf	视频时长	44 秒

【演练68】排序表格数据的具体操作步骤如下：

步骤① 单击"文件"菜单，在弹出的面板中单击"打开"命令，打开一个 Word 文档，如图 5-54 所示。

步骤② 在表格中选择需要进行排序的表格内容，如图 5-55 所示。

期末考试成绩单		
姓 名	语 文	数 学
张 三	60	100
李 四	70	68
桃 贮	80	82
忠 心	100	65
连 花	99	45
小 罗	85	89
罗 肆	68	81
金 斯	99	58

图 5-54　打开一个 Word 文档

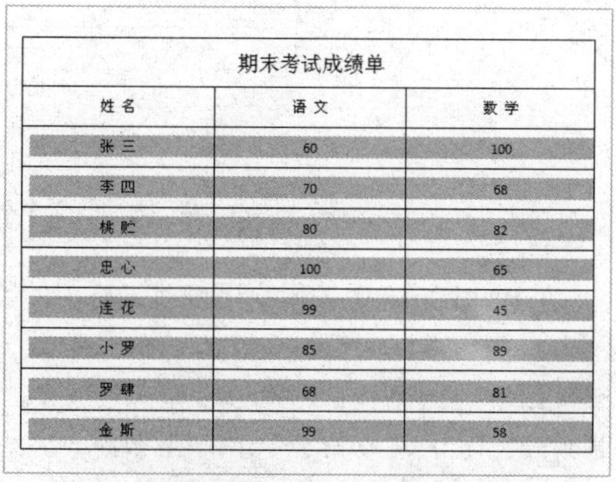

期末考试成绩单		
姓 名	语 文	数 学
张 三	60	100
李 四	70	68
桃 贮	80	82
忠 心	100	65
连 花	99	45
小 罗	85	89
罗 肆	68	81
金 斯	99	58

图 5-55　选择需要排序的表格内容

步骤③ 在"开始"面板的"段落"选项板中，单击"排序"按钮，如图 5-56 所示。

步骤④ 弹出"排序"对话框，在其中设置"主要关键字"为"列 2"、"类型"为"数字"，并选中"降序"单选按钮，如图 5-57 所示。

图 5-56　单击"排序"按钮

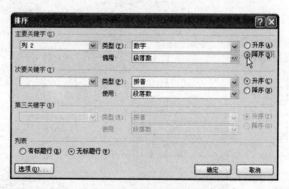

图 5-57　选中"降序"单选按钮

 专家指点

> 在表格中选择需要排序的表格内容，切换至"布局"面板，在"数据"选项板中单击"排序"按钮，也可以弹出"排序"对话框。

步骤⑤ 设置完成后，单击"确定"按钮，即可对表格中的内容进行排序操作，效果如图 5-58 所示。

期末考试成绩单		
姓 名	语 文	数 学
思 心	100	65
连 花	99	45
金 斯	99	58
小 罗	85	89
桃 贮	80	82
李 四	70	68
罗 肆	68	81
张 三	60	100

图 5-58　对表格中的内容进行排序

5.3.2　【演练 69 + 视频 】：计算表格数据

在 Word 2010 中，用户可以对表格中的数据进行求和、求平均值、求最大值和最小值等操作。

素材文件	·\素材\第 5 章\5-59.docx	效果文件	·\效果\第 5 章\5-64.docx
视频文件	·\视频\第 5 章\计算表格数据.swf	视频时长	65 秒

【演练 69】计算表格数据的具体操作步骤如下：

步骤① 单击"文件"菜单，在弹出的面板中单击"打开"命令，打开一个 Word 文档，如图 5-59 所示。

步骤② 将鼠标定位于需要计算结果的单元格中，如图 5-60 所示。

期末考试成绩单			
姓 名	语 文	数 学	总 分
张 三	60	100	
李 四	70	68	
桃 贮	80	82	
思 心	100	65	
连 花	99	45	
小 罗	85	89	
罗 肆	68	81	
金 斯	99	58	

图 5-59　打开一个 Word 文档

期末考试成绩单			
姓 名	语 文	数 学	总 分
张 三	60	100	I
李 四	70	68	
桃 贮	80	82	
思 心	100	65	
连 花	99	45	
小 罗	85	89	
罗 肆	68	81	
金 斯	99	58	

图 5-60　定位于相应单元格中

步骤③ 切换至"布局"面板，在"数据"选项板中单击"公式"按钮 f_x，如图 5-61 所示。

步骤④ 弹出"公式"对话框，在"公式"下方的文本框中将显示计算参数，如图 5-62 所示。

步骤⑤ 单击"确定"按钮，即可计算表格数据，效果如图 5-63 所示。

步骤⑥ 参照与上述相同的方法，在表格中计算其他数据结果，效果如图 5-64 所示。

图 5-61 单击"公式"按钮

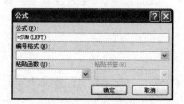

图 5-62 显示计算参数

期末考试成绩单			
姓 名	语 文	数 学	总 分
张 三	60	100	160
李 四	70	68	
桃 贮	80	82	
忠 心	100	65	
连 花	99	45	
小 罗	85	89	
罗 肆	68	81	
金 斯	99	58	

图 5-63 计算表格数据

期末考试成绩单			
姓 名	语 义	数 学	总 分
张 三	60	100	160
李 四	70	68	138
桃 贮	80	82	162
忠 心	100	65	165
连 花	99	45	144
小 罗	85	89	174
罗 肆	68	81	149
金 斯	99	58	157

图 5-64 计算其他数据结果

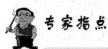 专家指点

　　对一组横排数据进行求和计算时，单击"公式"按钮，如果弹出的"公式"对话框中显示"＝SUM（ABOVE）"，可将 ABOVE 更改为 LEFT，以计算该行的数据总和。

第 6 章　页面的设置与打印

在日常工作中，用户经常需要将编辑好的 Word 文档打印出来，以便携带和随时阅读。要进行文档的打印，首先应该进行页面设置，包括设置页边距、选择页面方向和设置打印版式、插入页码、分隔符、页眉和页脚以及脚注尾注操作，通过这些设置，可以使打印出来的文档更加精美。

6.1　文档页面设置

在创建新文档时，Word 2010 将对纸型、页边距、页面方向及其他选项应用默认的设置，用户也可以随时更改这些设置。如果一开始就要确定文档页面，那么就应该在编辑文档之前，根据实际情况设置相应的选项。本节主要介绍文档页面设置的相应操作方法。

6.1.1　【演练 70 + 视频 】：设置纸型

在 Word 2010 中，用户可以选择要使用的纸张类型和大小。

素材文件	·\素材\第 6 章\6-1.docx	效果文件	·\效果\第 6 章\6-4.docx
视频文件	·\视频\第 6 章\设置纸型.swf	视频时长	40 秒

【演练 70】设置纸型的具体操作步骤如下：

步骤① 单击"文件"菜单，在弹出的面板中单击"打开"命令，打开一个 Word 文档，如图 6-1 所示。

步骤② 切换至"页面布局"面板，在"页面设置"选项板中单击右侧的"页面设置"按钮，如图 6-2 所示。

图 6-1　打开一个 Word 文档

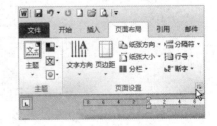

图 6-2　单击"页面设置"按钮

 专家指点

在"页面设置"选项板中单击"纸张大小"按钮，在弹出的下拉菜单中，Word 提供了多种纸张大小规格，用户可根据需要进行相应的选择。

步骤③ 弹出"页面设置"对话框，切换至"纸张"选项卡，单击"纸张大小"右侧的下拉按钮，在弹出的下拉列表框中选择 A3 选项，如图 6-3 所示。

步骤④ 设置完成后，单击"确定"按钮，即可设置纸张大小，效果如图 6-4 所示。

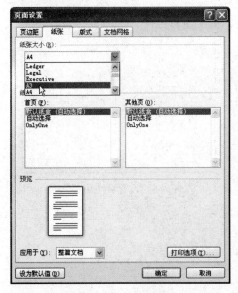

图 6-3　选择 A3 选项

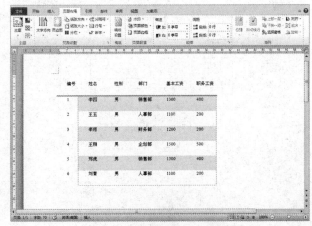

图 6-4　设置纸张大小的效果

专家指点

> 一般情况下，新建文档时 Word 默认的纸型为 A4 类型。在"纸张"选项卡中，如果用户需要使用特定的纸型，可以在"宽度"和"高度"数值框中输入或选择相应的数值；在"纸张来源"选项区中，可以指定打印机中纸张的来源，系统默认选择的是"默认纸盒（自动选择）"选项。

6.1.2　【演练 71＋视频】：设置页边距

页边距是页面四周的空白区域，通常可以在页边距之内的可打印区域中插入文字和图片，也可以将某些项目放置在页边距区域中，如页眉、页脚和页码等。下面介绍设置页边距的操作方法。

素材文件	·\素材\第 6 章\6-5.docx	效果文件	·\效果\第 6 章\6-7.docx
视频文件	·\视频\第 6 章\设置页边距.swf	视频时长	40 秒

【演练 71】设置页边距的具体操作步骤如下：

步骤① 单击"文件"菜单，在弹出的面板中单击"打开"命令，打开一个 Word 文档，如图 6-5 所示。

步骤② 切换至"页面布局"面板，在"页面设置"选项板中单击右侧的"页面设置"按钮，弹出"页面设置"对话框，单击"页边距"选项卡，在"页边距"选项区中设置"上"为 4、"下"为 4、"左"为 4、"右"为 4，如图 6-6 所示。

步骤③ 设置完成后，单击"确定"按钮，即可设置页边距，效果如图 6-7 所示。

图 6-5　打开一个 Word 文档

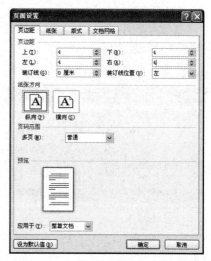

图 6-6　设置页边距参数

图 6-7　设置页边距后的效果

专家指点

　　　　如果要将当前的页边距设置为默认页边距，可以在设置新的页边距后，单击"设为默认值"按钮，新的默认设置将保存在该文档的模板中，以后每一个基于该模板创建的新文档将自动使用该页边距设置。

6.1.3　【演练 72 + 视频 ■■】：设置页面边框

　　在 Word 2010 中，设置页面边框可以为打印的文档增加效果，特别是要打印一篇精美的文档时，添加页面边框是一个很好的方法。

素材文件	·\素材\第 6 章\6-8.docx	效果文件	·\效果\第 6 章\6-11.docx
视频文件	·\视频\第 6 章\设置页边框.swf	视频时长	49 秒

　　【演练 72】设置页面边框的具体操作步骤如下：

　　步骤① 单击"文件"菜单，在弹出的面板中单击"打开"命令，打开一个 Word 文档，如图 6-8 所示。

步骤② 在"开始"面板的"段落"选项板中，单击"边框"右侧的下拉按钮，在弹出的列表框中选择"边框和底纹"选项，如图 6-9 所示。

图 6-8 打开一个 Word 文档

图 6-9 选择"边框和底纹"选项

步骤③ 弹出"边框和底纹"对话框，切换至"页面边框"选项卡，在"艺术型"下拉列表框中选择相应的艺术边框效果，如图 6-10 所示。

步骤④ 单击"确定"按钮，即可设置页面边框效果，如图 6-11 所示。

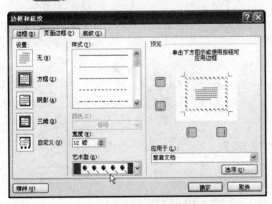

图 6-10 选择相应的艺术边框效果

图 6-11 设置页面边框效果

专家指点

除了使用艺术型页面边框外，还可以在"样式"下拉列表框中为页面边框选择其他的线型。

6.1.4 【演练 73 + 视频 📹】：设置页面方向

在 Word 2010 中，页面的方向可以设置为横向或纵向，也可以在同一文档中同时设置横向和纵向。

素材文件	·\素材\第 6 章\6-12.docx	效果文件	·\效果\第 6 章\6-14.docx
视频文件	·\视频\第 6 章\设置页面方向.swf	视频时长	28 秒

【演练 73】设置页面方向的具体操作步骤如下：

步骤① 单击"文件"菜单，在弹出的面板中单击"打开"命令，打开一个 Word 文档，

如图 6-12 所示。

步骤② 切换至"页面布局"面板，在"页面设置"选项板中单击"纸张方向"按钮，在弹出的列表框中选择"横向"选项，如图 6-13 所示。

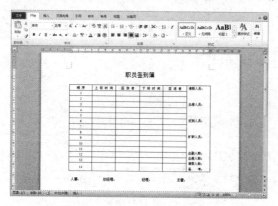

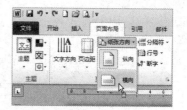

图 6-12 打开一个 Word 文档

图 6-13 选择"横向"选项

步骤③ 执行上述操作后，即可将页面方向设置为横向，效果如图 6-14 所示。

图 6-14 将页面方向设置为横向

 专家指点

在"页面设置"对话框中切换至"页边框"选项卡，在"纸张方向"选项区中单击"横向"按钮，也可以设置页面方向为横向。

6.1.5 【演练 74 + 视频 】：设置打印版式

通过为文档设置版式，可以使文档中不同的页使用不同的页眉和页脚，还可以将文档设置为打印边框、打印时显示每行的行号等。

素材文件	·\素材\第 6 章\6-15.docx	效果文件	·\效果\第 6 章\6-16.docx
视频文件	·\视频\第 6 章\设置打印版式.swf	视频时长	39 秒

【演练 74】设置打印版式的具体操作步骤如下：

步骤① 单击"文件"菜单,在弹出的面板中单击"打开"命令,打开一个 Word 文档,如图 6-15 所示。

步骤② 切换至"页面布局"面板,在"页面设置"选项板中单击右侧的"页面设置"按钮,弹出"页面设置"对话框,切换至"版式"选项卡,在"节"选项区中单击右侧的下拉按钮,在弹出的列表框中可对节的起始位置进行设置,如图 6-16 所示。

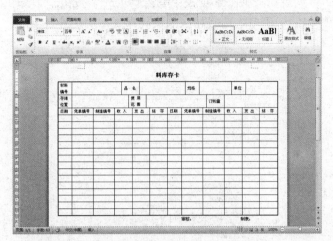

图 6-15 打开一个 Word 文档

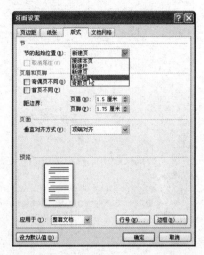

图 6-16 对节的起始位置进行设置

步骤③ 设置完成后,单击"确定"按钮,即可设置节的起点位置。

专家指点

在"版式"选项卡的"节的起始位置"下拉列表框中,各主要选项的含义如下:

✪ 选择"连续本页"选项:将本节前的分节符设置为"连续"类型,将本节同前一页连接起来。

✪ "新建栏"选项:将本节前的分节符设置为"分栏"分隔符,新节从下一栏开始。

✪ "新建页"选项:将本节前的分节符设置为"下一页"类型,新节从下一页开始。

✪ "偶数页"选项:将本节的分节符设置为"偶数页"类型,新节从下一个偶数页开始。

✪ "奇数页"选项:将本节的分节符设置为"奇数页"类型,新节从下一个奇数页开始。

✪ "取消尾注"复选框:选中该复选框,可以避免将尾注打印在当前节的末尾。只有用户已经将尾注设置在节的末尾时,该复选框才可用。

6.2 文档页面排版

在 Word 2010 中,编辑文档有许多技巧,熟练地使用这些技巧可以提高编辑效率,编写出高质量的文档。Word 2010 有许多独具特色的功能和命令,可以将页面设计得更加整齐和漂亮。本节主要介绍文档页面排版的操作方法。

6.2.1 【演练 75 + 视频 ■■】:插入页码

一般情况下,用户都会在页眉或页脚设置页码,下面向读者介绍插入页码的操作方法。

素材文件	·\素材\第 6 章\6-17.docx	效果文件	·\效果\第 6 章\6-20.docx
视频文件	·\视频\第 6 章\插入页码.swf	视频时长	45 秒

【演练 75】插入页码的具体操作步骤如下：

步骤① 单击"文件"菜单，在弹出的面板中单击"打开"命令，打开一个 Word 文档，如图 6-17 所示。

步骤② 切换至"插入"面板，在"页眉和页脚"选项板中单击"页码"按钮，弹出列表框，选择"页面顶端"选项，在弹出的子菜单中选择相应的页码样式，如图 6-18 所示。

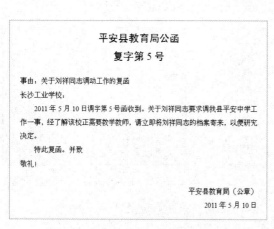

图 6-17　打开一个 Word 文档

图 6-18　选择"设置页码格式"选项

步骤③ 执行上述操作后，即可插入页码，进入"设计"面板，单击"关闭页眉和页脚"按钮（如图 6-19 所示），退出页码编辑状态。

步骤④ 在编辑区的顶端，可以预览添加的页码效果，如图 6-20 所示。

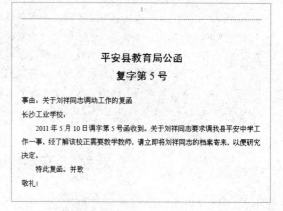

图 6-20　预览添加的页码效果

图 6-19　单击"关闭页眉和页脚"按钮

专家指点

在"页眉和页脚"选项板中单击"页码"按钮，在弹出的列表框中选择"设置页码格式"选项，弹出"页码格式"对话框，在其中用户可根据需要设置页码的格式。

6.2.2 【演练 76 + 视频 】：使用行号

有些特殊的文档需要在每行的前面添加行号以方便用户查找，行号一般显示在左侧正文与页边缘之间，也就是左侧页边距内的空白区域。

素材文件	• \素材\第 6 章\6-21.docx	效果文件	• \效果\第 6 章\6-24.docx
视频文件	• \视频\第 6 章\使用行号.swf	视频时长	41 秒

【演练 76】使用行号的具体操作步骤如下：

步骤① 单击"文件"菜单，在弹出的面板中单击"打开"命令，打开一个 Word 文档，如图 6-21 所示。

步骤② 切换至"页面布局"面板，在"页面设置"选项板中单击右侧的"页面设置"按钮，弹出"页面设置"对话框，在"版式"选项卡中单击"行号"按钮，如图 6-22 所示。

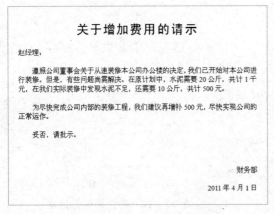

图 6-21　打开一个 Word 文档

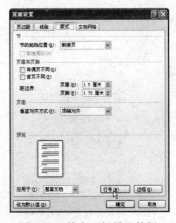

图 6-22　单击"行号"按钮

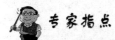专家指点

在许多文档中都需要使用行号，如源程序清单、数据清单等。

步骤③ 弹出"行号"对话框，选中"添加行号"复选框，如图 6-23 所示。

步骤④ 单击"确定"按钮，返回"页面设置"对话框，单击"确定"按钮，即可在文档中添加行号，效果如图 6-24 所示。

图 6-23　选中"添加行号"复选框

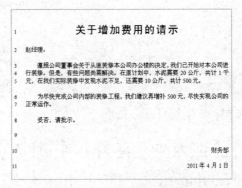

图 6-24　添加行号后的效果

6.2.3 【演练 77 + 视频▫▫】：插入分隔符

在 Word 2010 中，用户可以插入三类分隔符，即分页符、分栏符和分节符，而在分节符中又分为下一页分节符、偶数页分节符、奇数页分节符和连续分节符。下面向读者介绍插入分隔符的操作方法。

素材文件	·\素材\第 6 章\6-25.docx	效果文件	·\效果\第 6 章\6-28.docx
视频文件	·\视频\第 6 章\插入分隔符.swf	视频时长	34 秒

【演练 77】插入分隔符的具体操作步骤如下：

步骤① 单击"文件"菜单，在弹出的面板中单击"打开"命令，打开一个 Word 文档，如图 6-25 所示。

步骤② 将鼠标定位于需要插入分隔符的位置，如图 6-26 所示。

图 6-25 打开一个 Word 文档

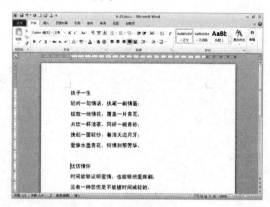

图 6-26 定位鼠标的位置

步骤③ 切换至"页面布局"面板，在"页面设置"选项板中单击"分隔符"按钮▫，在弹出的列表框中选择"分栏符"选项，如图 6-27 所示。

步骤④ 执行上述操作后，即可插入分栏符，效果如图 6-28 所示。

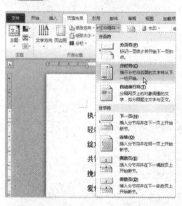

图 6-27 选择"分栏符"选项

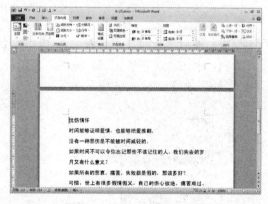

图 6-28 插入分栏符后的效果

6.2.4 【演练 78 + 视频▫▫】：插入页眉效果

在 Word 2010 中，可以使用页码、日期或公司徽标等文字或图形作为页眉或页脚，下面介绍插入页眉的操作方法。

素材文件	·\素材\第 6 章\6-29.docx	效果文件	·\效果\第 6 章\6-32.docx
视频文件	·\视频\第 6 章\插入页眉效果.swf	视频时长	50 秒

【演练 78】插入页眉效果的具体操作步骤如下：

步骤① 单击"文件"菜单，在弹出的面板中单击"打开"命令，打开一个 Word 文档，如图 6-29 所示。

步骤② 切换至"插入"面板，在"页眉和页脚"选项板中单击"页眉"按钮，在弹出的下拉列表框中选择"空白"选项，如图 6-30 所示。

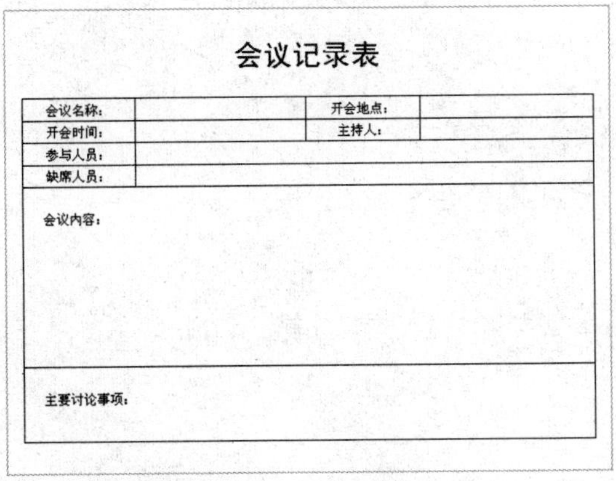

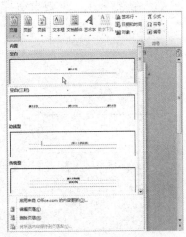

图 6-29　打开一个 Word 文档

图 6-30　选择"空白"选项

步骤③ 执行上述操作后，进入"设计"面板，在页眉位置处输入相应文字，如图 6-31 所示。

步骤④ 在"设计"面板中单击"关闭页眉和页脚"按钮，退出编辑状态，即可预览插入的页眉效果，如图 6-32 所示。

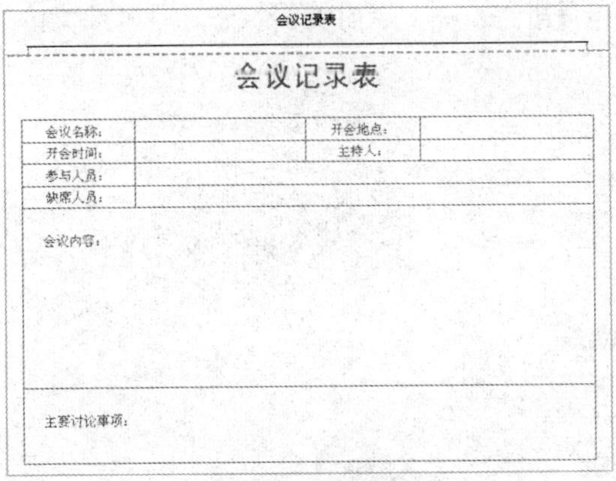

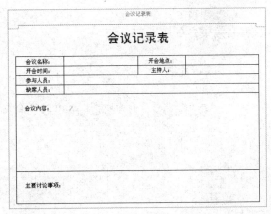

图 6-31　在页眉位置处输入相应文字

图 6-32　预览插入的页眉效果

 专家指点

　　一般情况下，在书籍的页眉和页脚中，页眉会有书名和章节的名称，页脚则含有页码或作者姓名等。插入页脚的方法与插入页眉一样，用户可根据需要进行相应操作。

6.2.5 【演练 79 + 视频□□】：修改页眉内容

在文档中，插入页眉或页脚后，Word 会自动进入页眉和页脚的编辑状态，此时系统自动激活"设计"面板，在其中可根据需要修改页眉或页脚的内容。

素材文件	·无	效果文件	·\效果\第 6 章\6-35.docx
视频文件	·\视频\第 6 章\修改页眉内容.swf	视频时长	38 秒

【演练 79】修改页眉内容的具体操作步骤如下：

步骤① 打开上一例效果文件，切换至"插入"面板，在"页眉和页脚"选项板中单击"页眉"按钮，在弹出的列表框中选择"编辑页眉"选项，如图 6-33 所示。

步骤② 进入"设计"面板，在页眉位置处更改页眉的文字内容，如图 6-34 所示。

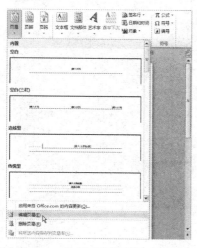

图 6-33　选择"编辑页眉"选项

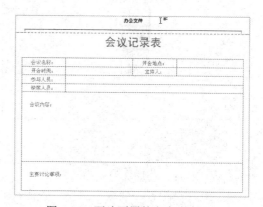

图 6-34　更改页眉的文字内容

步骤③ 在"设计"面板中单击"关闭页眉和页脚"按钮，退出编辑状态，即可预览修改的页眉效果，如图 6-35 所示。

 专家指点

> 在修改页眉或页脚时，Word 2010 会自动对整个文档中相同的页眉或页脚进行修改。

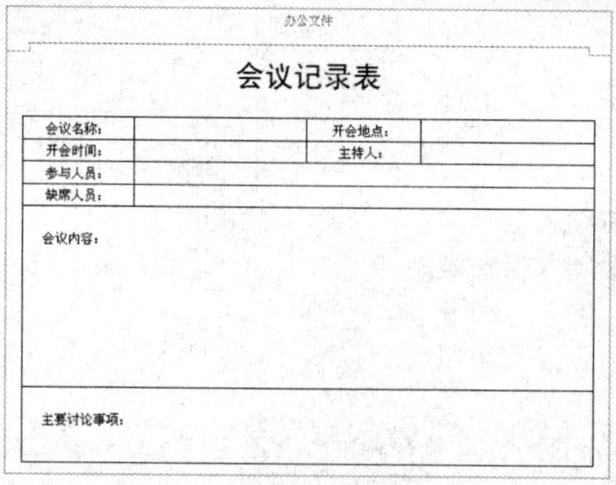

图 6-35　预览修改的页眉效果

6.3 使用脚注和尾注

在 Word 2010 中，脚注和尾注也是属于文档的一部分，用于文档正文的补充说明，帮助读者理解全文的内容。但脚注与尾注有所区别，脚注所解释的是本页中的内容，尾注是在一篇文章的最后所加的注释。本节主要介绍使用脚注和尾注的操作方法。

6.3.1 【演练 80＋视频■■】：插入脚注内容

在 Word 2010 中，不论是脚注还是尾注，都由两部分组成，一部分是注释引用标记，另一部分是注释文本。下面介绍插入脚注内容的操作方法。

素材文件	·\素材\第 6 章\6-36.docx	效果文件	·\效果\第 6 章\6-39.docx
视频文件	·\视频\第 6 章\插入脚注内容.swf	视频时长	51 秒

【演练 80】插入脚注内容的具体操作步骤如下：

步骤① 单击"文件"菜单，在弹出的面板中单击"打开"命令，打开一个 Word 文档，将鼠标定位于文档中，如图 6-36 所示。

步骤② 切换至"引用"面板，在"脚注"选项板中单击"插入脚注"按钮 AB¹，如图 6-37 所示。

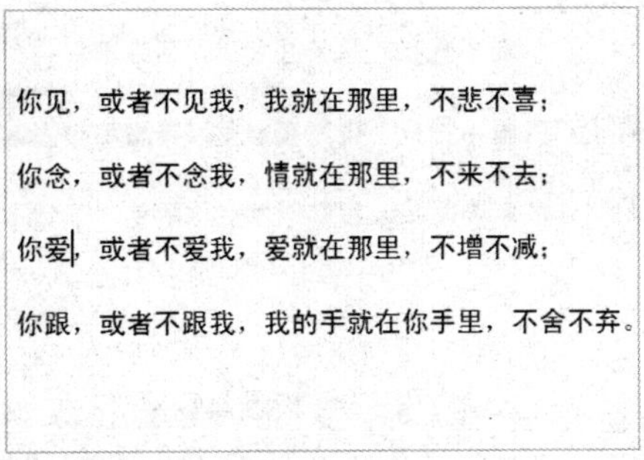

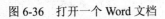

图 6-36 打开一个 Word 文档

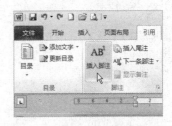

图 6-37 单击"插入脚注"按钮

步骤③ 在文档的下方，用户可根据需要输入脚注内容，如图 6-38 所示。

步骤④ 将鼠标指针移至添加脚注的文本旁，显示注释文本，效果如图 6-39 所示。

图 6-38 在文档中输入脚注内容

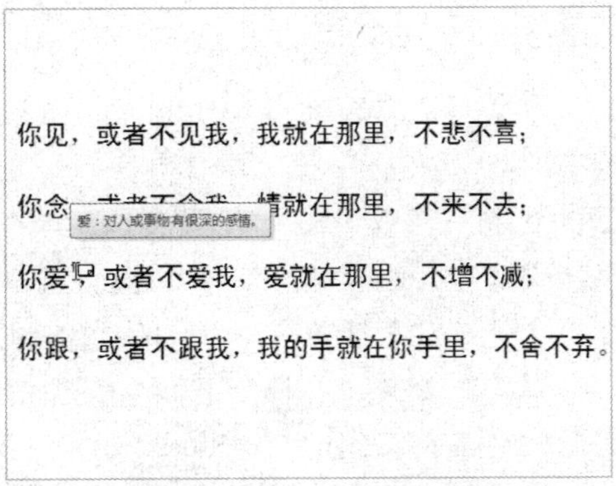

图 6-39 显示注释文本的效果

专家指点

如果用户需要在两个已经存在的脚注间插入新的脚注，Word 2010 会对其后的脚注标号自动进行调整。

6.3.2 【演练 81 + 视频 ■■】：删除脚注内容

在 Word 2010 中，编辑完所有脚注后，有可能会根据需要删除一些脚注。下面介绍删除脚注内容的操作方法。

素材文件	·无	效果文件	·\效果\第 6 章\6-41.docx
视频文件	·\视频\第 6 章\删除脚注内容.swf	视频时长	19 秒

【演练 81】删除脚注内容的具体操作步骤如下：

步骤① 打开上一例效果文件，在文档中选择文本右上角的脚注标号，如图 6-40 所示。

步骤② 按【Delete】键删除脚注标号（如图 6-41 所示），执行上述操作后，即可删除文档中的脚注内容。

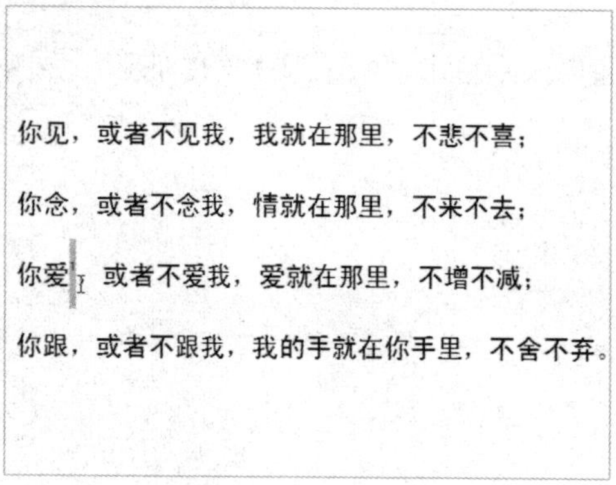

你见，或者不见我，我就在那里，不悲不喜；

你念，或者不念我，情就在那里，不来不去；

你爱，或者不爱我，爱就在那里，不增不减；

你跟，或者不跟我，我的手就在你手里，不舍不弃。

图 6-40　选择文本右上角的脚注标号

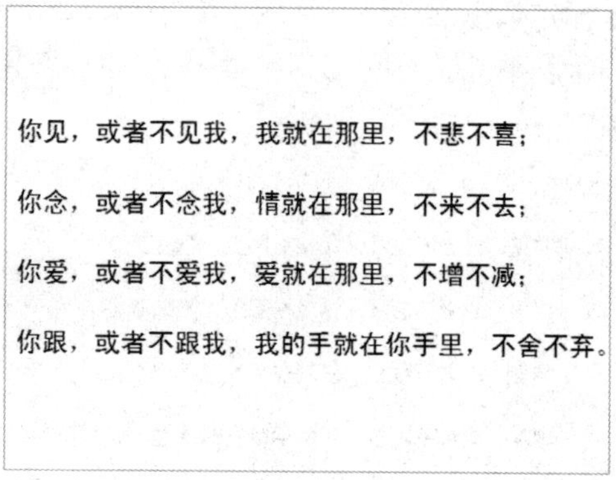

你见，或者不见我，我就在那里，不悲不喜；

你念，或者不念我，情就在那里，不来不去；

你爱，或者不爱我，爱就在那里，不增不减；

你跟，或者不跟我，我的手就在你手里，不舍不弃。

图 6-41　删除脚注标号

 专家指点

删除脚注时，不能删除脚注注释文本，否则将留下一个空的脚注。

6.3.3 【演练 82 + 视频 ■■】：插入尾注内容

在 Word 2010 中，插入尾注和插入脚注的操作方法完全相同。下面向读者介绍插入尾注内容的操作方法。

素材文件	·\素材\第 6 章\6-42.docx	效果文件	·\效果\第 6 章\6-45.docx
视频文件	·\视频\第 6 章\插入尾注内容.swf	视频时长	51 秒

【演练 82】插入尾注内容的具体操作步骤如下：

步骤① 单击"文件"菜单，在弹出的面板中单击"打开"命令，打开一个 Word 文档，将鼠标定位于文档中，如图 6-42 示。

步骤② 切换至"引用"面板，在"脚注"选项板中单击"插入尾注"按钮，如图 6-43 所示。

图 6-42　将鼠标定位于文档中

图 6-43　单击"插入尾注"按钮

步骤 3 在文本的下方输入尾注内容，如图 6-44 所示。

步骤 4 输入完成后，将光标定位在添加尾注的词旁，显示注释文本，如图 6-45 所示。

图 6-44　输入尾注内容

图 6-45　显示注释文本

 专家指点

> 在 Word 2010 中，用户可以对尾注执行移动、复制和删除等操作。

6.4　打印文档内容

当完成一篇文档的输入与编排后，往往需要将其打印出来，以供出版或阅读之用。在 Word 2010 中，义档的打印输出非常简单，因为 Word 2010 可以在"所见即所得"的方式下对文档进行编辑。另外，Word 2010 还设置了打印预览显示方式，使用户在打印文档之前就可以准确地掌握打印的实际效果。本节主要介绍打印文档内容的各种操作方法。

6.4.1　【演练 83 + 视频 ▢▢】：文档打印设置

确定打印机与用户所使用的电脑正确连接后，便可以对打印机进行设置。

素材文件	·\素材\第 6 章\6-46.docx	效果文件	·无
视频文件	·\视频\第 6 章\文档打印设置.swf	视频时长	59 秒

【演练 83】文档打印设置的具体操作步骤如下：

步骤 1 单击"文件"菜单，在弹出的面板中单击"打开"命令，打开一个 Word 文档，如图 6-46 示。

步骤 2 切换至"文件"菜单，在弹出的面板中单击"打印"命令，在中间的选项板中设置"副本"为 2，单击"打印机"右侧的下拉按钮，在弹出的列表框中选择相应的打印机选项，如图 6-47 所示。

专家指点

> 对于文档中通过分页符新建的奇数页或偶数页，前面的空页在文档中看不到，但在打印时，新建的奇数页或偶数页仍被视为奇数页或偶数页，看不到的页面虽然不会被打印，但仍在计算范围之内。

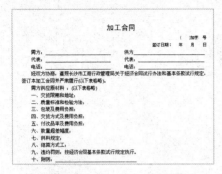

图 6-46　打开一个 Word 文档

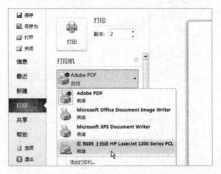

图 6-47　选择相应的打印机选项

步骤③　单击"设置"右侧的下拉按钮，在弹出的下拉列表框中选择"打印当前页面"选项（如图 6-48 所示），设置打印属性。

步骤④　单击"纵向"右侧的下拉按钮，在弹出的列表框中选择"横向"选项（如图 6-49 所示），文档打印设置完成。

图 6-48　选择"打印当前页面"选项

图 6-49　选择"横向"选项

6.4.2　【演练 84 + 视频】：文档打印预览

打印预览功能还可以使用户在打印前预览文档的打印效果。在打印文档前，应该预览一下，查看文档页边距的设置有没有问题，图形位置是否得当，或者分栏是否合适等。

素材文件	·无	效果文件	·无
视频文件	·\视频\第 6 章\文档打印预览.swf	视频时长	19 秒

【演练 84】文档打印预览的具体操作步骤如下：

步骤①　打开上一例素材文件，在自定义快速访问工具栏中单击"打印预览"按钮，如图 6-50 示。

步骤②　执行上述操作后，即可进入"文件"菜单，在右侧窗格中可以预览文档的打印效果，如图 6-51 所示。

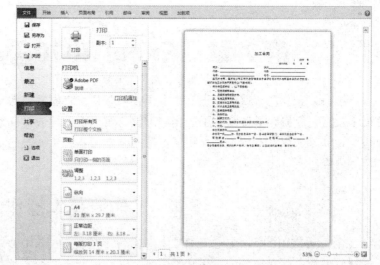

| 图 6-50 单击"打印预览"按钮 | 图 6-51 预览文档的打印效果 |

 专家指点

在 Word 2010 中按【Ctrl＋F2】组合键，也可以预览文档。

6.4.3 【演练 85＋视频——】：打印文档内容

日常办公事务中，经常会打印一些文档稿件，使用打印机可以将所需的文件打印出来。

素材文件	·\素材\第 6 章\6-52.docx	效果文件	·无
视频文件	·\视频\第 6 章\打印文档内容.swf	视频时长	22 秒

【演练 85】打印文档内容的具体操作步骤如下：

步骤① 单击"文件"菜单，在弹出的面板中单击"打开"命令，打开一个 Word 文档，如图 6-52 示。

步骤② 单击"文件"菜单，在弹出的面板中单击"打印"命令，在中间窗格中单击"打印"按钮 （如图 6-53 所示），执行上述操作后，即可打印文档内容。

| 图 6-52 打开一个 Word 文档 | 图 6-53 单击"打印"按钮 |

第 7 章　Excel 2010 基本操作

Excel 2010 是一款功能强大的电子表格软件，它能够将数据以行和列的形式直观地排列出来。它完全摒弃了传统的手工制表方法，可以快速地制作和修改表格，并对表格中的数据进行计算等操作。本章主要介绍工作簿的基本操作、工作表的基本操作以及单元格的基本操作等内容。

7.1　工作簿基本操作

在 Excel 2010 中，工作簿的基本操作与在 Word 2010 中编辑文档的基本操作类似，包括创建、保存、打开和关闭工作簿等内容。下面向读者介绍各种基本操作的方法。

7.1.1　【演练 86 + 视频 ▄▄ 】：创建工作簿

每次启动 Excel 2010 时，系统会自动生成一个新的工作簿，文件名为"工作簿 1"，并且在工作簿中自动新建 3 个空白工作表，分别为 Sheet1、Sheet2 和 Sheet3，用户还可以创建新的工作簿或根据 Excel 提供的模板新建工作簿，以提高工作效率。

素材文件	·无	效果文件	·无
视频文件	·\视频\第 7 章\创建工作簿.swf	视频时长	31 秒

【演练 86】创建工作簿的具体操作步骤如下：

步骤① 启动 Excel 2010 应用程序，单击"文件"菜单，在弹出的面板中单击"新建"命令，如图 7-1 所示。

步骤② 在中间窗格的"主页"选项区中，单击"空白工作簿"按钮，如图 7-2 所示。

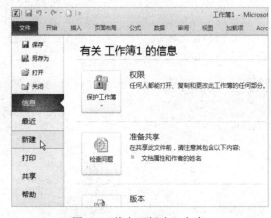

图 7-1　单击"新建"命令

图 7-2　单击"空白工作簿"按钮

　专家指点

在 Excel 2010 工作界面中按【Ctrl + N】组合键，也可以新建工作簿。

步骤③ 在右侧窗格中单击"创建"按钮，如图 7-3 所示。

步骤④ 执行上述操作后，即可新建一个工作簿，并命名为"工作簿 2"，如图 7-4 所示。

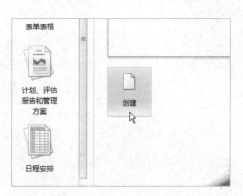

图 7-3 单击"创建"按钮

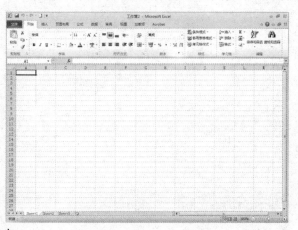

图 7-4 新建一个工作簿

 专家指点

在 Excel 2010 工作界面中，单击自定义快速访问工具栏上的"新建"按钮，也可以新建工作簿。

7.1.2 【演练 87 + 视频 】：打开工作簿

如果用户需要对已经保存过的工作簿进行浏览或编辑操作时，首先要在 Excel 2010 中打开该工作簿。

素材文件	·\素材\第 7 章\7-6.xlsx	效果文件	·无
视频文件	·\视频\第 7 章\打开工作簿.swf	视频时长	20 秒

【演练 87】打开工作簿的具体操作步骤如下：

步骤① 进入 Excel 2010 工作界面，单击"文件"菜单，在弹出的面板中单击"打开"命令，如图 7-5 所示。

步骤② 弹出"打开"对话框，在其中选择需要打开的 Excel 文件，如图 7-6 所示。

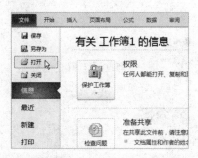

图 7-5 单击"打开"命令

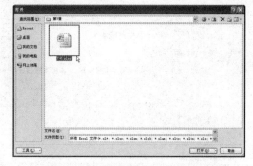

图 7-6 选择需要打开的 Excel 文件

步骤③ 单击"打开"按钮，即可将选择的工作簿打开，效果如图 7-7 所示。

图 7-7　将选择的工作簿打开

专家指点

　　在 Excel 2010 工作界面中，单击自定义快速访问工具栏上的"打开"按钮，也可以打开工作簿。

7.1.3　【演练 88＋视频━━】：保存工作簿

　　制作好一份电子表格或完成工作簿的编辑工作后，就应该将其保存起来，以备日后修改或编辑使用。用户应该养成在工作中经常存盘的好习惯，每隔一段时间存盘一次，这样在突然停电或死机时就可以把损失降低到最小。

素材文件	·无	效果文件	·\效果\第 7 章\7-10.xlsx
视频文件	·\视频\第 7 章\保存工作簿.swf	视频时长	47 秒

　　【演练 88】保存工作簿的具体操作步骤如下：

　　步骤① 单击"文件"菜单，在弹出的面板中单击"新建"命令，新建一个 Excel 工作簿，在其中输入相应数据，如图 7-8 所示。

　　步骤② 单击"文件"菜单，在弹出的面板中单击"保存"命令，如图 7-9 所示。

图 7-8　输入相应数据

图 7-9　单击"保存"命令

专家指点

在 Excel 2010 中，如果该工作簿之前已经被保存过，当再次执行保存操作时，Excel 2010 会自动在上次保存的基础上继续保存该工作簿，如果用户想要修改 Excel 文件的保存位置或名称，可另存工作簿以更改文件保存位置和名称。

步骤③ 弹出"另存为"对话框，在其中用户可根据需要设置文件的保存位置及文件名称，如图 7-10 所示。

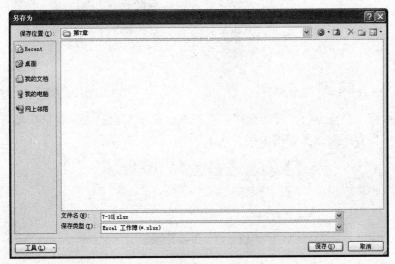

图 7-10　设置文件的保存位置及文件名称

步骤④ 单击"保存"按钮，即可保存工作簿。

专家指点

在 Excel 2010 中，用户还可以通过以下 6 种方法保存工作簿：
❀ 单击自定义快速访问工具栏中的"保存"按钮 🔲。
❀ 单击"文件"菜单，在弹出的面板中单击"另存为"命令。
❀ 按【F12】键。
❀ 按【Ctrl + S】组合键。
❀ 按【Shift + F12】组合键。
❀ 依次按【Alt】、【F】和【S】键。

7.1.4 【演练 89 + 视频 📹】：关闭工作簿

在 Excel 2010 中，对工作表编辑完成以后，应该将工作簿关闭。

素材文件	·无	效果文件	·无
视频文件	·\视频\第 7 章\关闭工作簿.swf	视频时长	33 秒

【演练 89】关闭工作簿的具体操作步骤如下：

步骤① 单击"文件"菜单，在弹出的面板中单击"新建"命令，新建一个 Excel 工作簿，在其中输入相应数据，如图 7-11 所示。

步骤② 单击"文件"菜单，在弹出的面板中单击"关闭"命令，如图 7-12 所示。

图 7-11　输入相应数据

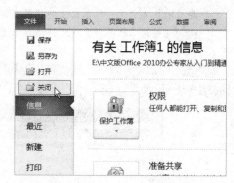

图 7-12　单击"关闭"命令

步骤③ 执行上述操作后，将弹出提示信息框，提示用户是否保存工作簿（如图 7-13 所示），单击"不保存"按钮，即可关闭 Word 文档。

图 7-13　提示信息框

 专家指点

在 Excel 2010 工作界面中按【Ctrl + W】组合键，也可以关闭工作簿。

7.1.5　【演练 90 + 视频■■】：隐藏工作簿

工作簿的显示状态有两种，即隐藏和非隐藏，在非隐藏状态下的工作簿，用户可以查看这些工作簿中的工作表。处于隐藏状态的工作簿，虽然该工作簿中的内容无法在屏幕上显示出来，但工作簿仍然处于打开状态，其他的工作簿仍可引用其中的数据。下面介绍隐藏工作簿的操作方法。

素材文件	·\素材\第 7 章\7-14.xlsx	效果文件	·无
视频文件	·\视频\第 7 章\隐藏工作簿.swf	视频时长	43 秒

【演练 90】隐藏工作簿的具体操作步骤如下：

步骤① 单击"文件"菜单，在弹出的面板中单击"打开"命令，打开一个 Excel 工作簿，如图 7-14 所示。

步骤② 切换至"视图"面板，在"窗口"选项板中单击"隐藏"按钮■隐藏，如图 7-15 所示。

步骤③ 执行上述操作后，即可隐藏工作簿，如图 7-16 所示。

步骤④ 在"视图"面板的"窗口"选项板中，单击"取消隐藏"按钮，如图 7-17 所示。

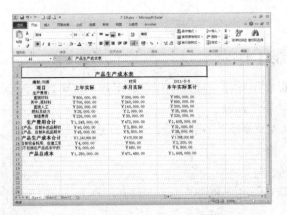

图 7-14　打开一个 Excel 工作簿

图 7-15　单击"隐藏"按钮

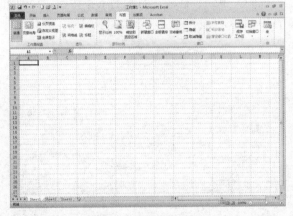

图 7-16　隐藏工作簿

图 7-17　单击"取消隐藏"按钮

步骤⑤ 弹出"取消隐藏"对话框（如图 7-18 所示），单击"确定"按钮，即可取消隐藏工作簿。

图 7-18　弹出"取消隐藏"对话框

专家指点

当用户隐藏了多个工作簿时，在"取消隐藏"对话框的列表框中将显示多个被隐藏的工作簿，可以对相应工作簿进行显示操作。

7.2　工作表基本操作

工作表是指在工作簿中一个个独立的表格，工作簿由很多工作表组成，系统默认的一个工作簿中含有 3 个工作表。

7.2.1 【演练 91 + 视频】：创建工作表

若使用工作簿中的工作表数量不够，可以在工作簿中插入工作表，用户不仅可以插入空白的工作表，还可以根据模板插入带有样式的新工作表。

素材文件	·\素材\第 7 章\7-19.xlsx	效果文件	·\效果\第 7 章\7-21.xlsx
视频文件	·\视频\第 7 章\创建工作表.swf	视频时长	33 秒

【演练 91】创建工作表的具体操作步骤如下：

步骤① 单击“文件”菜单，在弹出的面板中单击“打开”命令，打开一个 Excel 工作簿，如图 7-19 所示。

步骤② 在“开始”面板的“单元格”选项板中，单击“插入”右侧的下拉按钮，在弹出的列表框中选择“插入工作表”选项，如图 7-20 所示。

销售数据分析表

单位：万元

产品名称 \ 销售月份	1月	2月	3月	4月	5月
产品A	￥2,100	￥1,000	￥2,300	￥3,000	￥1,000
产品B	￥1,500	￥1,200	￥2,000	￥2,600	￥1,600
产品C	￥3,600	￥3,000	￥2,500	￥2,500	￥900
产品D	￥2,300	￥3,100	￥1,900	￥2,800	￥3,600
产品E	￥2,200	￥2,500	￥1,600	￥1,000	￥3,700
产品F	￥2,000	￥1,500	￥2,400	￥1,900	￥3,400
产品G	￥1,700	￥1,900	￥1,800	￥1,700	￥1,900
产品H	￥1,900	￥2,000	￥2,300	￥1,400	￥2,600
产品I	￥1,000	￥2,300	￥1,000	￥2,500	￥2,500
产品J	￥2,400	￥1,000	￥1,100	￥2,600	￥2,200
产品K	￥3,200	￥800	￥1,500	￥3,000	￥2,300
产品L	￥2,100	￥1,000	￥1,800	￥1,900	￥1,600
产品M	￥2,000	￥900	￥2,200	￥2,800	￥1,800
产品N	￥2,600	￥2,000	￥2,900	￥2,500	￥1,400
总计	￥30,600	￥24,200	￥27,300	￥32,200	￥30,500
平均	￥2,186	￥1,729	￥1,950	￥2,300	￥2,179

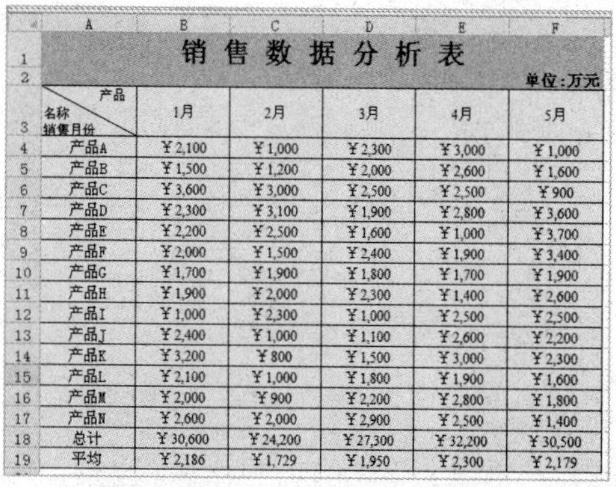

图 7-19　打开一个 Excel 工作簿

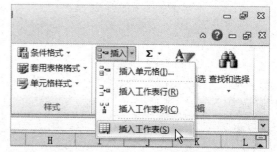

图 7-20　选择“插入工作表”选项

步骤③ 执行上述操作后，即可插入一个工作表，并命名为 Sheet1，如图 7-21 所示。

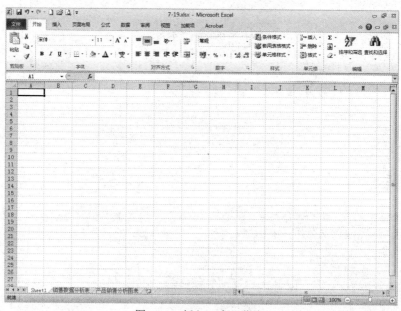

图 7-21　插入一个工作表

专家指点

　　在相应工作表的名称上单击鼠标右键，在弹出的快捷菜单中选择"插入"选项，弹出"插入"对话框，在"常用"选项卡中单击"工作表"按钮，然后单击"确定"按钮，也可以插入一个工作表。

7.2.2　【演练 92 + 视频 】：移动工作表

　　在 Excel 2010 中，工作表并不是固定不变的，有时为了工作需要可以移动工作表。

素材文件	・\素材\第 7 章\7-22.xlsx	效果文件	・\效果\第 7 章\
视频文件	・\视频\第 7 章\移动工作表.swf	视频时长	44 秒

　　【演练 92】移动工作表的具体操作步骤如下：

　　步骤① 单击"文件"菜单，在弹出的面板中单击"打开"命令，打开一个 Excel 工作簿，如图 7-22 所示。

　　步骤② 在"开始"面板的"单元格"选项板中，单击"格式"右侧的下拉按钮，在弹出的列表框中选择"移动或复制工作表"选项，如图 7-23 所示。

图 7-22　打开一个 Excel 工作簿　　　　　图 7-23　选择"移动或复制工作表"选项

专家指点

　　在工作表的标签上选择需要移动的工作表，单击鼠标左键并向左或向右拖曳，在拖曳工作表时，Excel 用黑色的倒三角指示工作表要放置的目标位置，如果要放置的目标位置不可见，只要沿着工作表标签行拖动，Excel 会自动滚动工作表标签行，至合适位置后释放鼠标即可。

　　步骤③ 弹出"移动或复制工作表"对话框，在"下列选定工作表之前"列表框中选择"（移至最后）"选项，如图 7-24 所示。

　　步骤④ 单击"确定"按钮，即可将 Sheet1 工作表移至最后，如图 7-25 所示。

图 7-24 选择"(移至最后)"选项

图 7-25 将 Sheet1 工作表移至最后

专家指点

　　选择需要移动的工作表，在工作表标签上单击鼠标右键，在弹出的快捷菜单中选择"移动或复制"选项，也可以弹出"移动或复制工作表"对话框。

7.2.3 【演练 93 + 视频 】：删除工作表

　　对工作表进行编辑操作时，可以删除一些多余的工作表，这样不仅可以方便对工作表进行管理，也可以节省系统资源。

素材文件	·无	效果文件	·\效果\第 7 章\7-27.xlsx
视频文件	·视频\第 7 章\删除工作表.swf	视频时长	20 秒

　　【演练 93】删除工作表的具体操作步骤如下：

　　步骤① 打开上一例效果文件，在需要删除的工作表标签上单击鼠标右键，在弹出的快捷菜单中选择"删除"选项，如图 7-26 所示。

　　步骤② 执行上述操作后，即可删除工作表，效果如图 7-27 所示。

图 7-26 选择"删除"选项

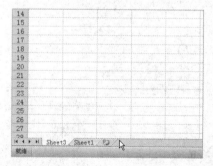

图 7-27 删除工作表的效果

专家指点

　　选择需要删除的工作表，在"开始"面板的"单元格"选项板中，单击"删除"右侧的下拉按钮，在弹出的列表框中选择"删除工作表"选项，即可删除选择的工作表。

7.2.4 【演练 94 + 视频 】：复制工作表

　　在 Excel 2010 中，用户可根据需要对工作表进行复制，以提高制作表格的效率。

素材文件	·\素材\第 7 章\7-28.xlsx	效果文件	·\效果\第 7 章\
视频文件	·\视频\第 7 章\复制工作表.swf	视频时长	38 秒

【演练 94】复制工作表的具体操作步骤如下：

步骤① 单击"文件"菜单，在弹出的面板中单击"打开"命令，打开一个 Excel 工作簿，如图 7-28 所示。

步骤② 选择需要复制的工作表，在工作表标签上单击鼠标右键，在弹出的快捷菜单中选择"移动或复制"选项，如图 7-29 所示。

图 7-28　打开一个 Excel 工作簿　　　　图 7-29　选择"移动或复制"选项

步骤③ 弹出"移动或复制工作表"对话框，选中"建立副本"复选框，如图 7-30 所示。

步骤④ 单击"确定"按钮，即可复制工作表，效果如图 7-31 所示。

图 7-30　选中"建立副本"复选框　　　　图 7-31　复制工作表的效果

 专家指点

　　按住【Ctrl】键的同时，选择需要复制的工作表，单击鼠标左键并向左或向右拖曳，至合适位置后释放鼠标，也可以复制工作表。

7.2.5　【演练 95 + 视频　　】：隐藏工作表

在 Excel 2010 中，用户可以将工作表隐藏，这样可以避免工作表中的重要数据外泄。

素材文件	·无	效果文件	·无
视频文件	·\视频\第 7 章\隐藏工作表.swf	视频时长	38 秒

【演练 95】隐藏工作表的具体操作步骤如下：

步骤① 打开上一例效果文件，在需要隐藏的工作表标签上单击鼠标右键，在弹出的快捷菜单中选择"隐藏"选项，如图 7-32 所示。

步骤② 执行上述操作后，即可隐藏工作表，效果如图 7-33 所示。

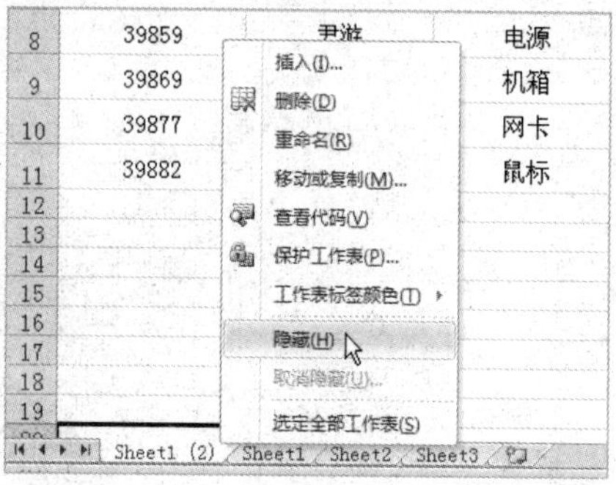

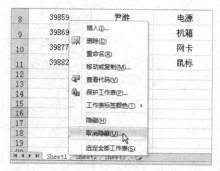

图 7-32　选择"隐藏"选项

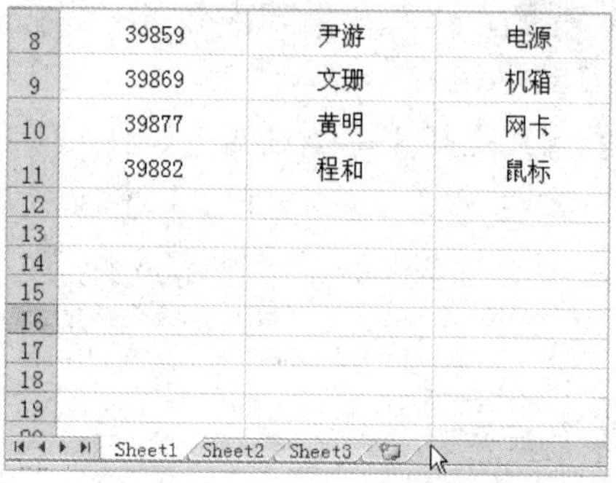

图 7-33　隐藏工作表的效果

步骤③ 在相应工作表标签上单击鼠标右键，在弹出的快捷菜单中选择"取消隐藏"选项，如图 7-34 所示。

步骤④ 弹出"取消隐藏"对话框（如图 7-35 所示），单击"确定"按钮，即可取消隐藏工作表。

图 7-34　选择"取消隐藏"选项

图 7-35　弹出"取消隐藏"对话框

专家指点

在"开始"面板的"单元格"选项板中，单击"格式"右侧的下拉按钮，在弹出的列表框中选择"隐藏和取消隐藏"|"取消隐藏工作表"选项，也可以弹出"取消隐藏"对话框。

7.3　单元格基本操作

在 Excel 2010 中，绝大多数的操作都是针对单元格的，在掌握工作簿与工作表的基本操作后，本节将介绍单元格的基本操作方法。

7.3.1　【演练 96 + 视频 ▪▪】：选择单元格

Excel 2010 是以工作表的方式进行数据运算和数据分析的，而工作表的基本单位是单元格，因此在向工作表中输入数据之前，应该先选择单元格或单元格区域。

素材文件	·\素材\第 7 章\7-36.xlsx	效果文件	·无
视频文件	·\视频\第 7 章\选择单元格.swf	视频时长	20 秒

【演练 96】选择单元格的具体操作步骤如下：

步骤① 单击"文件"菜单，在弹出的面板中单击"打开"命令，打开一个 Excel 工作簿，如图 7-36 所示。

步骤② 在单元格上单击鼠标左键并拖曳，即可选择单元格区域，如图 7-37 所示。

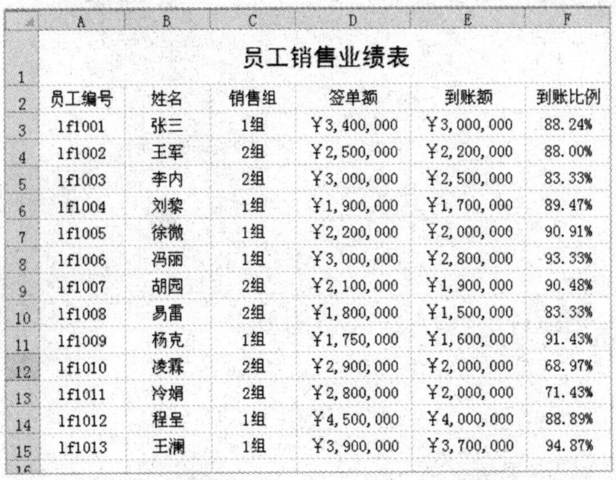

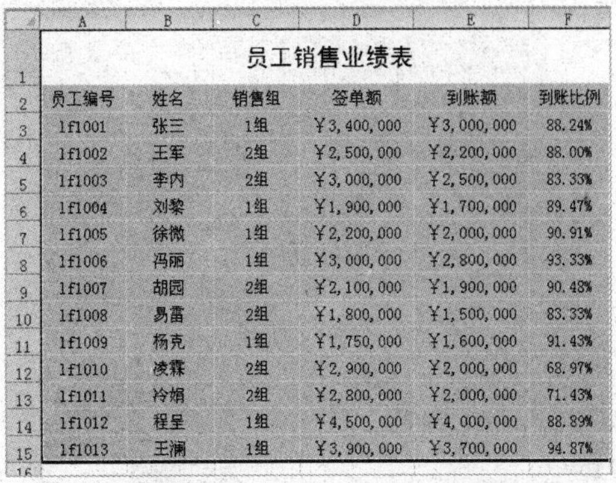

图 7-36　打开一个 Excel 工作簿　　　　　　图 7-37　选择单元格区域

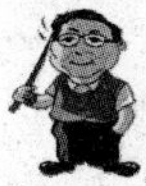

专家指点

　　在需要选择的单元格上单击鼠标左键，即可选择该单元格。

7.3.2　【演练 97 + 视频 】：插入单元格

在 Excel 2010 中，用户可根据需要在工作表中插入单元格。

素材文件	·无	效果文件	·\效果\第 7 章\7-41.xlsx
视频文件	·\视频\第 7 章\插入单元格.swf	视频时长	27 秒

【演练 97】插入单元格的具体操作步骤如下：

步骤① 打开上一例素材文件，将鼠标定位于需要插入单元格的位置，如图 7-38 所示。

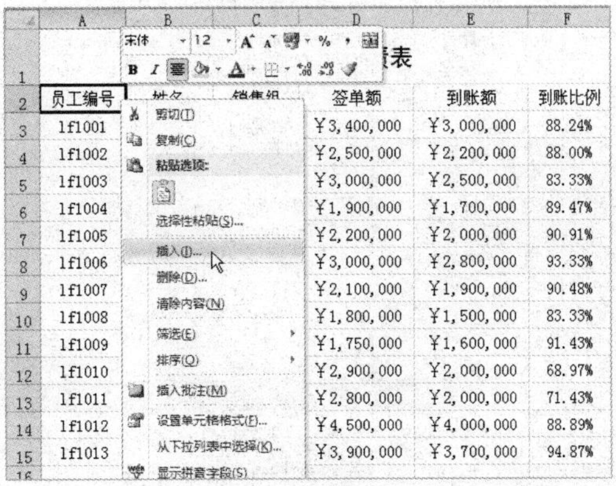

步骤② 单击鼠标右键，在弹出的快捷菜单中选择"插入"选项，如图 7-39 所示。

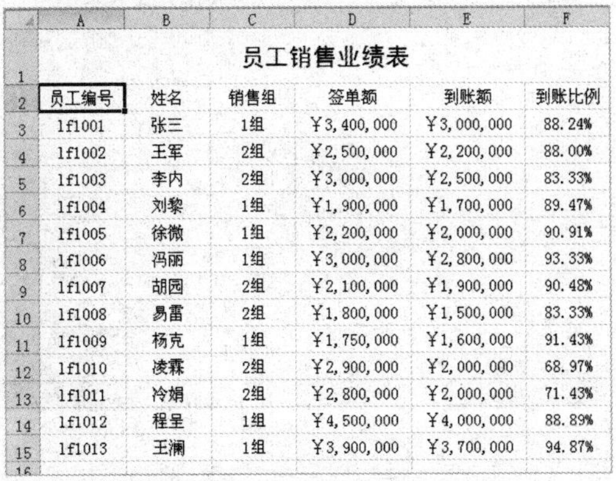

图 7-38　定位于需要插入单元格的位置　　　　图 7-39　选择"插入"选项

步骤③ 弹出"插入"对话框，选中"活动单元格下移"单选按钮，如图 7-40 所示。

步骤④ 单击"确定"按钮，即可插入单元格，效果如图 7-41 所示。

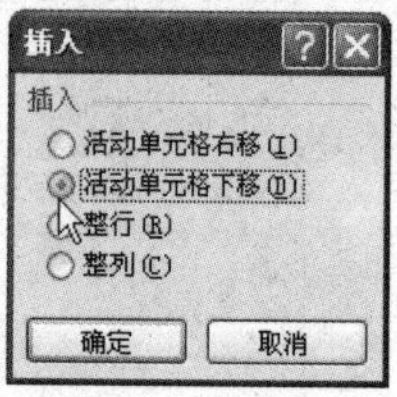

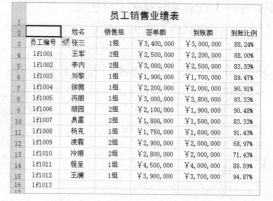

图 7-40　选中相应单选按钮

图 7-41　插入单元格的效果

 专家指点

在"开始"面板的"单元格"选项板中，单击"插入"右侧的下拉按钮，在弹出的列表框中选择"插入单元格"选项，也可以插入单元格。

7.3.3　【演练 98 + 视频 ▱】：复制单元格数据

在 Excel 2010 中，用户可根据需要对单元格中的数据进行复制操作，当用户需要在单元格中编辑相同的数据时，可以使用复制单元格数据功能来减少工作量。

素材文件	·无	效果文件	·\效果\第 7 章\7-45.xlsx
视频文件	·\视频\第 7 章\复制单元格数据.swf	视频时长	33 秒

【演练 98】复制单元格数据的具体操作步骤如下：

步骤① 打开上一例效果文件，在工作表中选择需要复制的单元格，如图 7-42 所示。

步骤② 单击鼠标右键，在弹出的快捷菜单中选择"复制"选项（如图 7-43 所示），复制单元格中的数据。

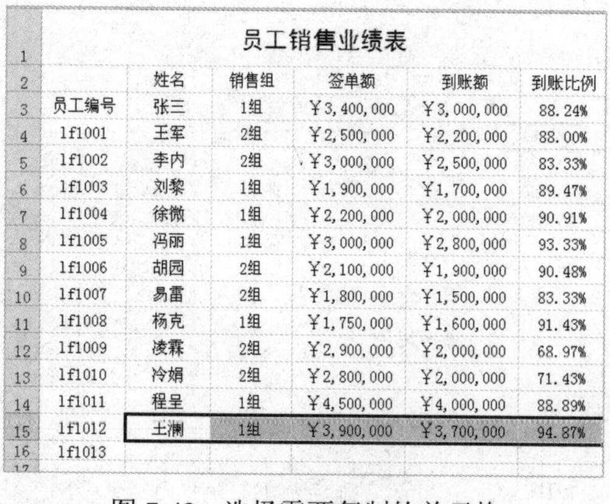

图 7-42　选择需要复制的单元格

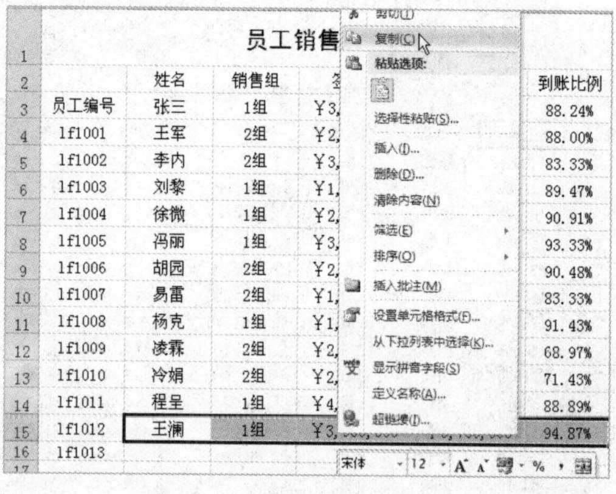

图 7-43　选择"复制"选项

步骤③ 在工作表中选择需要粘贴数据的单元格区域，如图 7-44 所示。

步骤④ 按【Ctrl＋V】组合键，即可粘贴单元格数据，效果如图 7-45 所示。

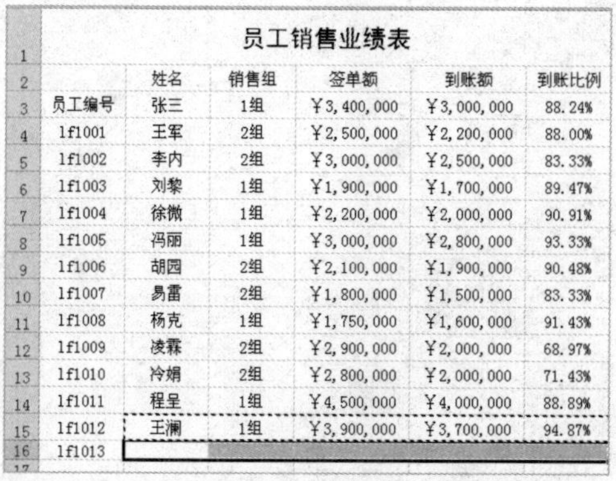

员工销售业绩表					
	姓名	销售组	签单额	到账额	到账比例
员工编号	张三	1组	￥3,400,000	￥3,000,000	88.24%
1f1001	王军	2组	￥2,500,000	￥2,200,000	88.00%
1f1002	李内	2组	￥3,000,000	￥2,500,000	83.33%
1f1003	刘黎	1组	￥1,900,000	￥1,700,000	89.47%
1f1004	徐微	1组	￥2,200,000	￥2,000,000	90.91%
1f1005	冯丽	1组	￥3,000,000	￥2,800,000	93.33%
1f1006	胡园	2组	￥2,100,000	￥1,900,000	90.48%
1f1007	易雷	2组	￥1,800,000	￥1,500,000	83.33%
1f1008	杨克	1组	￥1,750,000	￥1,600,000	91.43%
1f1009	凌霖	2组	￥2,900,000	￥2,000,000	68.97%
1f1010	冷娟	2组	￥2,800,000	￥2,000,000	71.43%
1f1011	程呈	1组	￥4,500,000	￥4,000,000	88.89%
1f1012	王澜	1组	￥3,900,000	￥3,700,000	94.87%
1f1013					

图 7-44　选择需要粘贴数据的单元格区域

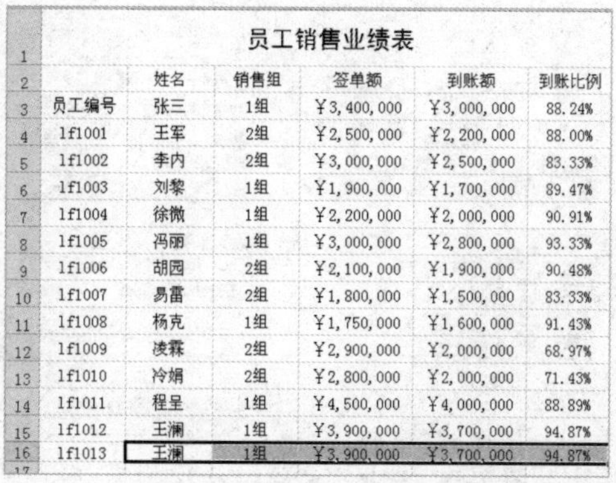

员工销售业绩表					
	姓名	销售组	签单额	到账额	到账比例
员工编号	张三	1组	￥3,400,000	￥3,000,000	88.24%
1f1001	王军	2组	￥2,500,000	￥2,200,000	88.00%
1f1002	李内	2组	￥3,000,000	￥2,500,000	83.33%
1f1003	刘黎	1组	￥1,900,000	￥1,700,000	89.47%
1f1004	徐微	1组	￥2,200,000	￥2,000,000	90.91%
1f1005	冯丽	1组	￥3,000,000	￥2,800,000	93.33%
1f1006	胡园	2组	￥2,100,000	￥1,900,000	90.48%
1f1007	易雷	2组	￥1,800,000	￥1,500,000	83.33%
1f1008	杨克	1组	￥1,750,000	￥1,600,000	91.43%
1f1009	凌霖	2组	￥2,900,000	￥2,000,000	68.97%
1f1010	冷娟	2组	￥2,800,000	￥2,000,000	71.43%
1f1011	程呈	1组	￥4,500,000	￥4,000,000	88.89%
1f1012	王澜	1组	￥3,900,000	￥3,700,000	94.87%
1f1013	王澜	1组	￥3,900,000	￥3,700,000	94.87%

图 7-45　粘贴单元格数据

专家指点

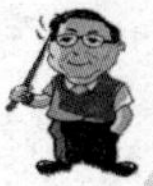

复制单元格中的数据后，在“开始”面板的“剪贴板”选项板中单击“粘贴”按钮，也可以粘贴单元格中的数据。

7.3.4 【演练 99＋视频】：清除单元格

在 Excel 2010 中，用户可根据需要对单元格中的数据或格式进行清除操作。

素材文件	•\素材\第 7 章\7-46.xlsx	效果文件	•\效果\第 7 章\7-49.xlsx
视频文件	•\视频\第 7 章\清除单元格.swf	视频时长	35 秒

【演练 99】清除单元格的具体操作步骤如下：

步骤① 单击“文件”菜单，在弹出的面板中单击“打开”命令，打开一个 Excel 工作簿，如图 7-46 所示。

步骤② 在工作表中单击鼠标左键并拖曳，选择需要清除的单元格，如图 7-47 所示。

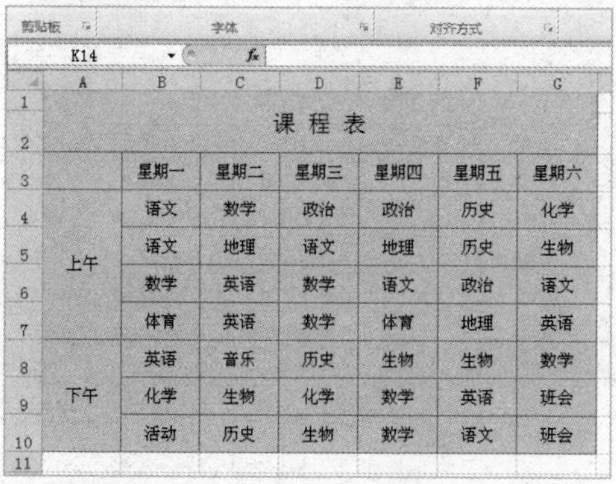

课 程 表						
	星期一	星期二	星期三	星期四	星期五	星期六
上午	语文	数学	政治	政治	历史	化学
	语文	地理	语文	地理	历史	生物
	数学	英语	数学	语文	政治	语文
	体育	英语	数学	体育	地理	英语
下午	英语	音乐	历史	生物	生物	数学
	化学	生物	化学	数学	英语	班会
	活动	历史	生物	数学	语文	班会

图 7-46　打开一个 Excel 工作簿

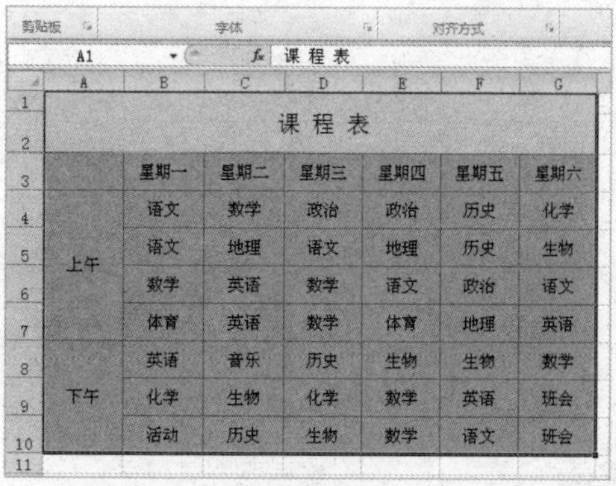

课 程 表						
	星期一	星期二	星期三	星期四	星期五	星期六
上午	语文	数学	政治	政治	历史	化学
	语文	地理	语文	地理	历史	生物
	数学	英语	数学	语文	政治	语文
	体育	英语	数学	体育	地理	英语
下午	英语	音乐	历史	生物	生物	数学
	化学	生物	化学	数学	英语	班会
	活动	历史	生物	数学	语文	班会

图 7-47　选择需要清除的单元格

步骤③ 在“开始”面板的“编辑”选项板中，单击“清除”按钮，在弹出的列表框中选择“清除内容”选项，如图 7-48 所示。

步骤④ 执行上述操作后，即可清除单元格中的内容，效果如图 7-49 所示。

图 7-48 选择"清除内容"选项

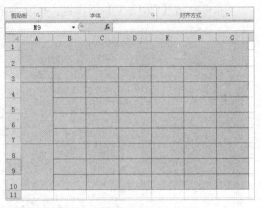

图 7-49 清除单元格中的内容

 专家指点

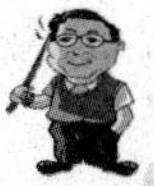

单击"清除"按钮，在弹出的列表框中选择"清除格式"选项，将清除单元格中的格式。

7.3.5 【演练 100 + 视频●●】：删除单元格

当工作表中的数据及其位置不再需要时，用户也可以将其删除，删除的单元格及单元格内容将一起从工作表中消失。

素材文件	·\素材\第 7 章\7-50.xlsx	效果文件	·\效果\第 7 章\7-54.xlsx
视频文件	·\视频\第 7 章\删除单元格.swf	视频时长	44 秒

【演练 100】删除单元格的具体操作步骤如下：

步骤① 单击"文件"菜单，在弹出的面板中单击"打开"命令，打开一个 Excel 工作簿，如图 7-50 所示。

步骤② 在工作表中单击鼠标左键并拖曳，选择需要删除的单元格，如图 7-51 所示。

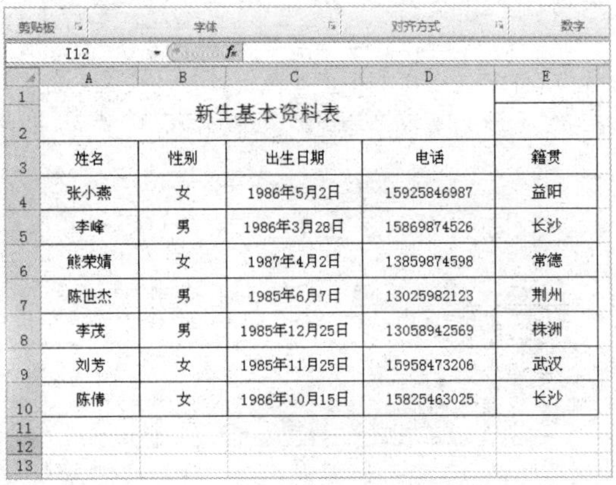

图 7-50 打开一个 Excel 工作簿

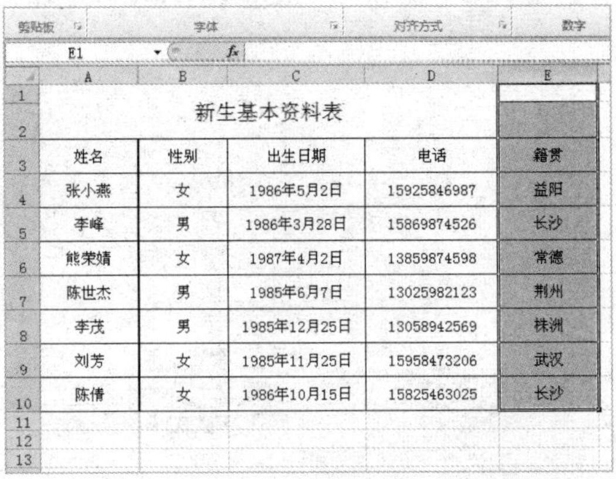

图 7-51 选择需要删除的单元格

步骤③ 在选择的单元格上单击鼠标右键，在弹出的快捷菜单中选择"删除"选项，如图 7-52 所示。

步骤④ 弹出"删除"对话框，选中"下方单元格上移"单选按钮，如图 7-53 所示。

图 7-52　选择"删除"选项　　　　　　　　　　　　图 7-53　选中相应单选按钮

专家指点

> 在"开始"面板的"单元格"选项板中，单击"删除"右侧的下拉按钮，在弹出的列表框中选择"删除单元格"选项，也可以弹出"删除"对话框。

步骤⑤ 单击"确定"按钮，即可删除选择的单元格，效果如图 7-54 所示。

	A	B	C	D	E
1			新生基本资料表		
2					
3	姓名	性别	出生日期	电话	
4	张小燕	女	1986年5月2日	15925846987	
5	李峰	男	1986年3月28日	15869874526	
6	熊荣婧	女	1987年4月2日	13859874598	
7	陈世杰	男	1985年6月7日	13025982123	
8	李茂	男	1985年12月25日	13058942569	
9	刘芳	女	1985年11月25日	15958473206	
10	陈倩	女	1986年10月15日	15825463025	
11					

图 7-54　删除选择的单元格

7.3.6　【演练 101 + 视频】：命名单元格

在 Excel 2010 中创建大型表格时，会涉及非常多的表格，这时可以为其中某些单元格命名，以方便用户引用。下面介绍命名单元格的操作方法。

素材文件	·\素材\第 7 章\7-55.xlsx	效果文件	·\效果\第 7 章\7-57.xlsx
视频文件	·\视频\第 7 章\命名单元格.swf	视频时长	22 秒

【演练 101】命名单元格的具体操作步骤如下：

步骤① 打开上一例效果文件，在工作表中选择 A1 单元格，如图 7-55 所示。

步骤② 在"名称框"右侧的文本框中输入文本"资料表"，如图 7-56 所示。

剪贴板	字体	对齐方式		
A1		fx	新生基本资料表	

	A	B	C	D	E
1	新生基本资料表				
2					
3	姓名	性别	出生日期	电话	
4	张小燕	女	1986年5月2日	15925846987	
5	李峰	男	1986年3月28日	15869874526	
6	熊荣婧	女	1987年4月2日	13859874598	
7	陈世杰	男	1985年6月7日	13025982123	
8	李茂	男	1985年12月25日	13058942569	
9	刘芳	女	1985年11月25日	15958473206	
10	陈倩	女	1986年10月15日	15825463025	
11					

图 7-55 选择 A1 单元格

剪贴板	字体	对齐方式		
资料表		fx	新生基本资料表	

	A	B	C	D	E
1	新生基本资料表				
2					
3	姓名	性别	出生日期	电话	
4	张小燕	女	1986年5月2日	15925846987	
5	李峰	男	1986年3月28日	15869874526	
6	熊荣婧	女	1987年4月2日	13859874598	
7	陈世杰	男	1985年6月7日	13025982123	
8	李茂	男	1985年12月25日	13058942569	
9	刘芳	女	1985年11月25日	15958473206	
10	陈倩	女	1986年10月15日	15825463025	
11					

图 7-56 输入文本"资料表"

专家指点

在 Excel 2010 中，用户还可以为单元格添加多个名称，只需在原有的单元格名称上重新输入新的名称，并按【Enter】键确认即可。

步骤③ 按【Enter】键确认，即可命名该单元格，效果如图 7-57 所示。

剪贴板	字体	对齐方式		
资料表		fx	新生基本资料表	

	A	B	C	D	E
1	新生基本资料表				
2					
3	姓名	性别	出生日期	电话	
4	张小燕	女	1986年5月2日	15925846987	
5	李峰	男	1986年3月28日	15869874526	
6	熊荣婧	女	1987年4月2日	13859874598	
7	陈世杰	男	1985年6月7日	13025982123	
8	李茂	男	1985年12月25日	13058942569	
9	刘芳	女	1985年11月25日	15958473206	
10	陈倩	女	1986年10月15日	15825463025	
11					

图 7-57 命名该单元格的效果

7.4 数据的基本操作

使用 Excel 2010 创建表格时，不仅要掌握它的基本操作，还要掌握输入与编辑数据的方法。本节主要介绍数据的基本操作方法。

7.4.1 【演练 102 + 视频██】：输入文本对象

在 Excel 2010 中，输入文本通常是指字符或者任何数字和字符的组合，输入到单元格内的任何字符串，只要不被系统解释成数字、公式、日期、或者逻辑值，在 Excel 2010 中一律将其视为文本。

素材文件	·\素材\第 7 章\7-58.xlsx	效果文件	·\效果\第 7 章\7-61.xlsx
视频文件	·\视频\第 7 章\输入文本对象.swf	视频时长	39 秒

【演练 102】输入文本对象的具体操作步骤如下：

步骤① 单击"文件"菜单，在弹出的面板中单击"打开"命令，打开一个 Excel 工作簿，如图 7-58 所示。

步骤② 在工作表中选择需要输入文本的单元格，如图 7-59 所示。

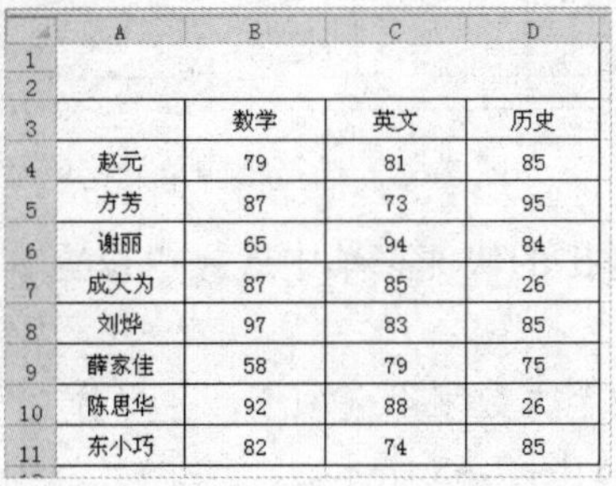

图 7-58　打开一个 Excel 工作簿　　　图 7-59　选择需要输入文本的单元格

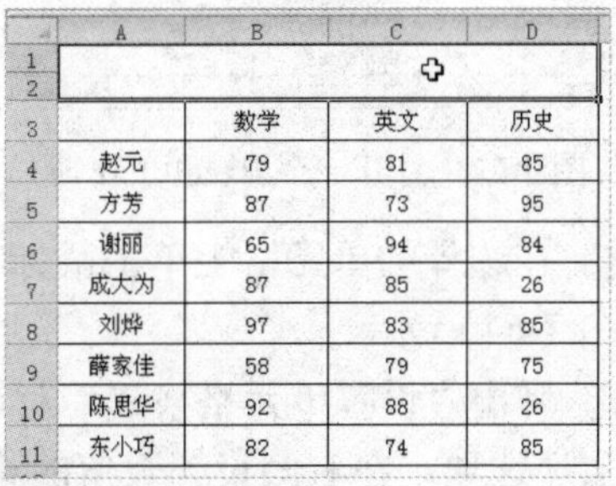

专家指点

在 Excel 2010 中，系统默认的对齐方式是在单元内靠左对齐。

步骤③ 选择一种合适的输入法，输入文字"B0503 成绩单"，如图 7-60 所示。

步骤④ 输入完成后，按【Enter】键确认，即可在单元格中输入文本，如图 7-61 所示。

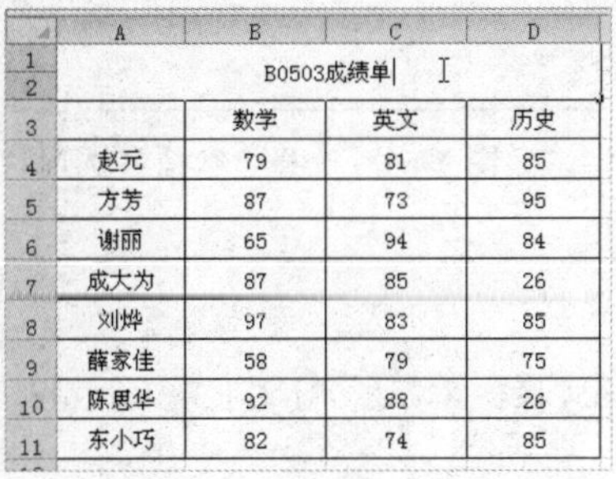

图 7-60　输入文字"B0503 成绩单"　　　图 7-61　在单元格中输入文本

7.4.2 【演练 103＋视频】：设置数据格式

在 Excel 2010 中，用户可根据需要设置单元格数据的格式，使其更好的显示在工作表中。

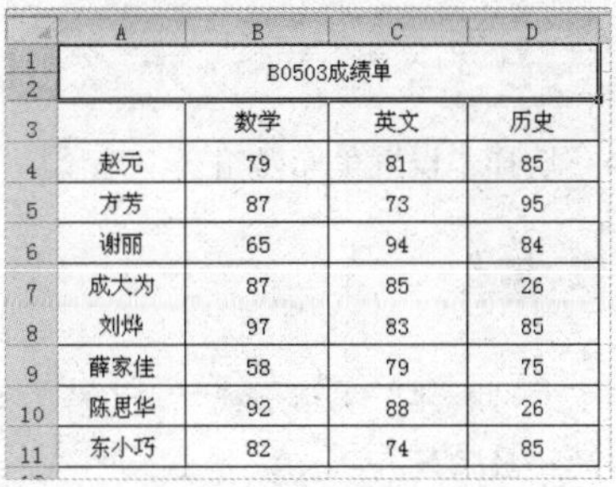

素材文件	·\素材\第 7 章\7-62.xlsx	效果文件	·\效果\第 7 章\7-66.xlsx
视频文件	·\视频\第 7 章\设置数据格式.swf	视频时长	秒

【演练 103】设置数据格式的具体操作步骤如下：

步骤① 单击"文件"菜单，在弹出的面板中单击"打开"命令，打开一个 Excel 工作簿，如图 7-62 所示。

步骤② 在工作表中单击鼠标左键并拖曳，选择需要设置数据格式的单元格区域，如图 7-63 所示。

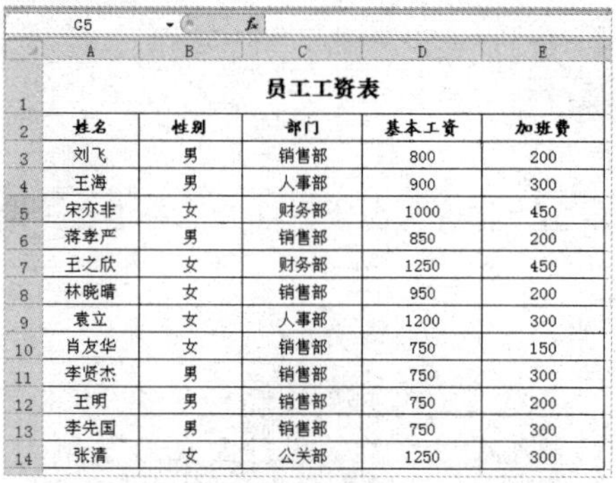

图 7-62　打开一个 Excel 工作簿

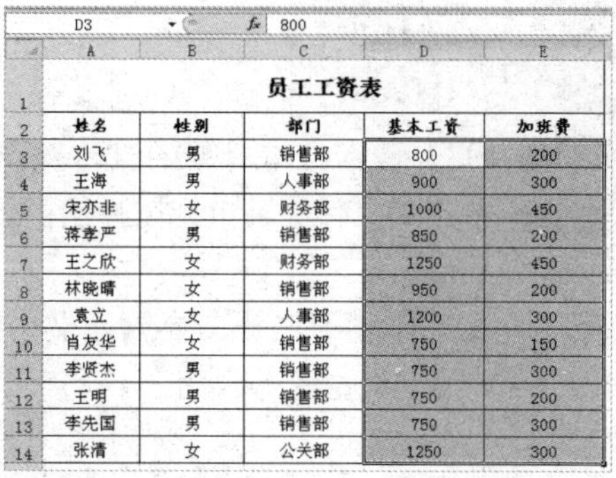

图 7-63　选择相应单元格区域

步骤③ 在选择的单元格上单击鼠标右键，在弹出的快捷菜单中选择"设置单元格格式"选项，如图 7-64 所示。

步骤④ 弹出"设置单元格格式"对话框，切换至"数字"选项卡，在"分类"列表框中选择"数值"选项，在右侧设置数值的相应参数，如图 7-65 所示。

图 7-64　选择"设置单元格格式"选项

图 7-65　选择"数值"选项

专家指点

在"数字"选项卡的"数值"选项卡中，用户可根据需要在"小数位数"数值框中输入数据的小数位数。

步骤⑤ 单击"确定"按钮，即可设置数据格式，效果如图 7-66 所示。

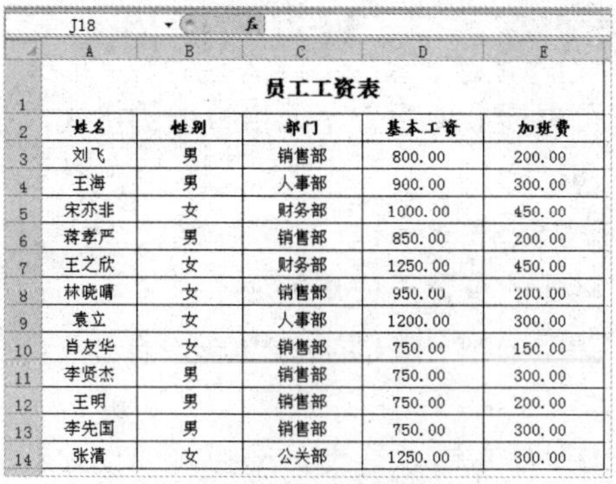

	员工工资表			
姓名	性别	部门	基本工资	加班费
刘飞	男	销售部	800.00	200.00
王海	男	人事部	900.00	300.00
宋亦非	女	财务部	1000.00	450.00
蒋孝严	男	销售部	850.00	200.00
王之欣	女	财务部	1250.00	450.00
林晓曙	女	销售部	950.00	200.00
袁立	女	人事部	1200.00	300.00
肖友华	女	销售部	750.00	150.00
李贤杰	男	销售部	750.00	300.00
王明	男	销售部	750.00	200.00
李先国	男	销售部	750.00	300.00
张清	女	公关部	1250.00	300.00

图 7-66　设置数据格式的效果

7.4.3 【演练 104 + 视频┅┅】：自动填充数据

在制作表格时，常常需要输入一些相同或有规律的数据，若手动输入这些数据会占用很多时间。Excel 2010 的数据自动填充功能便是针对这些问题的，可以大大提高输入效率。

素材文件	·\素材\第 7 章\7-67.xlsx	效果文件	·\效果\第 7 章\7-70.xlsx
视频文件	·\视频\第 7 章\自动填充数据.swf	视频时长	37 秒

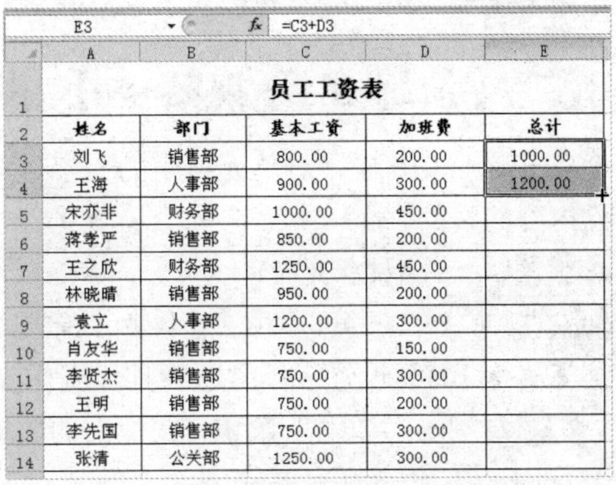

【演练 104】自动填充数据的具体操作步骤如下：

步骤① 单击"文件"菜单，在弹出的面板中单击"打开"命令，打开一个 Excel 工作簿，如图 7-67 所示。

步骤② 在工作表中选择需要填充数据的源单元格，将鼠标移至单元格右下角，此时鼠标指针呈十字形状＋，如图 7-68 所示。

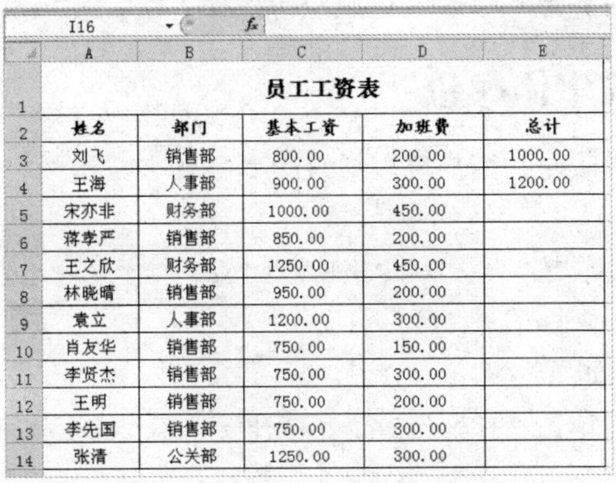

图 7-67　打开一个 Excel 工作簿　　　　图 7-68　鼠标指针呈十字形状

步骤③ 单击鼠标左键并向下拖曳，此时表格边框呈虚线显示，如图 7-69 所示。

步骤④ 至合适位置后，释放鼠标左键，即可自动填充数据，效果如图 7-70 所示。

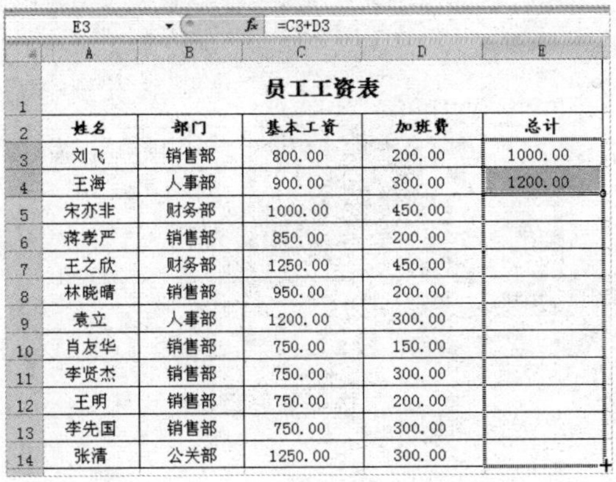

图 7-69　表格边框呈虚线显示　　　　图 7-70　自动填充数据的效果

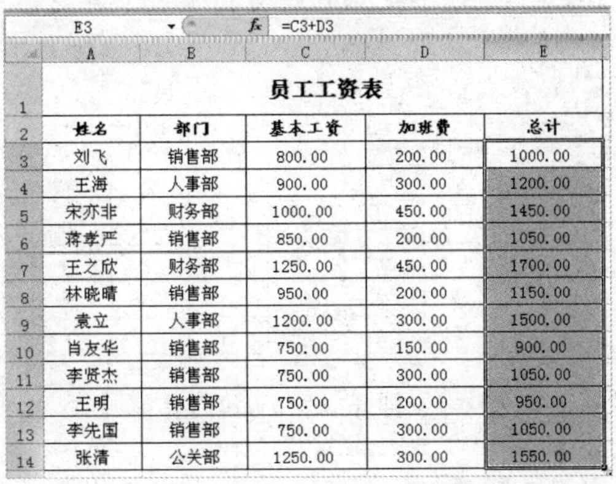

专家指点

在 Excel 2010 中，使用拖曳鼠标的方式还可以自动填充多处文本。

第 8 章　Excel 表格美化操作

创建并编辑了工作表，并不等于完成了所有的工作，还必须对工作表中的数据进行一定的格式化。Excel 2010 提供了丰富的格式编排功能，使用这些功能，既可以使工作表的内容正确显示，便于阅读，又可以美化工作表。本章主要介绍美化表格的各种操作方法。

8.1　工作表格式设置

为了使工作表中的标题或重要数据更加醒目、直观，可以对工作表中的数据格式进行设置。本节主要介绍设置字体颜色、字体格式、对齐方式以及边框底纹等操作方法。

8.1.1　【演练 105 + 视频 ▪▪】：设置字体颜色

在 Excel 2010 中，对单元格中的文字进行排版时，用户可以通过改变字体方式达到突出重点内容的目的。

素材文件	• \素材\第 8 章\8-1.xlsx	效果文件	• \效果\第 8 章\8-4.xlsx
视频文件	• \视频\第 8 章\设置字体颜色.swf	视频时长	37 秒

【演练 105】设置字体颜色的具体操作步骤如下：

步骤① 单击"文件"菜单，在弹出的面板中单击"打开"命令，打开一个 Excel 工作簿，如图 8-1 所示。

步骤② 在工作表中选择需要设置字体颜色的文本内容，如图 8-2 所示。

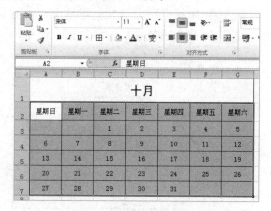

图 8-1　打开一个 Excel 工作簿　　　图 8-2　选择需要设置的文本

 专家指点

> 在工作表中选择需要设置颜色的文本内容，单击鼠标右键，在弹出的浮动面板中单击"字体颜色"右侧的下拉按钮，在弹出的列表框中用户可根据需要选择相应的文本颜色。

步骤③ 在"开始"面板的"字体"选项板中，单击"字体颜色"右侧的下拉按钮，在弹出的列表框中选择"红色"选项,如图 8-3 所示。

步骤④　执行上述操作后,即可设置字体颜色为红色,效果如图 8-4 所示。

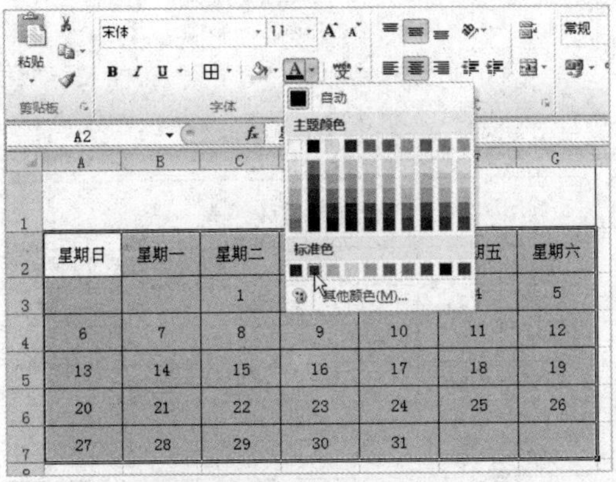

图 8-3　选择"红色"选项 　　　　　　　　图 8-4　设置字体颜色为红色

8.1.2　【演练 106 ＋ 视频■■】：设置字体大小

在工作表中,用户可根据需要为单元格中的字体设置不同的字号大小。

素材文件	·\素材\第 8 章\8-5.xlsx	效果文件	·\效果\第 8 章\8-8.xlsx
视频文件	·\视频\第 8 章\设置字体大小.swf	视频时长	31 秒

【演练 106】设置字体大小的具体操作步骤如下：

步骤①　单击"文件"菜单,在弹出的面板中单击"打开"命令,打开一个 Excel 工作簿,如图 8-5 所示。

步骤②　在工作表中选择需要设置字体大小的文本内容,如图 8-6 所示。

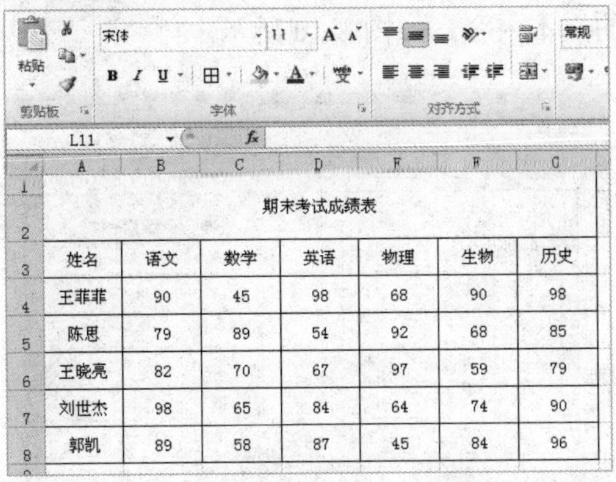

图 8-5　打开一个 Excel 工作簿 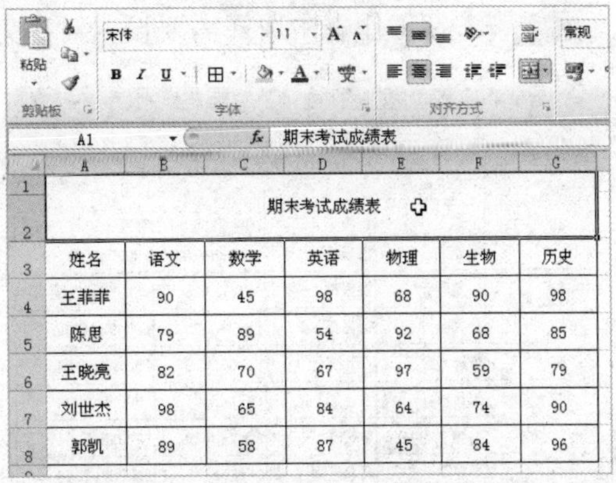　　　　　　图 8-6　选择设置字体大小的文本内容

专家指点

在工作表中选择需要设置字号的文本内容,单击鼠标右键,在弹出的浮动面板中单击"字号"右侧的下拉按钮,在弹出的列表框中用户可根据需要选择相应的字号大小。

步骤③　在"开始"面板的"字体"选项板中,单击"字号"右侧的下拉按钮,在弹出的列表框中选择 18 选项，如图 8-7 所示。

步骤④ 执行上述操作后，即可设置文本的字号大小，效果如图 8-8 所示。

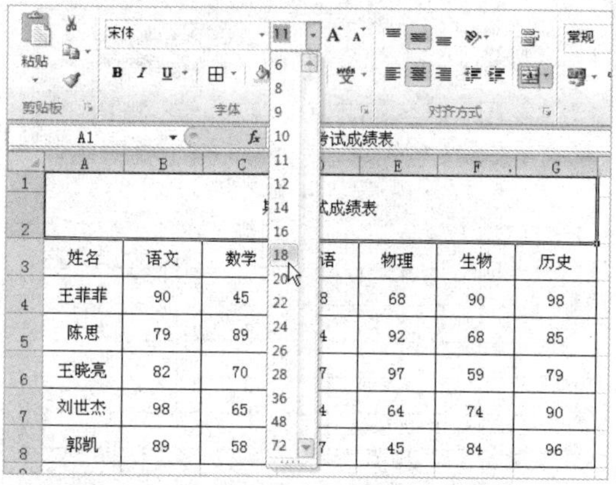

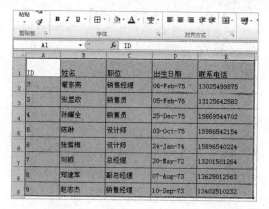

图 8-7　在列表框中选择 18 选项

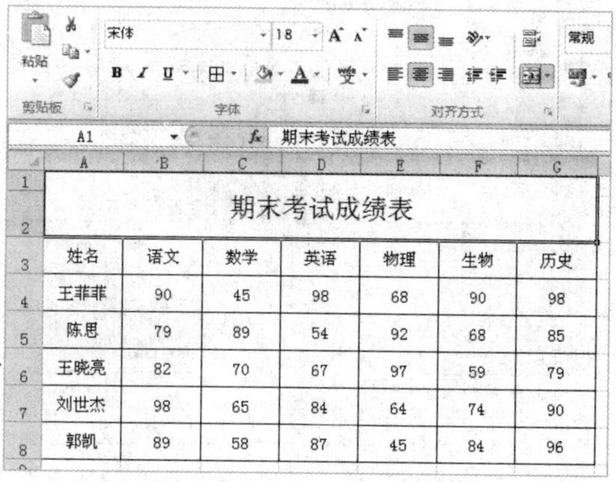

图 8-8　设置文本的字号大小

8.1.3　【演练 107 + 视频- -】：设置对齐方式

在 Excel 2010 中，所谓对齐是指单元格中的内容在显示时，相对单元格上、下、左、右的位置。

素材文件	·\素材\第 8 章\8-9.xlsx	效果文件	·\效果\第 8 章\8-13.xlsx
视频文件	·\视频\第 8 章\设置对齐方式.swf	视频时长	53 秒

【演练 107】设置对齐方式的具体操作步骤如下：

步骤① 单击"文件"菜单，在弹出的面板中单击"打开"命令，打开一个 Excel 工作簿，如图 8-9 所示。

步骤② 在工作表中选择需要设置对齐方式的文本内容，如图 8-10 所示。

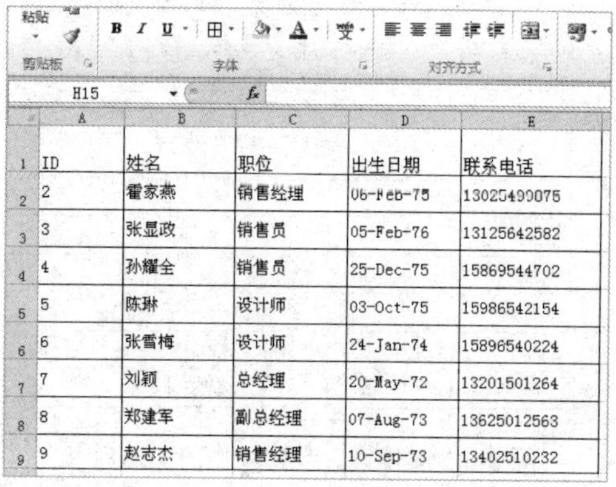

图 8-9　打开一个 Excel 工作簿

图 8-10　选择设置对齐方式的文本内容

步骤③ 在选择的文本内容上，单击鼠标右键，在弹出的快捷菜单中选择"设置单元格格式"选项，如图 8-11 所示。

步骤④ 弹出"设置单元格格式"对话框，切换至"对齐"选项卡，在"文本对齐方式"选项区中设置"水平对齐"为"居中"、"垂直对齐"为"居中"，如图 8-12 所示。

图 8-11　选择"设置单元格格式"选项

图 8-12　设置对齐的相应属性

专家指点

在"对齐"选项卡的"方向"选项区中，拖曳预览窗口中的指针方向，或在下方设置旋转参数，即可设置单元中字体的旋转角度。

步骤⑤ 设置完成后，单击"确定"按钮，即可设置文本对齐方式，效果如图 8-13 所示。

图 8-13　设置文本对齐方式的效果

8.1.4　【演练 108＋视频 ▶ 】：设置边框底纹

工作表中显示的网格线是为用户输入、编辑方便而预设的，在打印或显示时，可以用它作为表格的格线，也可以全部取消它。在设置单元格格式时，为了使单元格中的数据显示更加清晰，增加工作表的视觉效果，还可以对单元格进行边框和底纹的设置。

素材文件	• \素材\第 8 章\8-14.xlsx	效果文件	• \效果\第 8 章\8-18.xlsx
视频文件	• \视频\第 8 章\设置边框底纹.swf	视频时长	71 秒

【演练 108】设置边框底纹的具体操作步骤如下：

步骤① 单击"文件"菜单，在弹出的面板中单击"打开"命令，打开一个 Excel 工作簿，如图 8-14 所示。

步骤② 在工作表中选择需要设置边框和底纹的单元格区域，如图 8-15 所示。

步骤③ 在选择的单元格区域上单击鼠标右键，在弹出的快捷菜单中选择"设置单元格格式"选项，弹出"设置单元格格式"对话框，切换至"边框"选项卡，在其中设置"颜色"为蓝色，并依次单击"外边框"和"内部"按钮，如图 8-16 所示。

步骤④ 切换至"填充"选项卡，在其中设置"颜色"为淡蓝色，如图 8-17 所示。

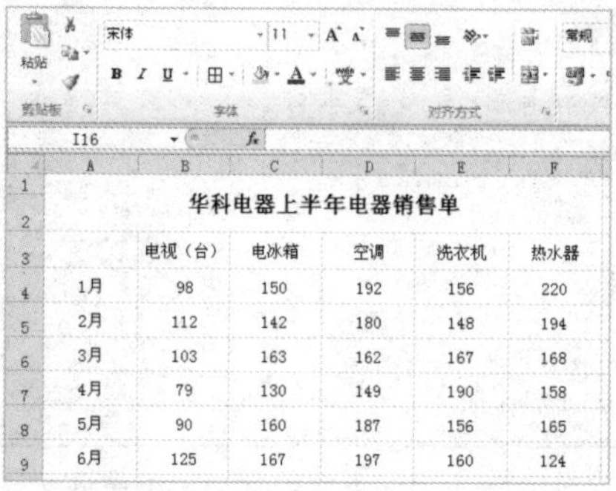

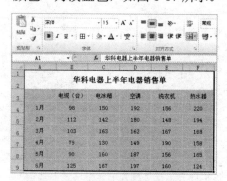

图 8-14 打开一个 Excel 工作簿

图 8-15 选择相应单元格区域

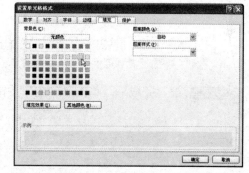

图 8-16 设置"颜色"为蓝色

图 8-17 设置"颜色"为淡蓝色

步骤⑤ 单击"确定"按钮，即可设置单元格的边框和底纹效果，如图 8-18 所示。

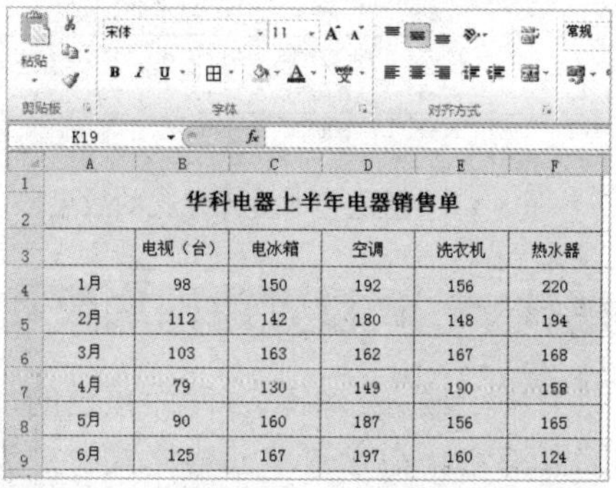

图 8-18 设置单元格边框和底纹的效果

专家指点

　　在"设置单元格格式"对话框的"填充"选项卡中，单击"图案样式"右侧的下拉按钮，在弹出的列表框中用户可根据需要选择相应的图案为背景填充效果。

8.1.5 【演练 109 + 视频==】：套用表格格式

　　在 Excel 2010 中，内置了大量的工作表格式，这些格式中预设了数字、字体、对齐方式、边界、模式、列宽和行高等属性，套用这些格式，既可以美化工作表，又可以大大提高工作效率。下面介绍套用表格格式的操作方法。

素材文件	• \素材\第 8 章\8-19.xlsx	效果文件	• \效果\第 8 章\8-23.xlsx
视频文件	• \视频\第 8 章\套用表格格式.swf	视频时长	48 秒

【演练 109】套用表格格式的具体操作步骤如下：

步骤① 单击"文件"菜单，在弹出的面板中单击"打开"命令，打开一个 Excel 工作簿，如图 8-19 所示。

步骤② 在工作表中选择需要需要套用表格格式的单元格区域，如图 8-20 所示。

图 8-19　打开一个 Excel 工作簿 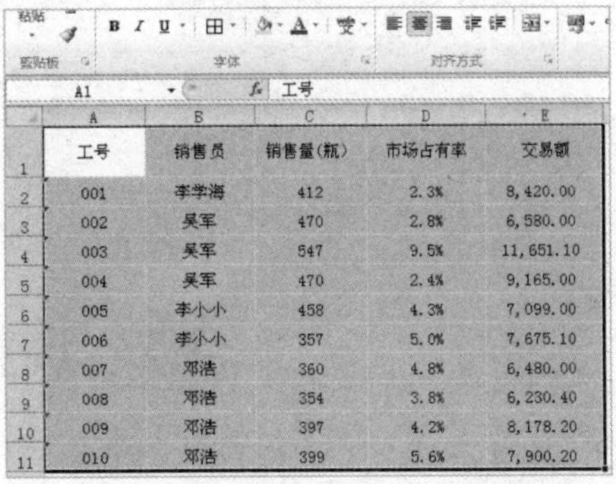　　　　图 8-20　选择相应单元格区域

专家指点

在 Excel 2010 中，提供了大量的工作表格式，其中包括条件格式、套用表格格式和套用单元格格式等。其中，条件格式是指如果选定的单元格满足特定的条件，那么将底纹、字体、颜色等格式应用到单元格中，条件格式通常用于突出显示或要监视单元格的值。

步骤③ 在"开始"面板的"样式"选项板中，单击"套用表格格式"右侧的下拉按钮，在弹出的列表框中选择"表样式浅色 12"选项，如图 8-21 所示。

步骤④ 弹出"套用表格格式"对话框，其中显示了表数据的来源，如图 8-22 所示。

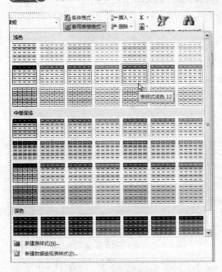

图 8-21　选择"表样式浅色 12"选项

图 8-22　"套用表格格式"对话框

步骤⑤ 单击"确定"按钮，即可套用表格格式，效果如图 8-23 所示。

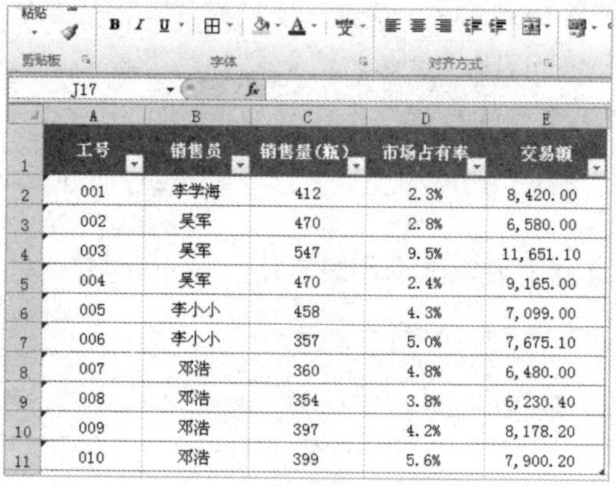

图 8-23 套用表格格式后的效果

8.2 调整行高和列宽

在 Excel 2010 中，有时默认的行高和列宽值并不能满足实际工作的需要，因此就需要对行高和列宽进行适当的调整。本节主要介绍调整行高和列宽的操作方法。

8.2.1 【演练 110 + 视频 🎬】：鼠标调整行高

在 Excel 2010 中，使用鼠标调整行高是最简单、快捷的操作方法，下面向读者进行介绍。

素材文件	•\素材\第 8 章\8-24.xlsx	效果文件	•\效果\第 8 章\8-27.xlsx
视频文件	•\视频\第 8 章\鼠标调整行高.swf	视频时长	38 秒

【演练 110】鼠标调整行高的具体操作步骤如下：

步骤① 单击"文件"菜单，在弹出的面板中单击"打开"命令，打开一个 Excel 工作簿，如图 8-24 所示。

步骤② 将鼠标指针移至需要调整行高的行号线上，此时鼠标指针呈十字形状 ✛，如图 8-25 所示。

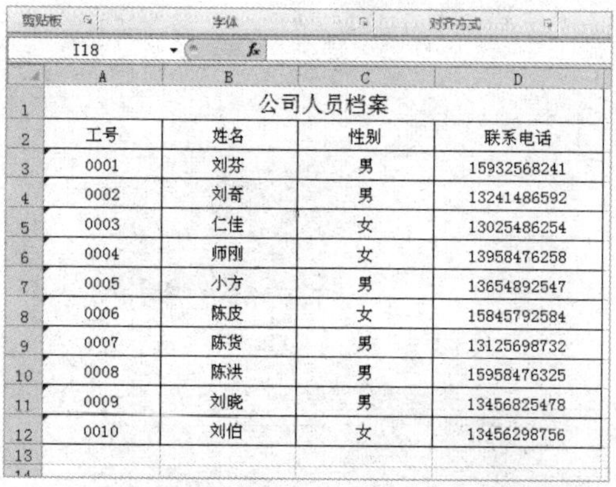

图 8-24 打开一个 Excel 工作簿

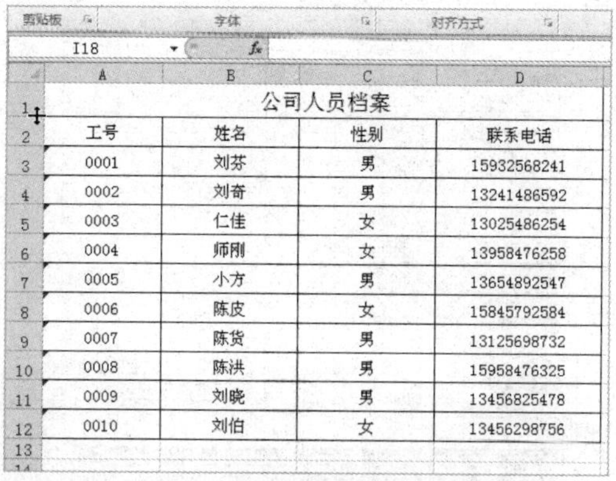

图 8-25 鼠标指针呈十字形状

步骤③ 单击鼠标左键并向下拖曳，此时表格行标下框线呈虚线显示，如图 8-26 所示。

步骤④ 拖曳至合适位置后，释放鼠标左键，即可调整行高，效果如图 8-27 所示。

图 8-26　表格行标下框线呈虚线显示 　　　　　图 8-27　调整行高后的效果

8.2.2　【演练 111 + 视频 】：精确调整行高

一般情况下，在 Excel 工作表中任意一行的所有单元格高度都是相等的，所以要设置某一个单元格的高度，实际上就是设置这个单元格所在行的行高。

素材文件	·无	效果文件	·\效果\第 8 章\8-31.xlsx
视频文件	·\视频\第 8 章\精确调整行高.swf	视频时长	34 秒

【演练 111】精确调整行高的具体操作步骤如下：

步骤① 打开上一例素材文件，选择需要调整行高的单元格，如图 8-28 所示。

步骤② 在"开始"面板的"单元格"选项板中，单击"格式"右侧的下拉按钮，在弹出的列表框中选择"行高"选项，如图 8-29 所示。

图 8-28　选择需要调整行高的单元格　　　　　图 8-29　选择"行高"选项

步骤③ 弹出"行高"对话框，在"行高"右侧的文本框中输入 39，如图 8-30 所示。

步骤④ 输入完成后，单击"确定"按钮，即可精确调整行高，效果如图 8-31 所示。

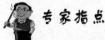
专家指点

> 选择需要调整行高的单元格，将鼠标指针移至单元格的行号下框线上，待鼠标指针呈十字形状
> 时，单击鼠标右键，在弹出的快捷菜单中选择"行高"选项，也可以弹出"行高"对话框。

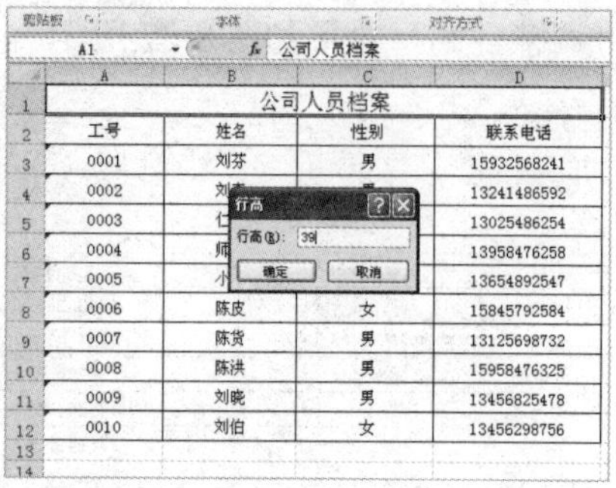

图 8-30　在文本框中输入 39

图 8-31　精确调整行高的效果

8.2.3　【演练 112 + 视频 】：鼠标调整列宽

在 Excel 2010 中，用户可根据需要快速调整列宽的宽度。

素材文件	·\素材\第 8 章\8-32.xlsx	效果文件	·\效果\第 8 章\8-35.xlsx
视频文件	·\视频\第 8 章\鼠标调整列宽.swf	视频时长	43 秒

【演练 112】鼠标调整列宽的具体操作步骤如下：

步骤①　单击"文件"菜单，在弹出的面板中单击"打开"命令，打开一个 Excel 工作簿，如图 8-32 所示。

步骤②　将鼠标指针移至需要调整列宽的列号线上，此时鼠标指针呈十字形状 ✛，如图 8-33 所示。

图 8-32　打开一个 Excel 工作簿

图 8-33　鼠标指针呈十字形状

步骤③　单击鼠标左键并向右拖曳，此时表格列标右框线呈虚线显示，如图 8-34 所示。

步骤④　拖曳至合适位置后，释放鼠标左键，即可调整列宽，效果如图 8-35 所示。

图 8-34　表格列标右框线呈虚线显示

图 8-35　调整列宽后的效果

专家指点

　　将鼠标指针移至需要调整列宽的单元格列标右框线上，待鼠标指针呈十字形状 ✛，双击鼠标左键，即可自动调整列宽。

8.2.4　【演练 113 + 视频▪▪】：精确调整列宽

　　在 Excel 2010 中，当单元格中输入的数据因列宽不够而显示不下时，就需要调整列宽。

素材文件	•无	效果文件	•\效果\第 8 章\8-39.xlsx
视频文件	•\视频\第 8 章\精确调整列宽.swf	视频时长	34 秒

　　【演练 113】精确调整列宽的具体操作步骤如下：

　　步骤① 打开上一例素材文件，选择需要调整列宽的单元格，如图 8-36 所示。

　　步骤② 在"开始"面板的"单元格"选项板中，单击"格式"右侧的下拉按钮，在弹出的列表框中选择"列宽"选项，如图 8-37 所示。

图 8-36　选择需要调整列宽的单元格

图 8-37　选择"列宽"选项

　　步骤③ 弹出"列宽"对话框，在"列宽"右侧的文本框中输入 12，如图 8-38 所示。

　　步骤④ 单击"确定"按钮，即可精确调整列宽，效果如图 8-39 所示。

图 8-38　在文本框中输入 12

图 8-39　精确调整列宽的效果

 专家指点

　　选择需要调整列宽的单元格，将鼠标指针移至单元格的列标右框线上，待鼠标指针呈十字形状 ✛ 时，单击鼠标右键，在弹出的快捷菜单中选择"列宽"选项，也可以弹出"列宽"对话框。

8.3 工作表修饰操作

在 Excel 2010 中，不仅可以对工作表进行格式化，还可以进行图形处理，允许向工作表中添加图形、图片和艺术字等项目。

8.3.1 【演练 114 + 视频 】：绘制图形

在 Excel 2010 中，用户可以方便地绘制各种基本图形，如直线、圆、矩形、正方形和星形等。

素材文件	• \素材\第 8 章\8-40.xlsx	效果文件	• \效果\第 8 章\8-43.xlsx
视频文件	• \视频\第 8 章\绘制图形.swf	视频时长	65 秒

【演练 114】绘制图形的具体操作步骤如下：

步骤① 单击"文件"菜单，在弹出的面板中单击"打开"命令，打开一个 Excel 工作簿，如图 8-40 所示。

步骤② 切换至"插入"面板，在"插图"选项板中单击"形状"按钮，在弹出的列表框中单击"加号"按钮，如图 8-41 所示。

图 8-40　打开一个 Excel 工作簿

图 8-41　单击"加号"按钮

步骤③ 将鼠标移至工作表的合适位置，单击鼠标左键并拖曳，至合适位置后释放鼠标，即可绘制图形，效果如图 8-42 所示。

步骤④ 参照与上述相同的方法，在工作表中的其他位置绘制相应的图形，效果如图 8-43 所示。

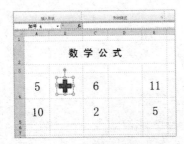

图 8-42　绘制自选图形形状

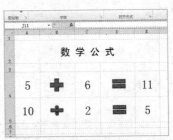

图 8-43　绘制其他相应图形

专家指点

在工作表中绘制椭圆图形时按住【Shift】键，所绘制的图形将呈圆形。

8.3.2　【演练 115 ＋ 视频 】：插入图片

Excel 2010 能够识别多种图片格式，用户可以将其他程序中创建的图片插入到工作表中。下面介绍插入图片的操作方法。

素材文件	·\素材\第 8 章\8-44.xlsx、8-46.jpg	效果文件	·\效果\第 8 章\8-47.xlsx
视频文件	·\视频\第 8 章\插入图片.swf	视频时长	48 秒

【演练 115】插入图片的具体操作步骤如下：

步骤① 单击"文件"菜单，在弹出的面板中单击"打开"命令，打开一个 Excel 工作簿，如图 8-44 所示。

步骤② 切换至"插入"面板，在"插图"选项板中单击"图片"按钮，如图 8-45 所示。

图 8-44　打开一个 Excel 工作簿　　　图 8-45　单击"图片"按钮

步骤③ 弹出"插入图片"对话框，在其中选择需要插入的图片素材，如图 8-46 所示。

步骤④ 单击"插入"按钮，即可将图片插入到工作表中，在"格式"面板的"大小"选项板中，设置图片的大小参数，如图 8-47 所示。

图 8-46　选择需要插入的图片素材　　　图 8-47　设置图片的大小参数

 专家指点

在其他软件中选择相应图片，按【Ctrl＋C】组合键复制，然后切换至 Excel 工作簿中，按【Ctrl＋V】组合键粘贴，即可快速插入图片。

步骤⑤ 按【Enter】键确认，即可调整图片大小，效果如图 8-48 所示。

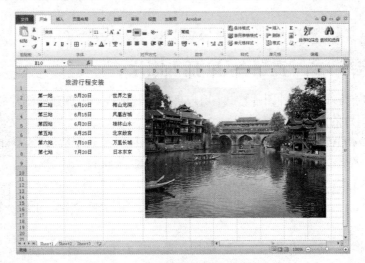

图 8-48 插入并调整图片大小后的效果

8.3.3 【演练 116 + 视频 】：插入剪贴画

在 Excel 2010 中，还提供了一个剪辑库，其中包含许多图片，用户也可以将这些图片插入到工作表中。

素材文件	·无	效果文件	·\效果\第 8 章\8-51.xlsx
视频文件	·\视频\第 8 章\插入剪贴画.swf	视频时长	54 秒

【演练 116】插入剪贴画的具体操作步骤如下：

步骤① 单击"文件"菜单，在弹出的面板中单击"新建"命令，新建一个 Excel 工作簿，切换至"插入"面板，在"插图"选项板中单击"剪贴画"按钮，如图 8-49 所示。

步骤② 打开"剪贴画"任务窗格，单击"搜索文字"右侧的"搜索"按钮，在下拉列表框中将显示搜索到的剪贴画，如图 8-50 所示。

图 8-49 单击"剪贴画"按钮

图 8-50 显示搜索到的剪贴画

步骤③ 在下拉列表框中选择相应的剪贴画，即可将其插入到 Excel 工作簿中，效果如图 8-51 所示。

图 8-51 插入到 Excel 工作簿中

专家指点

在"剪贴画"任务窗格中，用户还可以根据需要搜索照片、视频和声音。

8.3.4 【演练 117 + 视频 📹】：插入艺术字

为了美化工作簿，用户除了可以对工作表中的文本设置多种字体外，还可以使用艺术字。

素材文件	·无	效果文件	·\效果\第 8 章\8-54.xlsx
视频文件	·\视频\第 8 章\插入艺术字.swf	视频时长	67 秒

【演练 117】插入艺术字的具体操作步骤如下：

步骤① 单击"文件"菜单，在弹出的面板中单击"新建"命令，新建一个 Excel 工作簿，切换至"插入"面板，在"文本"选项板中单击"艺术字"按钮 ▲，在弹出的列表框中选择相应的艺术字样式，如图 8-52 所示。

步骤② 此时在工作表中将显示"请在此放置您的文字"字样，如图 8-53 所示。

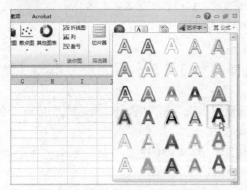

图 8-52 选择相应的艺术字样式

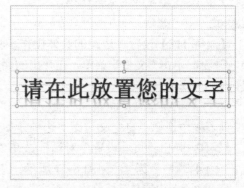

图 8-53 显示"请在此放置您的文字"字样

步骤③ 选择相应字样，按【Delete】键将其删除，然后输入用户需要的文字，在工作表中的其他空白位置上单击鼠标左键，完成艺术字的输入操作，效果如图 8-54 所示。

图 8-54　完成艺术字的输入

> 艺术字是一种使用 Excel 预设效果创建的特殊文本对象，可以应用丰富的特殊效果，用户也可以对艺术字进行伸长、倾斜、弯曲和旋转等操作。

8.4　工作簿页面设置

在打印工作表之前，用户可根据需要对工作表进行相应的设置，如设置页边距、页面大小、页面方向以及页眉页脚等。

8.4.1　【演练 118＋视频▄▄】：设置页边距

设置页边距包括调整上、下、左、右边距，以及页眉和页脚页边界的距离，使用这种方法设置页边距十分精确。

素材文件	·\素材\第 8 章\8-55.xlsx	效果文件	·\效果\第 8 章\8-58.xlsx
视频文件	·\视频\第 8 章\设置页边距.swf	视频时长	46 秒

【演练 118】设置页边距的具体操作步骤如下：

步骤① 单击"文件"菜单，在弹出的面板中单击"打开"命令，打开一个 Excel 工作簿，如图 8-55 所示。

步骤② 切换至"页面布局"面板，在"页面设置"选项板中单击"页边距"按钮，在弹出的列表框中选择"自定义边距"选项，如图 8-56 所示。

步骤③ 弹出"页面设置"对话框，在"页边距"选项卡中设置"上"为 4、"下"为 4、"左"为 4、"右"为 4，如图 8-57 所示。

步骤④ 设置完成后，单击"确定"按钮，即可设置页边距，效果如图 8-58 所示。

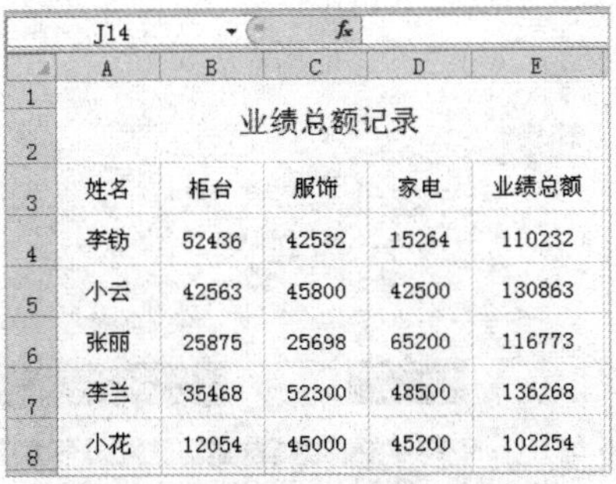

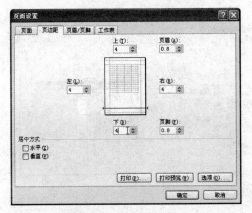

图 8-55　打开一个 Excel 工作簿

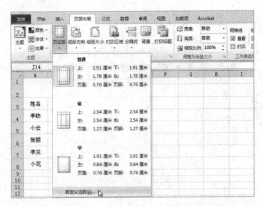

图 8-56　选择"自定义边距"选项

图 8-57　设置页边距参数

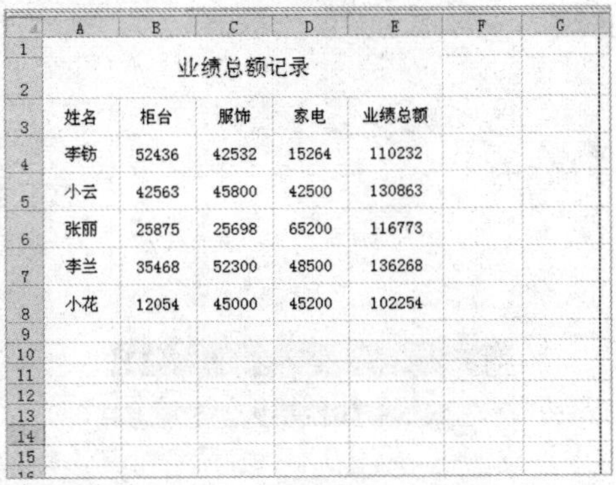

图 8-58　设置页边距的效果

　专家指点

　　在"页面设置"对话框中设置页边距时，页眉和页脚页边界的距离必须小于上、下页边距。

8.4.2　【演练 119＋视频---】：设置页面方向

　　页面的打印方向有两种，即纵向和横向，在"页面设置"对话框中选中"纵向"或"横向"单选按钮，即可设置打印的方向。

素材文件	·\素材\第 8 章\8-59.xlsx	效果文件	·\效果\第 8 章\8-62.xlsx
视频文件	·\视频\第 8 章\设置页面方向.swf	视频时长	38 秒

　　【演练 119】设置页面方向的具体操作步骤如下：

　　步骤① 单击"文件"菜单，在弹出的面板中单击"打开"命令，打开一个 Excel 工作簿，如图 8-59 所示。

　　步骤② 切换至"页面布局"面板，在"页面设置"选项板中单击"纸张方向"按钮，在弹出的列表框中选择"横向"选项，如图 8-60 所示。

　　步骤③ 执行上述操作后，单击自定义快速访问工具栏上的"打印预览"按钮，如图 8-61 所示。

　　步骤④ 进入打印预览窗口，在其中可以查看横向页面效果，如图 8-62 所示。

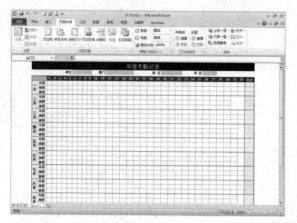

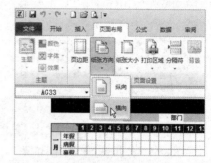

图 8-59　打开一个 Excel 工作簿　　　　　图 8-60　在列表框中选择"横向"选项

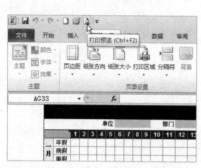

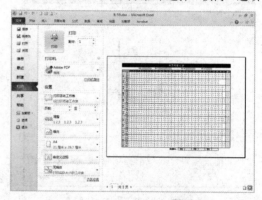

图 8-61　单击"打印预览"按钮　　　　　图 8-62　查看横向页面效果

 专家指点

　　设置页面方向时，如果文件的行较多而列较少时，则可以使用纵向打印；如果文件的列较多而行较少时，则可以使用横向打印。

8.4.3　【演练 120 + 视频 】：设置页眉页脚

　　插入页眉和页脚时，既可以插入 Excle 默认的页眉和页脚，也可以自定义页眉和页脚。

素材文件	·\素材\第 8 章\8-63.xlsx	效果文件	·\效果\第 8 章\8-67.xlsx
视频文件	·\视频\第 8 章\设置页眉页脚.swf	视频时长	52 秒

　　【演练 120】设置页眉页脚的具体操作步骤如下：

　　步骤① 单击"文件"菜单，在弹出的面板中单击"打开"命令，打开一个 Excel 工作簿，如图 8-63 所示。

　　步骤② 切换至"页面布局"面板，在"页面设置"选项板中单击面板右侧的"页面设置"按钮，如图 8-64 所示。

　　步骤③ 弹出"页面设置"对话框，切换至"页眉/页脚"选项卡，单击"页眉"右侧的下拉按钮，在弹出的下拉列表框中选择相应的页眉样式，如图 8-65 所示。

　　步骤④ 单击"页脚"右侧的下拉按钮，在弹出的下拉列表框中选择相应的页脚样式，如

图 8-66 所示。

图 8-63　打开一个 Excel 工作簿

图 8-64　单击"页面设置"按钮

图 8-65　选择相应的页眉样式

图 8-66　选择相应的页脚样式

 专家指点

如果用户需要在工作表中设置不同的页眉和页脚，可以在"页面设置"对话框中选中"首页不同"复选框。

步骤⑤ 设置完成后，单击"打印预览"按钮，即可在打印预览中查看添加的页眉页脚，效果如图 8-67 所示。

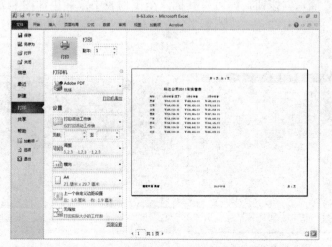

图 8-67　在打印预览中查看添加的页眉页脚

专家指点

默认情况下，同一工作簿中所有页面的页眉和页脚都是相同的。在页眉和页脚中，用户可根据需要插入文字、日期、时间和页码等信息。

8.4.4 【演练 121 + 视频□□】：设置页面背景

在工作表中，设置页面背景不仅可以突出重点内容，还可以达到美化工作表的效果。

素材文件	·\素材\第 8 章\8-68.xlsx、8-70.jpg	效果文件	·\效果\第 8 章\8-71.xlsx
视频文件	·\视频\第 8 章\设置页面背景.swf	视频时长	34 秒

【演练 121】设置页面背景的具体操作步骤如下：

步骤① 单击"文件"菜单，在弹出的面板中单击"打开"命令，打开一个 Excel 工作簿，如图 8-68 所示。

步骤② 切换至"页面布局"面板，在"页面设置"选项板中单击"背景"按钮，如图 8-69 所示。

图 8-68 打开一个 Excel 工作簿

图 8-69 在选项板中单击"背景"按钮

步骤③ 弹出"工作表背景"对话框，在其中选择需要设置为背景的图片素材，如图 8-70 所示。

步骤④ 单击"插入"按钮，即可将其插入至工作表中，效果如图 8-71 所示。

图 8-70 选择需要设置为背景的图片素材

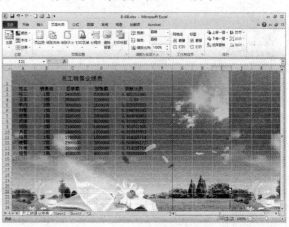

图 8-71 将图片插入工作表

第9章 Excel 公式函数应用

在 Excel 2010 中，分析和处理 Excel 工作表中的数据离不开公式和函数。公式是函数的基础，它是单元格中的一系列值、单元格引用、名称或运算符的组合。本章主要介绍 Excel 2010 中公式和函数的应用方法。

9.1 公式的基本操作

在工作表中输入数据后，可以通过 Excel 2010 中的公式对这些数据进行自动、精确且高速的运算处理。学习运用公式时，首先要掌握公式的基本操作，包括输入、修改、复制以及删除等操作。

9.1.1 【演练122 + 视频■■】：输入公式

在 Excel 2010 中，输入公式的方法与输入文本的方法类似，选择需要输入公式的单元格，在编辑栏中输入"="号，然后输入公式内容即可。

素材文件	•\素材\第 9 章\9-1.xlsx	效果文件	•\效果\第 9 章\9-4.xlsx
视频文件	•\视频\第 9 章\输入公式.swf	视频时长	36 秒

【演练122】输入公式的具体操作步骤如下：

步骤① 单击"文件"菜单，在弹出的面板中单击"打开"命令，打开一个 Excel 工作簿，如图 9-1 所示。

步骤② 在工作表中选择需要输入公式的单元格，如图 9-2 所示。

图 9-1 打开一个 Excel 工作簿   图 9-2 选择需要设置的单元格

 专家指点

如果在公式中同时使用了多个运算符，用户应该了解运算符的运算优先级。其中，算术运算符的优先级是先乘幂运算，再乘、除运算，最后加、减运算。

步骤③ 在编辑栏中输入公式"＝B4＋C4＋D4"，如图 9-3 所示。

步骤④ 按【Enter】键确认，即可在 E4 单元格中显示公式计算结果，如图 9-4 所示。

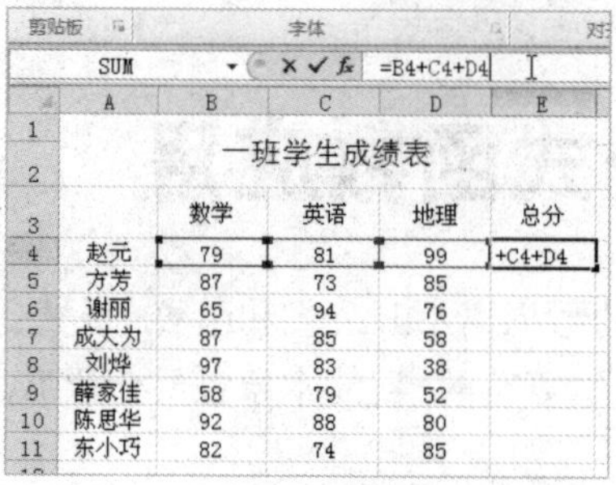

图 9-3　输入公式"＝B4＋C4＋D4" 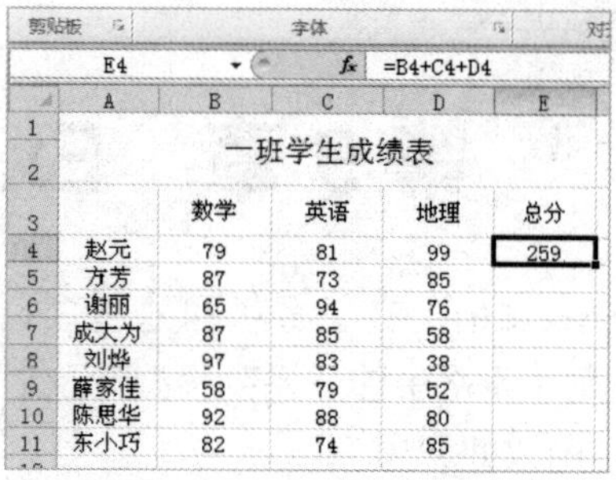　　　　　图 9-4　显示公式计算结果

专家指点

在输入公式过程中，直接用鼠标单击参数所在单元格，编辑栏中即可直接显示相应参数。大家可利用此方式快速输入复杂参数。

9.1.2 【演练 123＋视频 】：复制公式

通过复制公式操作，可以快速地在其他单元格中输入公式。复制公式的方法与复制数据的方法相似，但在 Excel 2010 中复制公式往往与公式的相对引用结合使用，以提高输入公式的效率。

素材文件	·无	效果文件	·\效果\第 9 章\9-7.xlsx
视频文件	·\视频\第 9 章\复制公式.swf	视频时长	26 秒

【演练 123】复制公式的具体操作步骤如下：

步骤① 打开上一例效果文件，选择 E4 单元格，将鼠标指针移至 E4 单元格的右下方，如图 9-5 所示。

步骤② 单击鼠标左键并向下拖曳，至 E11 单元格中，此时所复制的单元格线条呈虚线显示，如图 9-6 所示。

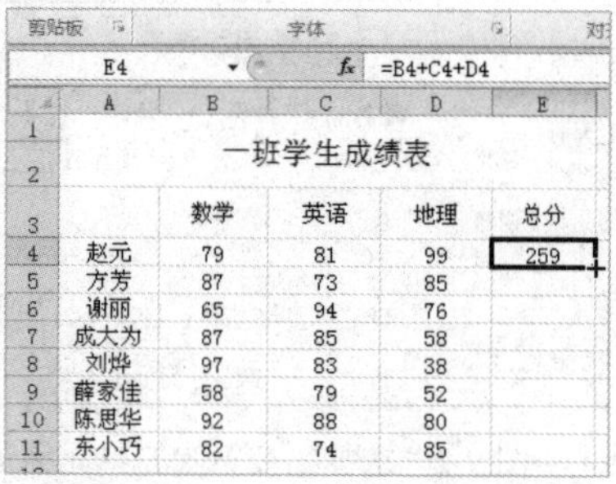

图 9-5　移至 E4 单元格的右下方 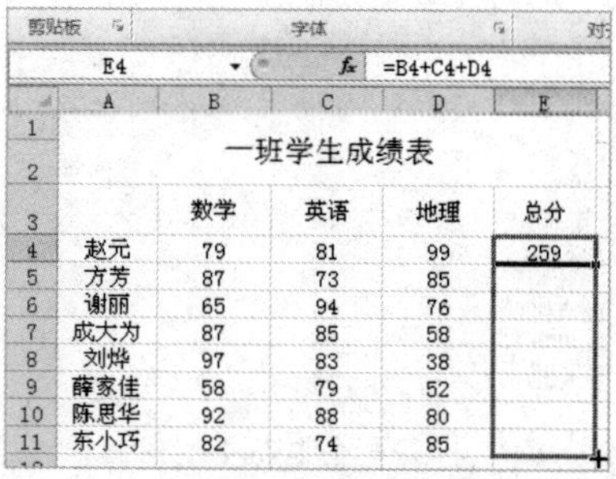　　　　　图 9-6　所复制的单元格线条呈虚线显示

专家指点

在 Excel 2010 中，如果用户不希望其他用户查看输入的公式，只需选择公式所在单元格，将光标定位于编辑栏中，按【F9】键即可。

步骤③ 释放鼠标左键，即可复制公式，效果如图 9-7 所示。

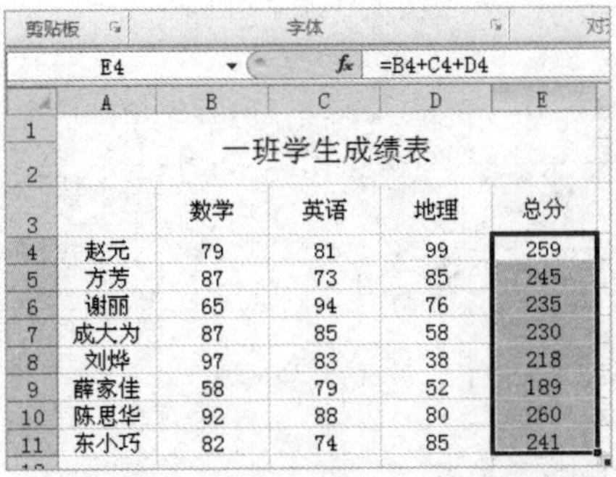

	一班学生成绩表			
	数学	英语	地理	总分
赵元	79	81	99	259
方芳	87	73	85	245
谢丽	65	94	76	235
成大为	87	85	58	230
刘烨	97	83	38	218
薛家佳	58	79	52	189
陈思华	92	88	80	260
东小巧	82	74	85	241

图 9-7　复制公式后的效果

专家指点

确认输入的公式后，按【Ctrl+Z】组合键，或单击快速访问工具栏中的“撤销清除”按钮，都可以撤销单元格中输入的公式。

9.1.3　【演练 124+视频】：修改公式

在 Excel 2010 中，当调整单元格或输入错误的公式后，可以对相应的公式进行调整与修改。选择需要修改公式的单元格，然后在编辑栏中使用修改文本的方法对公式进行修改即可。

素材文件	• \素材\第 9 章\9-8.xlsx	效果文件	• \效果\第 9 章\9-11.xlsx
视频文件	• \视频\第 9 章\修改公式.swf	视频时长	42 秒

【演练 124】修改公式的具体操作步骤如下：

步骤① 单击“文件”菜单，在弹出的面板中单击“打开”命令，打开一个 Excel 工作簿，如图 9-8 所示。

步骤② 在工作表中选择需要修改公式的单元格，如图 9-9 所示。

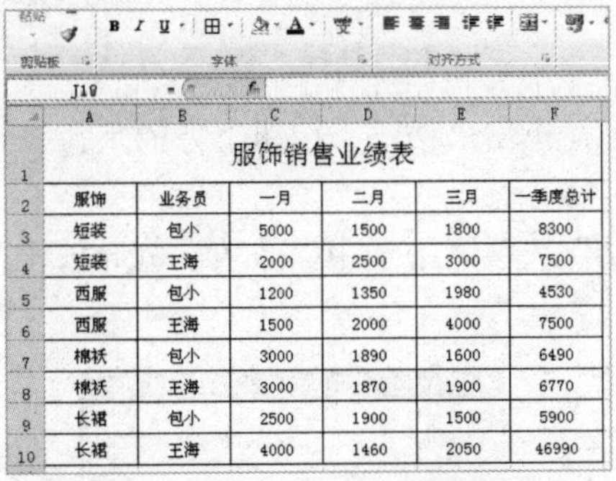

服饰销售业绩表					
服饰	业务员	一月	二月	三月	一季度总计
短装	包小	5000	1500	1800	8300
短装	王海	2000	2500	3000	7500
西服	包小	1200	1350	1980	4530
西服	王海	1500	2000	4000	7500
棉袄	包小	3000	1890	1600	6490
棉袄	王海	3000	1870	1900	6770
长裙	包小	2500	1900	1500	5900
长裙	王海	4000	1460	2050	46990

图 9-8　打开一个 Excel 工作簿

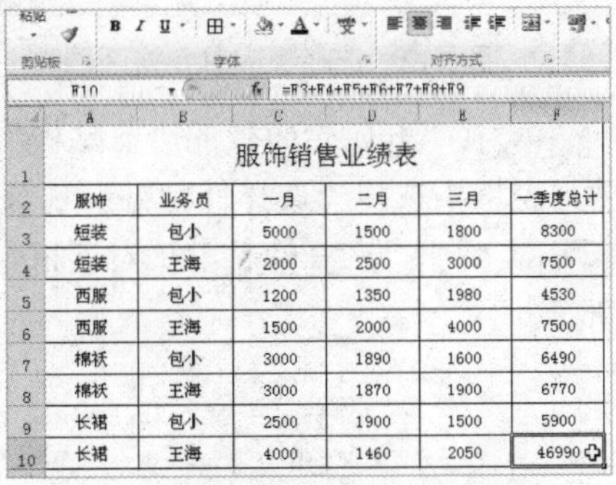

服饰销售业绩表					
服饰	业务员	一月	二月	三月	一季度总计
短装	包小	5000	1500	1800	8300
短装	王海	2000	2500	3000	7500
西服	包小	1200	1350	1980	4530
西服	王海	1500	2000	4000	7500
棉袄	包小	3000	1890	1600	6490
棉袄	王海	3000	1870	1900	6770
长裙	包小	2500	1900	1500	5900
长裙	王海	4000	1460	2050	46990

图 9-9　选择需要修改公式的单元格

步骤③ 在编辑栏中输入需要修改数据的单元格位置，如图 9-10 所示。

步骤④ 按【Enter】键确认，即可重新计算数据结果，效果如图 9-11 所示。

专家指点

输入公式后按【Enter】键确认，在显示计算结果的同时还可以激活下一个单元格。

图 9-10 输入需要修改数据的单元格位置

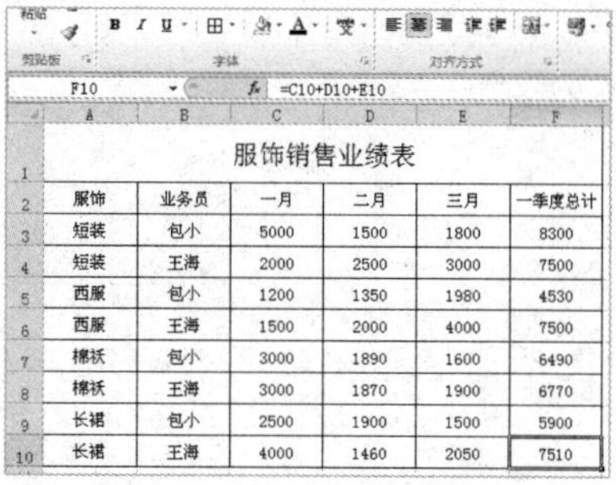

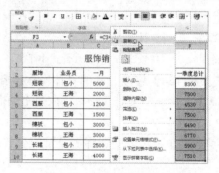

图 9-11 重新计算数据结果

9.1.4 【演练 125 + 视频 ■■】：删除公式

在 Excel 2010 中使用公式计算出结果后，可删除该单元格中的公式，并保留计算结果。

素材文件	·无	效果文件	·\效果\第 9 章\9-16.xlsx
视频文件	·\视频\第 9 章\删除公式.swf	视频时长	44 秒

【演练 125】删除公式的具体操作步骤如下：

步骤① 打开上一例效果文件，选择需要删除公式的单元格区域，如图 9-12 所示。

步骤② 单击鼠标右键，在弹出的快捷菜单中选择"复制"选项，如图 9-13 所示。

图 9-12 选择相应单元格区域

图 9-13 选择"复制"选项

步骤③ 在"开始"面板的"剪贴板"选项板中，单击"粘贴"按钮下方的下拉按钮，在弹出的列表框中选择"选择性粘贴"选项，如图 9-14 所示。

步骤④ 弹出"选择性粘贴"对话框，在"粘贴"选项区中选中"数值"单选按钮，如图 9-15 所示。

图 9-14 选择"选择性粘贴"选项

图 9-15 选中"数值"单选按钮

步骤⑤ 单击"确定"按钮，即可删除公式并保留数值，效果如图 9-16 所示。

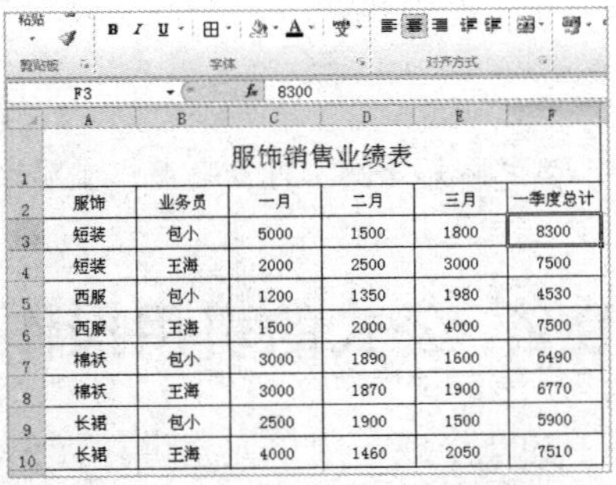

图 9-16　查看删除公式的效果

9.1.5　【演练 126 + 视频 】：显示公式

在 Excel 2010 中，用户可根据需要显示单元格中数据的计算公式。

素材文件	·\素材\第 9 章\9-17.xlsx	效果文件	·\效果\第 9 章\9-19.xlsx
视频文件	·\视频\第 9 章\显示公式.swf	视频时长	27 秒

【演练 126】显示公式的具体操作步骤如下：

步骤① 单击"文件"菜单，在弹出的面板中单击"打开"命令，打开一个 Excel 工作簿，如图 9-17 所示。

步骤② 切换至"公式"面板，在"公式审核"选项板中单击"显示公式"按钮，如图 9-18 所示。

图 9-17　打开一个 Excel 工作簿

图 9-18　单击"显示公式"按钮

步骤③ 执行上述操作后，即可在单元格中显示数据计算公式，效果如图 9-19 所示。

图 9-19　在单元格中显示数据计算公式

专家指点

在显示计算结果的单元格中按【Ctrl+'】组合键，可显示计算公式及相关单元格内容。

9.2 公式的引用操作

公式的引用就是对工作表中的一个或一组单元格进行标识，让 Excel 公式使用那些单元格的值。在 Excel 2010 中，根据需要可以采用相对引用、绝对引用、混合引用和三维引用 4 种方法来标识。

9.2.1 【演练 127 + 视频 ▶▶】：相对引用

在 Excel 2010 中，单元格相对引用是指用单元格所在的列标和行号作为引用。例如，C5 引用了第 C 列与第 5 行交叉处的单元格。

素材文件	·\素材\第 9 章\9-20.xlsx	效果文件	·\效果\第 9 章\9-24.xlsx
视频文件	·\视频\第 9 章\相对引用.swf	视频时长	46 秒

【演练 127】相对引用的具体操作步骤如下：

步骤① 单击"文件"菜单，在弹出的面板中单击"打开"命令，打开一个 Excel 工作簿，如图 9-20 所示。

步骤② 在工作表中选择 F4 单元格，如图 9-21 所示。

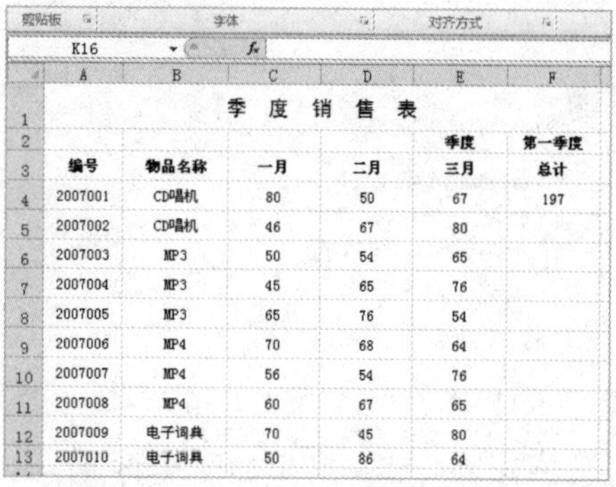

图 9-20 打开一个 Excel 工作簿

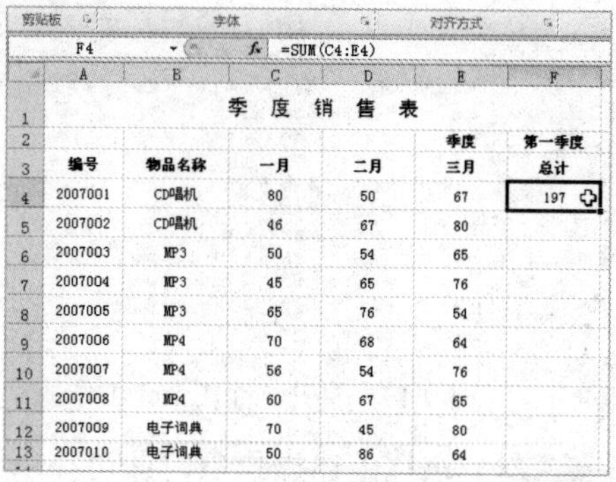

图 9-21 在工作表中选择 F4 单元格

步骤③ 在"开始"面板的"剪贴板"选项板中，单击"复制"按钮，如图 9-22 所示。

步骤④ 在工作表中选择 F5 单元格，在"开始"面板的"剪贴板"选项板中单击"粘贴"按钮，如图 9-23 所示。

专家指点

使用相对引用复制公式时，在相应单元格中只显示公式结果。

步骤⑤ 执行上述操作后，即可将公式粘贴过来，并且公式中的相对引用也从 C4:E4 变为 C5:E5，如图 9-24 所示。

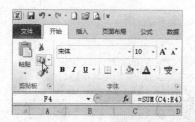

图 9-22　单击“复制”按钮

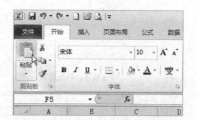

图 9-23　单击“粘贴”按钮

	A	B	C	D	E	F
1	季　度　销　售　表					
2					季度	第一季度
3	编号	物品名称	一月	二月	三月	总计
4	2007001	CD唱机	80	50	67	197
5	2007002	CD唱机	46	67	80	193
6	2007003	MP3	50	54	65	
7	2007004	MP3	45	65	76	
8	2007005	MP3	65	76	54	
9	2007006	MP4	70	68	64	
10	2007007	MP4	56	54	76	
11	2007008	MP4	60	67	65	
12	2007009	电子词典	70	45	80	
13	2007010	电子词典	50	86	64	

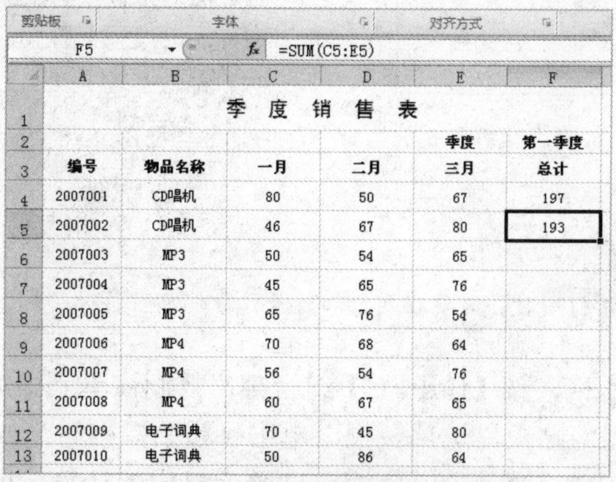

图 9-24　相对引用公式

9.2.2 【演练 128＋视频】：绝对引用

与相对引用相对的是绝对引用，绝对引用就是公式中引用的是单元格的绝对地址，与包含公式的单元格的位置无关。它在列标和行号前分别加上美元符号“$”，如$C$2 表示单元格 C2 的绝对引用，而$C$2:$D$4 表示单元格区域 C2:D4 的绝对引用。

素材文件	• \素材\第 9 章\9-25.xlsx	效果文件	• \效果\第 9 章\9-30.xlsx
视频文件	• \视频\第 9 章\绝对引用.swf	视频时长	91 秒

【演练 128】绝对引用的具体操作步骤如下：

步骤① 单击“文件”菜单，在弹出的面板中单击“打开”命令，打开一个 Excel 工作簿，如图 9-25 所示。

步骤② 在工作表中选择需要输入公式的单元格，如图 9-26 所示。

	A	B	C	D	E	F	G
1	学生成绩分析统计表						
2	科目 姓名	英语	化学	数学	物理	德育成绩	合计
3	陈强	10	88	50	69	55	
4	陈小珊	80	100	85	95	100	
5	胡小兰	70	68	20	80	55	
6	李小东	100	88	98	90	69	
7	李智超	80	95	90	90	96	
8	秦冬梅	97	94	99	99	20	
9	张小华	95	100	90	100	100	
10	赵亮	34	60	80	44	65	
11	周大洁	90	60	75	50	60	

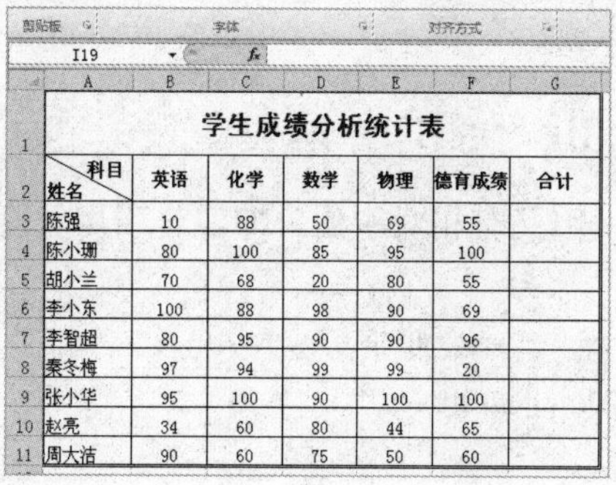

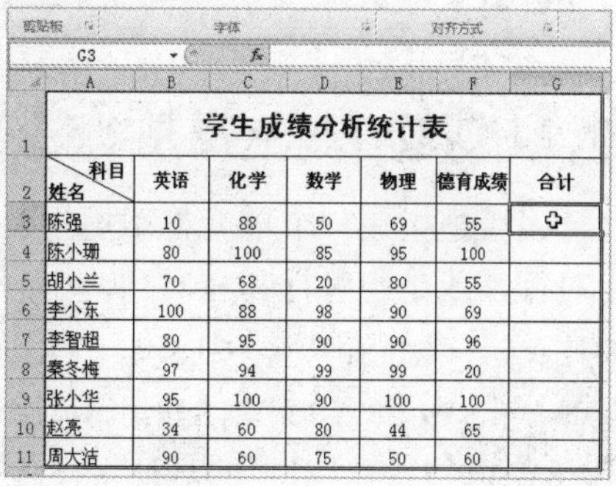

图 9-25　打开一个 Excel 工作簿

	A	B	C	D	E	F	G
1	学生成绩分析统计表						
2	科目 姓名	英语	化学	数学	物理	德育成绩	合计
3	陈强	10	88	50	69	55	
4	陈小珊	80	100	85	95	100	
5	胡小兰	70	68	20	80	55	
6	李小东	100	88	98	90	69	
7	李智超	80	95	90	90	96	
8	秦冬梅	97	94	99	99	20	
9	张小华	95	100	90	100	100	
10	赵亮	34	60	80	44	65	
11	周大洁	90	60	75	50	60	

图 9-26　选择需要输入公式的单元格

步骤③ 在编辑栏中输入绝对引用计算公式，如图 9-27 所示。

按【Enter】键确认，即可显示计算结果，如图 9-28 所示。

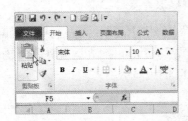

图 9-27　输入绝对引用计算公式

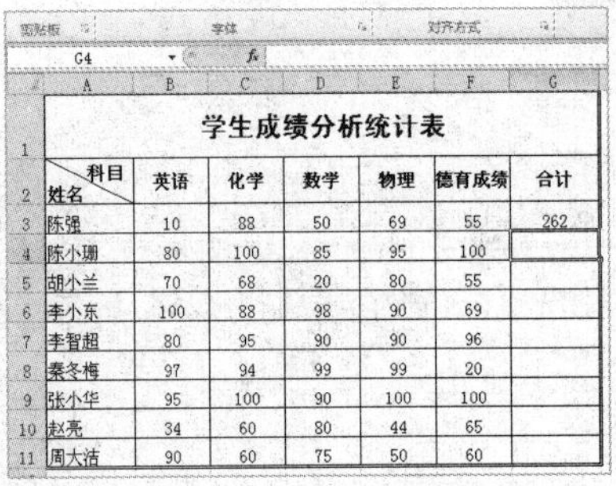

图 9-28　显示计算结果

专家指点

> 对公式进行绝对引用时，需要在列标和行号前分别加上符号"$"。

步骤⑤　选择 G3 单元格，按【Ctrl＋C】组合键，复制该单元格中的数据，选择 G4 单元格，在"开始"面板的"剪贴板"选项板中，单击"粘贴"按钮，如图 9-29 所示。

步骤⑥　执行上述操作后，即可绝对引用 G3 单元格中的计算结果，效果如图 9-30 所示。

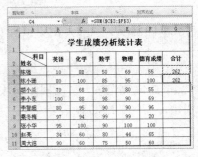

图 9-29　单击"粘贴"按钮

图 9-30　绝对引用 G3 单元格中的计算结果

专家指点

> 绝对引用工作表中的列时，采用$A1 和$B1 形式；绝对引用工作表中的行时，采用 A$1 和 B$1 形式。

9.2.3　【演练 129＋视频】：混合引用

混合引用是指在一个单元格引用中，既有绝对引用又有相对引用，即混合引用具有绝对列和相对行，或是绝对行和相对列。

素材文件	·\素材\第 9 章\9-31.xlsx	效果文件	·\效果\第 9 章\9-36.xlsx
视频文件	·\视频\第 9 章\混合引用.swf	视频时长	70 秒

【演练 129】绝对引用的具体操作步骤如下：

 单击"文件"菜单，在弹出的面板中单击"打开"命令，打开一个 Excel 工作簿，如图 9-31 所示。

步骤② 在工作表中选择需要输入公式的单元格，如图 9-32 所示。

图 9-31　打开一个 Excel 工作簿 　　　　图 9-32　选择需要输入公式的单元格

步骤③ 在编辑栏中输入混合引用计算公式，如图 9-33 所示。

步骤④ 按【Enter】键确认，即可显示计算结果，如图 9-34 所示。

图 9-33　输入混合引用计算公式 　　　　图 9-34　显示计算结果

 专家指点

　　在 Excel 2010 中，如果多行或多列地复制公式，相对引用将随目标复制的位置自动调整，而绝对引用不随目标复制的位置进行调整。

　　步骤⑤ 选择 B8 单元格，在"开始"面板的"剪贴板"选项板中单击"复制"按钮（如图 9-35 所示），复制该单元格中的数据公式。

　　步骤⑥ 选择 C8 单元格，按【Ctrl＋V】组合键粘贴数据公式，即可混合引用 B8 单元格中的计算结果，效果如图 9-36 所示。

图 9-35　在选项板中单击"复制"按钮 　　　　图 9-36　混合引用计算结果

9.2.4　【演练 130＋视频】：三维引用

　　三维引用就是对两个或多个工作表上单元格或单元格区域的引用，也可以是引用一个工作簿中不同工作表的单元格地址。运用三维引用，可以一次性将一个工作簿中指定的工作表

的特定单元格进行汇总。

素材文件	• \素材\第 9 章\9-37.xlsx	效果文件	• \效果\第 9 章\9-43.xlsx
视频文件	• \视频\第 9 章\三维引用.swf	视频时长	87 秒

【演练 130】三维引用的具体操作步骤如下：

步骤① 单击“文件”菜单，在弹出的面板中单击“打开”命令，打开一个 Excel 工作簿，如图 9-37 所示。

步骤② 在工作表中选择需要输入公式的单元格，如图 9-38 所示。

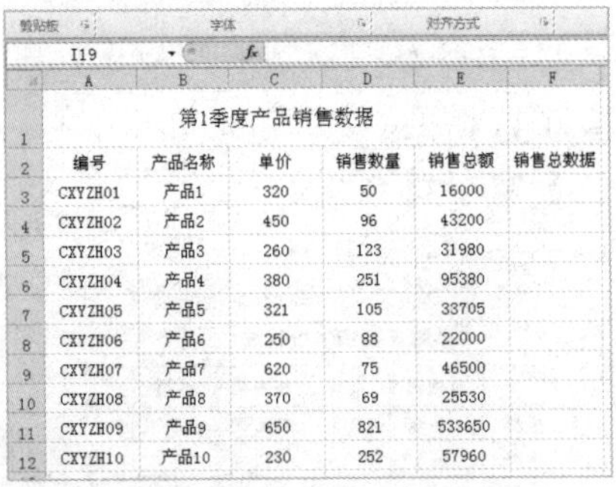

第1季度产品销售数据

编号	产品名称	单价	销售数量	销售总额	销售总数据
CXYZH01	产品1	320	50	16000	
CXYZH02	产品2	450	96	43200	
CXYZH03	产品3	260	123	31980	
CXYZH04	产品4	380	251	95380	
CXYZH05	产品5	321	105	33705	
CXYZH06	产品6	250	88	22000	
CXYZH07	产品7	620	75	46500	
CXYZH08	产品8	370	69	25530	
CXYZH09	产品9	650	821	533650	
CXYZH10	产品10	230	252	57960	

图 9-37　打开一个 Excel 工作簿

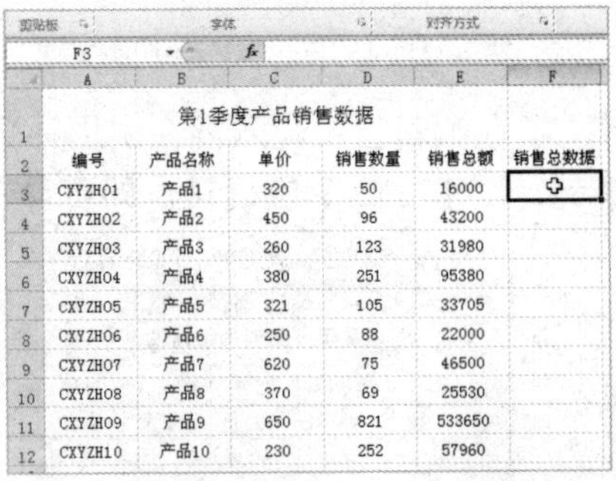

第1季度产品销售数据

编号	产品名称	单价	销售数量	销售总额	销售总数据
CXYZH01	产品1	320	50	16000	
CXYZH02	产品2	450	96	43200	
CXYZH03	产品3	260	123	31980	
CXYZH04	产品4	380	251	95380	
CXYZH05	产品5	321	105	33705	
CXYZH06	产品6	250	88	22000	
CXYZH07	产品7	620	75	46500	
CXYZH08	产品8	370	69	25530	
CXYZH09	产品9	650	821	533650	
CXYZH10	产品10	230	252	57960	

图 9-38　选择需要输入公式的单元格

步骤③ 在编辑栏中输入等号“＝”，选择 E3 单元格，再输入加号“＋”，如图 9-39 所示。

步骤④ 单击“第 2 季度”工作表标签，切换至“第 2 季度”工作表，选择 E3 单元格，此时会在公式栏中显示“＝E3＋第 2 季度!E3”字样，如图 9-40 所示。

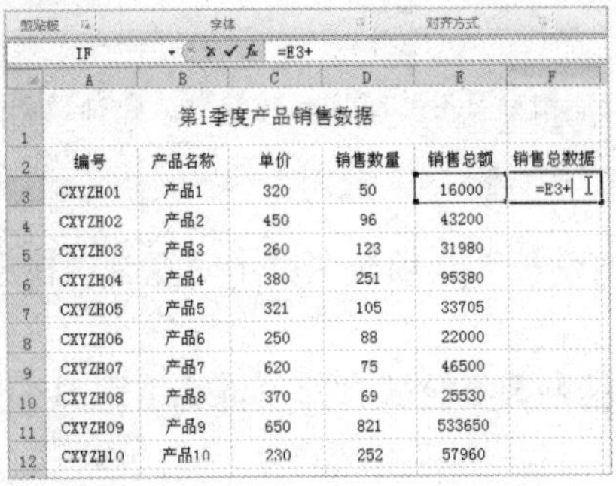

第1季度产品销售数据

编号	产品名称	单价	销售数量	销售总额	销售总数据
CXYZH01	产品1	320	50	16000	=E3+
CXYZH02	产品2	450	96	43200	
CXYZH03	产品3	260	123	31980	
CXYZH04	产品4	380	251	95380	
CXYZH05	产品5	321	105	33705	
CXYZH06	产品6	250	88	22000	
CXYZH07	产品7	620	75	46500	
CXYZH08	产品8	370	69	25530	
CXYZH09	产品9	650	821	533650	
CXYZH10	产品10	230	252	57960	

图 9-39　选择 E3 单元格再输入加号

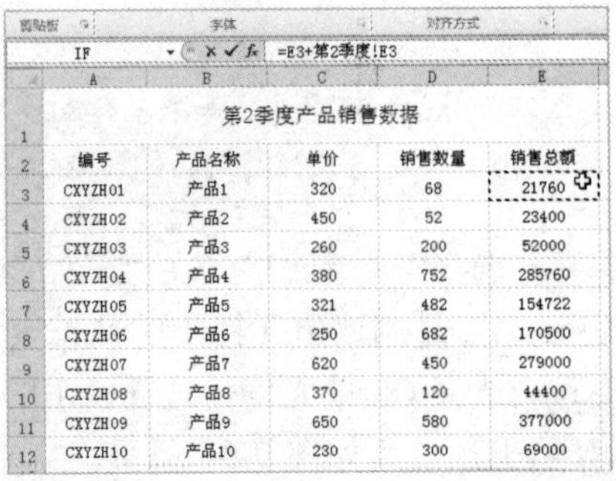

第2季度产品销售数据

编号	产品名称	单价	销售数量	销售总额
CXYZH01	产品1	320	68	21760
CXYZH02	产品2	450	52	23400
CXYZH03	产品3	260	200	52000
CXYZH04	产品4	380	752	285760
CXYZH05	产品5	321	482	154722
CXYZH06	产品6	250	682	170500
CXYZH07	产品7	620	450	279000
CXYZH08	产品8	370	120	44400
CXYZH09	产品9	650	580	377000
CXYZH10	产品10	230	300	69000

图 9-40　显示“＝E3＋第 2 季度!E3”字样

步骤⑤ 输入加号“＋”，然后切换至“第 3 季度”工作表，选择 E3 单元格，此时会在公式栏中显示“＝E3＋第 2 季度!E3＋第 3 季度!E3”字样，如图 9-41 所示。

步骤⑥ 公式输入完成后，按【Enter】键确认，返回“第 1 季度”工作表，即可三维引用单元格计算结果，效果如图 9-42 所示。

步骤⑦ 将鼠标移至 F3 单元格的右下角，单击鼠标左键并向下拖曳，至合适位置后释放鼠标左键，即可复制三维引用格式，效果如图 9-43 所示。

专家指点

在 Excel 2010 中，三维引用的一般格式为：“工作表名！单元格地址”，工作表名后的“!”是系统自动加上的。

图 9-41 显示相应公式字样    图 9-42 三维引用单元格计算结果

图 9-43 复制三维引用格式

9.3 函数的基本操作

在 Excel 2010 中，函数输入的方法有手工输入和利用向导输入两种，手工输入比较简单，但它需要记住函数的名称、参数和作用；利用向导输入过程比较复杂，但不需要去记那些函数的名称、参数和参数顺序等。本节主要介绍函数的基本操作。

9.3.1 了解函数类型

在 Excel 2010 中，内置的函数包括常用函数、日期和时间函数、数学和三角函数、统计函数、查找函数和应用函数等。下面分别介绍这些函数的语法和作用。

1. 常用函数

在 Excel 2010 中，常用函数是指经常使用的函数，如求和、计算算术平均数等。常用函数的语法及作用见表 9-1 所示。

表 9-1 常用函数的语法及作用

语 法	作 用
SUM（number1，number2……）	返回单元格区域中所有数值的和
ISPMT（Rate，per，Nper）	返回普通的利息偿还
IF（Logical_Value_if_false）	执行真假值判断，根据对指定条件进行逻辑评价的真假而返回不同的结果

续 表

语 法	作 用
AVERAGE（number1，number2……）	计算参数的算术平均数
SIN（number）	返回给定角度的正弦值
SUMIF（Range，Criteria，Sum_range）	根据指定条件对若干单元格求和

 专家指点

在 Excel 2010 中，如果用户输入的 number 参数不是数值，而是一些字符（如单元格），则函数式将返回错误值 "#VALUE!"。

2. 日期和时间函数

日期和时间函数主要用于分析和处理日期值和时间值，Excel 内置的日期和时间函数包括 DATE、DATEVALUE、DAY、HOUR、TIME、TODAY、WEEKDAY 和 YEAR 等。

3. 数学和三角函数

数学和三角函数主要用于各种数学计算，Excel 内置的数学和三角函数包括 ABS、ASIN、COMBIN、COS、LOG、ROUND、SIN、TAN、TRUNC 等。

4. 统计函数

统计函数主要用来对数据区域进行统计分析，下面以 AVERAGE 函数为例介绍统计函数的使用方法。

语法：AVERAGE（value1，value2，……）

其中 value 表示需要计算平均值的 1 到 20 个单元格、单元格区域或数值。

 专家指点

AVERAGE 函数主要用来计算参数列表中数值的算术平均值。

5. 查找和引用函数

在 Excel 2010 中，系统内置的查找与引用函数包括 ADDRESS、AREAS、CHOOSE、COLMN、COLUMNS、GETPIVOTDATA、HLOOKUP、HYPERLINK 和 INDEX 等。

9.3.2 【演练131 + 视频 ■■】：手工输入函数

在 Excel 2010 中，对于一些简单函数可以使用手工输入方式。下面向读者介绍手工输入函数的操作方法。

素材文件	• \素材\第 9 章\9-44.xlsx	效果文件	• \效果\第 9 章\9-48.xlsx
视频文件	• \视频\第 9 章\手工输入函数.swf	视频时长	53 秒

【演练131】手工输入函数的具体操作步骤如下：

步骤① 单击"文件"菜单，在弹出的面板中单击"打开"命令，打开一个 Excel 工作簿，如图 9-44 所示。

步骤② 在工作表中选择需要输入函数的单元格，然后输入等号"="，如图 9-45 所示。

学生成绩分析统计表						
姓名	英语	化学	数学	物理	德育成绩	合计
赵秀秀	10	88	50	69	55	
王辉	80	100	85	95	100	
许庆龙	70	68	20	80	55	
邓锐	100	88	98	90	69	
李元锴	80	95	90	90	96	
李渐	97	94	99	99	20	
白成飞	95	100	90	100	100	
张力	34	60	80	44	65	
平均分数						

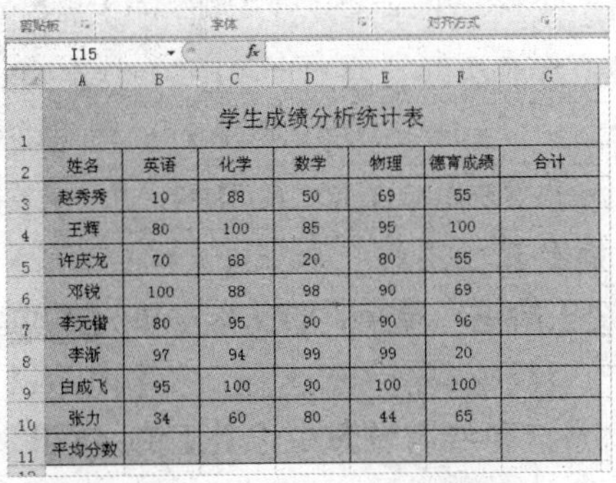

图 9-44　打开一个 Excel 工作簿

学生成绩分析统计表						
姓名	英语	化学	数学	物理	德育成绩	合计
赵秀秀	10	88	50	69	55	=
王辉	80	100	85	95	100	
许庆龙	70	68	20	80	55	
邓锐	100	88	98	90	69	
李元锴	80	95	90	90	96	
李渐	97	94	99	99	20	
白成飞	95	100	90	100	100	
张力	34	60	80	44	65	
平均分数						

图 9-45　选择需要输入函数的单元格

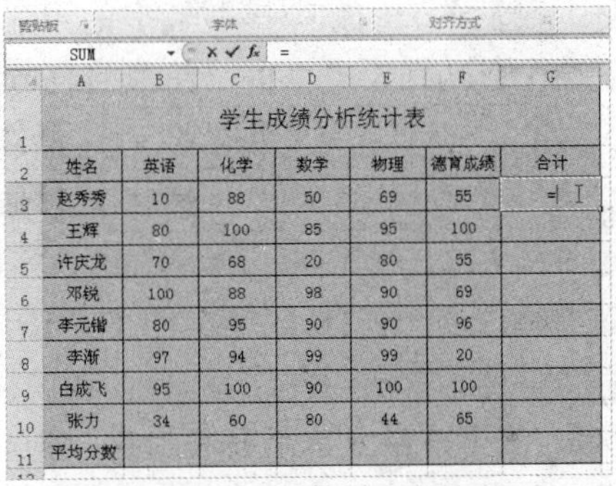

步骤③ 在编辑栏中输入函数 SUM（B3:F3），如图 9-46 所示。

步骤④ 输入完成后，按【Enter】键确认，对数值进行求和计算，效果如图 9-47 所示。

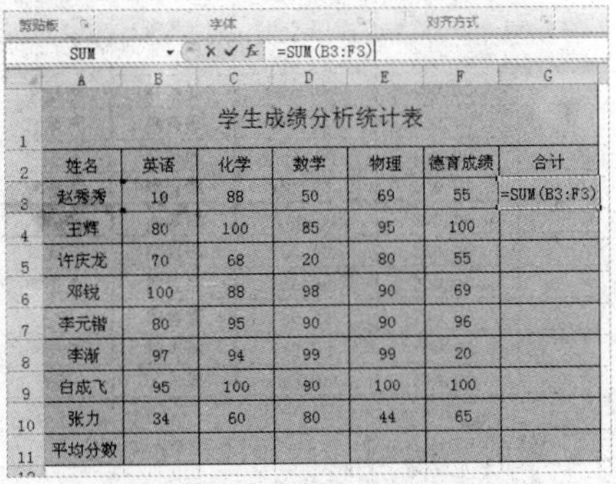

学生成绩分析统计表						
姓名	英语	化学	数学	物理	德育成绩	合计
赵秀秀	10	88	50	69	55	=SUM(B3:F3)
王辉	80	100	85	95	100	
许庆龙	70	68	20	80	55	
邓锐	100	88	98	90	69	
李元锴	80	95	90	90	96	
李渐	97	94	99	99	20	
白成飞	95	100	90	100	100	
张力	34	60	80	44	65	
平均分数						

图 9-46　输入函数 SUM（B3:F3）

学生成绩分析统计表						
姓名	英语	化学	数学	物理	德育成绩	合计
赵秀秀	10	88	50	69	55	272
王辉	80	100	85	95	100	
许庆龙	70	68	20	80	55	
邓锐	100	88	98	90	69	
李元锴	80	95	90	90	96	
李渐	97	94	99	99	20	
白成飞	95	100	90	100	100	
张力	34	60	80	44	65	
平均分数						

图 9-47　对数值进行求和计算

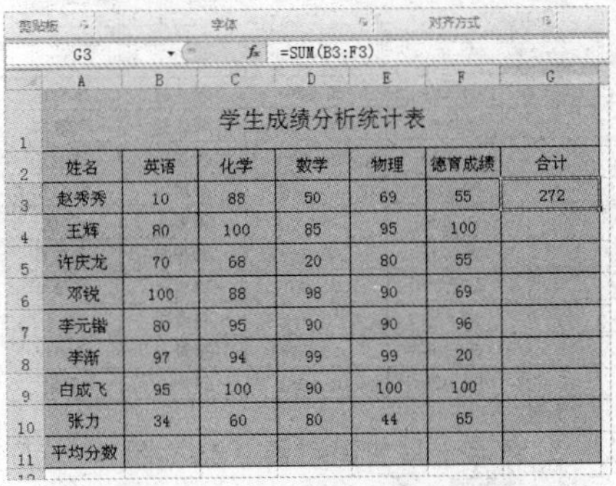

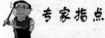

专家指点

与输入公式一样，输入函数式也是以等号"="开头，后面紧跟函数名称和左括号，然后以逗号分隔输入的参数，最后是右括号。

步骤⑤ 将鼠标移至 G3 单元格的右下角，单击鼠标左键并向下拖曳，至合适位置后释放鼠标，即可复制函数格式，效果如图 9-48 所示。

学生成绩分析统计表						
姓名	英语	化学	数学	物理	德育成绩	合计
赵秀秀	10	88	50	69	55	272
王辉	80	100	85	95	100	460
许庆龙	70	68	20	80	55	293
邓锐	100	88	98	90	69	445
李元锴	80	95	90	90	96	451
李渐	97	94	99	99	20	409
白成飞	95	100	90	100	100	485
张力	34	60	80	44	65	283
平均分数						

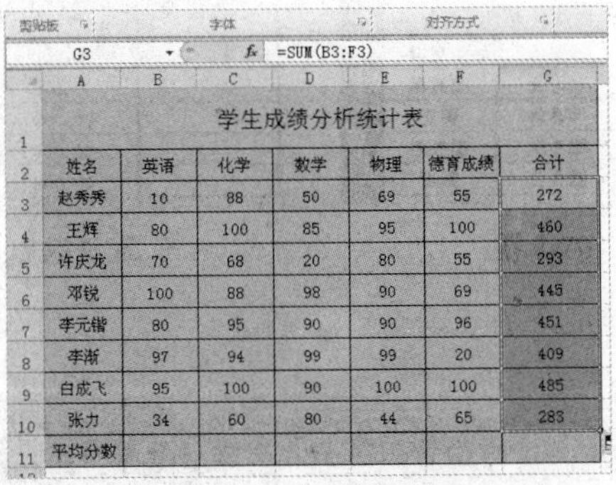

图 9-48　复制函数格式

9.3.3 【演练 132 + 视频】：利用向导输入函数

对于较复杂的函数或参数较多的函数，可以使用函数向导来输入，这些可以避免在手工输入过程中犯的错误。下面介绍利用向导输入函数的操作方法。

素材文件	·无	效果文件	·\效果\第 9 章\9-54.xlsx
视频文件	·\视频\第 9 章\向导输入函数.swf	视频时长	65 秒

【演练 132】利用向导输入函数的具体操作步骤如下：

步骤① 打开上一例效果文件，在工作表中选择需要输入函数的单元格，如图 9-49 所示。

步骤② 切换至"公式"面板，在"函数库"选项板中单击"插入函数"按钮 *fx*，如图 9-50 所示。

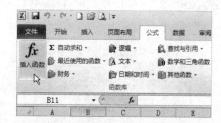

图 9-49 选择需要输入函数的单元格   图 9-50 单击"插入函数"按钮

步骤③ 弹出"插入函数"对话框，在"选择函数"下拉列表框中选择 AVERAGE 选项，如图 9-51 所示。

步骤④ 单击"确定"按钮，弹出"函数参数"对话框，在 Number1 右侧的文本框中输入单元格区域，如图 9-52 所示。

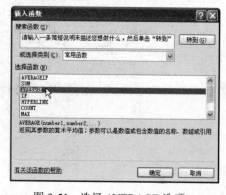

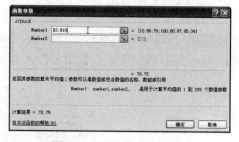

图 9-51 选择 AVERAGE 选项   图 9-52 输入单元格区域

专家指点

> 在"公式"面板的"函数库"选项板中，单击"查找与引用"按钮右侧的下拉按钮▼，在弹出的下拉列表框中选择"插入函数"选项，也可以弹出"插入函数"对话框。

步骤5 单击“确定”按钮，即可在单元格中显示计算结果，效果如图 9-53 所示。

步骤6 将鼠标移至 B11 单元格的右下角，单击鼠标左键并向右拖曳，至合适位置后释放鼠标，即可得出其他单元格中的平均值，效果如图 9-54 所示。

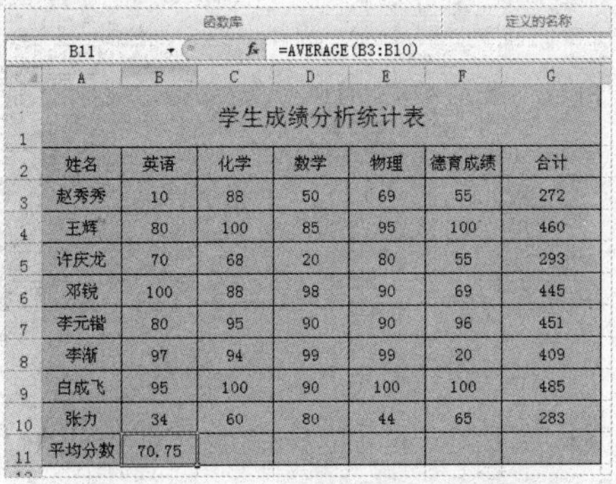

学生成绩分析统计表						
姓名	英语	化学	数学	物理	德育成绩	合计
赵秀秀	10	88	50	69	55	272
王辉	80	100	85	95	100	460
许庆龙	70	68	20	80	55	293
邓锐	100	88	98	90	69	445
李元锴	80	95	90	90	96	451
李渐	97	94	99	99	20	409
白成飞	95	100	90	100	100	485
张力	34	60	80	44	65	283
平均分数	70.75					

图 9-53　在单元格中显示计算结果

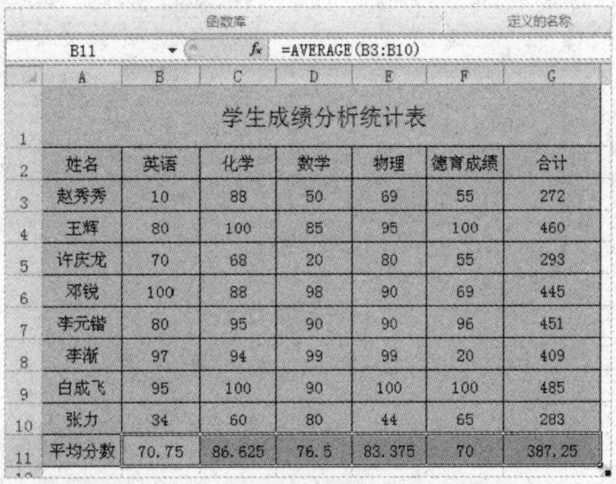

学生成绩分析统计表						
姓名	英语	化学	数学	物理	德育成绩	合计
赵秀秀	10	88	50	69	55	272
王辉	80	100	85	95	100	460
许庆龙	70	68	20	80	55	293
邓锐	100	88	98	90	69	445
李元锴	80	95	90	90	96	451
李渐	97	94	99	99	20	409
白成飞	95	100	90	100	100	485
张力	34	60	80	44	65	283
平均分数	70.75	86.625	76.5	83.375	70	387.25

图 9-54　得出其他单元格中的平均值

9.4 常用函数的使用

在 Excel 2010 中，提供了多种函数类型，利用这些函数可以处理各种复杂的运算。本节主要介绍常用函数的使用方法，包括求和函数、条件函数、相乘函数以及最大值函数。

9.4.1 【演练 133＋视频】：使用求和函数

在 Excel 2010 中，求和函数表示对选择单元格或单元格区域进行加法运算。

素材文件	•\素材\第 9 章\9-55.xlsx	效果文件	•\效果\第 9 章\9-59.xlsx
视频文件	•\视频\第 9 章\使用求和函数.swf	视频时长	57 秒

【演练 133】使用求和函数的具体操作步骤如下：

步骤1 单击“文件”菜单，在弹出的面板中单击“打开”命令，打开一个 Excel 工作簿，如图 9-55 所示。

步骤2 在工作表中选择需要使用求和函数的单元格，输入等号“＝”，如图 9-56 所示。

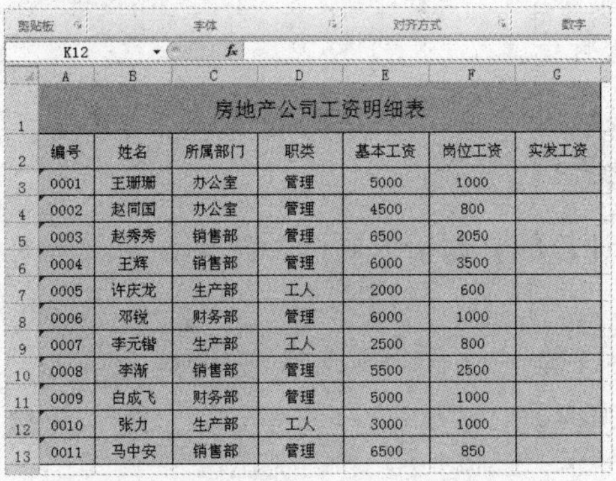

房地产公司工资明细表						
编号	姓名	所属部门	职类	基本工资	岗位工资	实发工资
0001	王珊珊	办公室	管理	5000	1000	
0002	赵同国	办公室	管理	4500	800	
0003	赵秀秀	销售部	管理	6500	2050	
0004	王辉	销售部	管理	6000	3500	
0005	许庆龙	生产部	工人	2000	600	
0006	邓锐	财务部	管理	6000	1000	
0007	李元锴	生产部	工人	2500	800	
0008	李渐	销售部	管理	5500	2500	
0009	白成飞	财务部	管理	5000	1000	
0010	张力	生产部	工人	3000	1000	
0011	马中安	销售部	管理	6500	850	

图 9-55　打开一个 Excel 工作簿

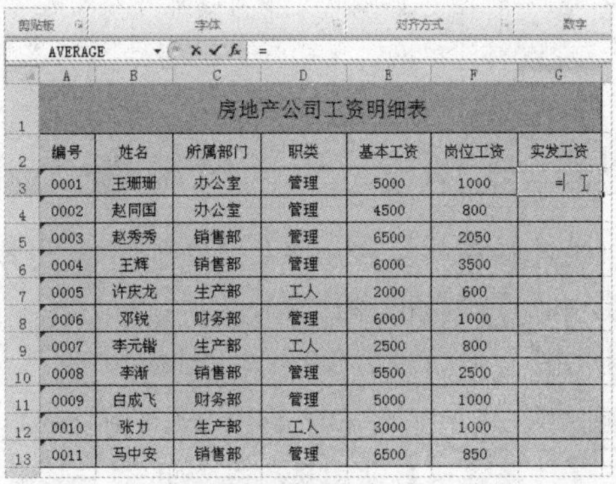

房地产公司工资明细表						
编号	姓名	所属部门	职类	基本工资	岗位工资	实发工资
0001	王珊珊	办公室	管理	5000	1000	=
0002	赵同国	办公室	管理	4500	800	
0003	赵秀秀	销售部	管理	6500	2050	
0004	王辉	销售部	管理	6000	3500	
0005	许庆龙	生产部	工人	2000	600	
0006	邓锐	财务部	管理	6000	1000	
0007	李元锴	生产部	工人	2500	800	
0008	李渐	销售部	管理	5500	2500	
0009	白成飞	财务部	管理	5000	1000	
0010	张力	生产部	工人	3000	1000	
0011	马中安	销售部	管理	6500	850	

图 9-56　输入等号“＝”

步骤3 在编辑栏中输入求和函数，如图 9-57 所示。

步骤4 按【Enter】键确认，即可显示求和结果，效果如图 9-58 所示。

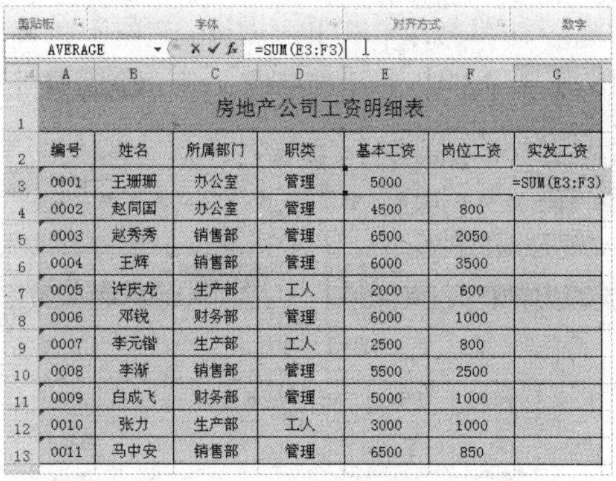

	A	B	C	D	E	F	G
1	房地产公司工资明细表						
2	编号	姓名	所属部门	职类	基本工资	岗位工资	实发工资
3	0001	王珊珊	办公室	管理	5000		=SUM(E3:F3)
4	0002	赵同国	办公室	管理	4500	800	
5	0003	赵秀秀	销售部	管理	6500	2050	
6	0004	王辉	销售部	管理	6000	3500	
7	0005	许庆龙	生产部	工人	2000	600	
8	0006	邓锐	财务部	管理	6000	1000	
9	0007	李元锴	生产部	工人	2500	800	
10	0008	李渐	销售部	管理	5500	2500	
11	0009	白成飞	财务部	管理	5000	1000	
12	0010	张力	生产部	工人	3000	1000	
13	0011	马中安	销售部	管理	6500	850	

图 9-57　输入求和函数

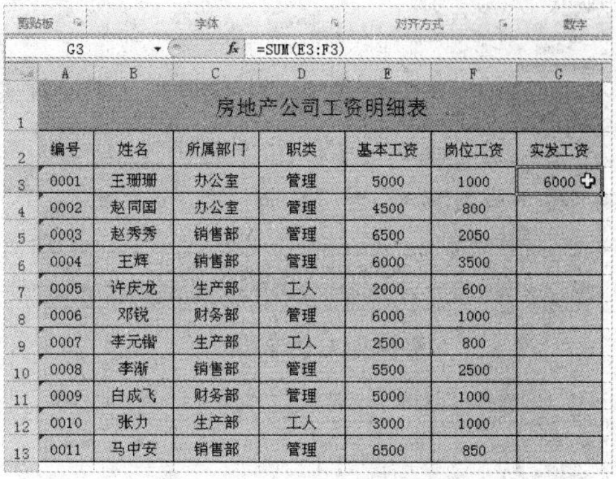

	A	B	C	D	E	F	G
1	房地产公司工资明细表						
2	编号	姓名	所属部门	职类	基本工资	岗位工资	实发工资
3	0001	王珊珊	办公室	管理	5000	1000	6000
4	0002	赵同国	办公室	管理	4500	800	
5	0003	赵秀秀	销售部	管理	6500	2050	
6	0004	王辉	销售部	管理	6000	3500	
7	0005	许庆龙	生产部	工人	2000	600	
8	0006	邓锐	财务部	管理	6000	1000	
9	0007	李元锴	生产部	工人	2500	800	
10	0008	李渐	销售部	管理	5500	2500	
11	0009	白成飞	财务部	管理	5000	1000	
12	0010	张力	生产部	工人	3000	1000	
13	0011	马中安	销售部	管理	6500	850	

图 9-58　显示求和结果

步骤⑤ 将鼠标移至 G3 单元格的右下角，单击鼠标左键并向下拖曳，至合适位置后释放鼠标左键，即可得出其他单元格中的求和结果，效果如图 9-59 所示。

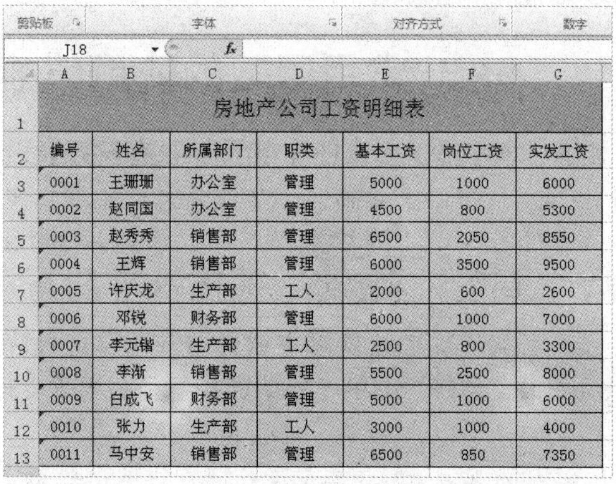

	A	B	C	D	E	F	G
1	房地产公司工资明细表						
2	编号	姓名	所属部门	职类	基本工资	岗位工资	实发工资
3	0001	王珊珊	办公室	管理	5000	1000	6000
4	0002	赵同国	办公室	管理	4500	800	5300
5	0003	赵秀秀	销售部	管理	6500	2050	8550
6	0004	王辉	销售部	管理	6000	3500	9500
7	0005	许庆龙	生产部	工人	2000	600	2600
8	0006	邓锐	财务部	管理	6000	1000	7000
9	0007	李元锴	生产部	工人	2500	800	3300
10	0008	李渐	销售部	管理	5500	2500	8000
11	0009	白成飞	财务部	管理	5000	1000	6000
12	0010	张力	生产部	工人	3000	1000	4000
13	0011	马中安	销售部	管理	6500	850	7350

图 9-59　得出其他单元格中的求和结果

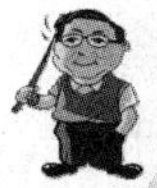

专家指点

在 Excel 2010 中，如果只在单元格中输入求和公式，用户可直接在“公式”面板的“函数库”选项板中单击“自动求和”按钮 Σ，即可快速完成函数公式的输入。

9.4.2 【演练 134＋视频】：使用条件函数

条件函数可以实现真假的判断，并根据逻辑计算的真假值返回两种结果。下面向读者介绍使用条件函数的操作方法。

素材文件	• \素材\第 9 章\9-60.xlsx	效果文件	• \效果\第 9 章\9-66.xlsx
视频文件	• \视频\第 9 章\使用条件函数.swf	视频时长	119 秒

【演练 134】使用条件函数的具体操作步骤如下：

步骤① 单击“文件”菜单，在弹出的面板中单击“打开”命令，打开一个 Excel 工作簿，如图 9-60 所示。

步骤② 在工作表中选择需要使用条件函数的单元格，如图 9-61 所示。

品牌	销售量（辆）	市场占有率	交易额	推销员	奖金
捷达	49	10.65%	17,014,964	周涛	
尼桑风度	34	2.83%	13,035,600	杨桃	
美日	38	2.08%	11,444,600	吴军仁	
宝来	52	4.91%	11,080,790	李小咏	
丰田吉普	80	2.25%	10,563,750	周涛	
帕萨特	38	3.16%	9,371,644	杨桃	
爱丽舍	59	5.09%	8,457,860	吴军仁	
夏利	92	10.48%	7,893,600	李小咏	
桑塔纳	52	4.33%	7,837,885	周涛	
神龙富康	67	5.77%	7,459,722	杨桃	
宝马	11	0.92%	7,400,250	吴军仁	
丰田佳美	18	1.50%	7,184,571	李小咏	
奇瑞	60	4.99%	6,431,100	周涛	
长安羚羊	46	3.83%	3,874,417	杨桃	
本田雅阁	21	1.16%	3,619,000	吴军仁	
现代	11	0.92%	3,301,571	李小咏	

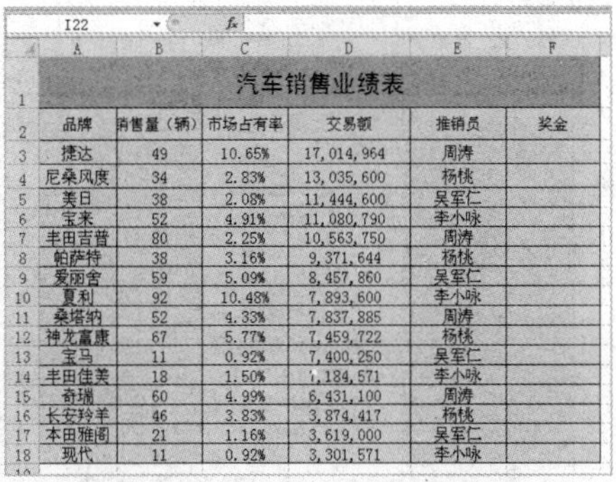

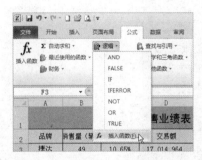

图 9-60　打开一个 Excel 工作簿

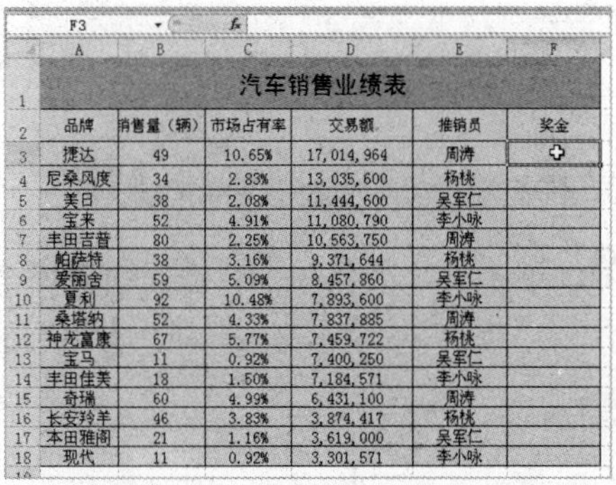

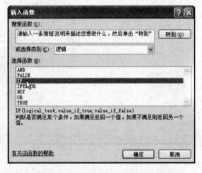

图 9-61　使用条件函数的单元格

步骤③ 切换至“公式”面板，在“函数库”选项板中单击“逻辑”按钮，在弹出的列表框中选择“插入函数”选项，如图 9-62 所示。

步骤④ 弹出“插入函数”对话框，在“选择函数”下拉列表框中选择条件函数 IF，如图 9-63 所示。

图 9-62　选择“插入函数”选项

图 9-63　选择条件函数 IF

专家指点

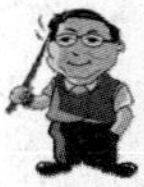

在 Excel 2010 中，可以将参数指定为数字、空白单元格、逻辑值或数字的文本表达式。如果参数为错误值或不能转换成数字的文本，将产生错误。

步骤⑤ 单击“确定”按钮，弹出“函数参数”对话框，在 IF 选项区的 logical_test 文本框中输入 B3＞50，在 value_if_true 文本框中输入“有”，在 value_if_false 文本框中输入“无”，如图 9-64 所示。

步骤⑥ 单击“确定”按钮，即可通过条件函数在 F3 单元格中显示推销员“周涛”是否获得奖金，如图 9-65 所示。

步骤⑦ 将鼠标移至 F3 单元格的右下角，单击鼠标左键并向下拖曳，至合适位置后释放鼠标，即可使用条件函数得出其他单元格中的结果，效果如图 9-66 所示。

专家指点

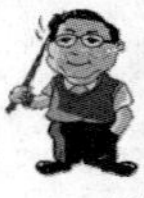

在 Excel 2010 中，如果参数为数组或引用，则只有数组或引用中的数字将被计算，数组或引用中的空白单元格、逻辑值或文本将被忽略。

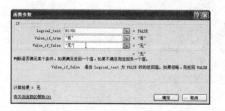

图 9-64　在对话框中输入相应参数

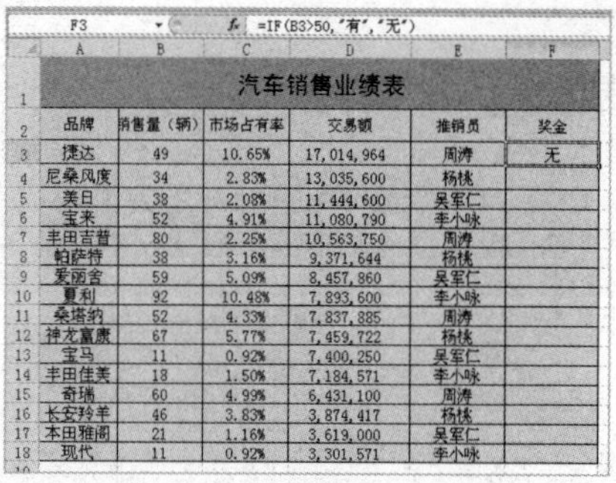

图 9-65　显示是否获得奖金

品牌	销售量（辆）	市场占有率	交易额	推销员	奖金
捷达	49	10.65%	17,014,964	周涛	无
尼桑风度	34	2.83%	13,035,600	杨桃	无
美日	38	2.08%	11,444,600	吴军仁	无
宝来	52	4.91%	11,080,790	李小咏	有
丰田吉普	80	2.25%	10,563,750	周涛	有
帕萨特	38	3.16%	9,371,644	杨桃	无
爱丽舍	59	5.09%	8,457,860	吴军仁	有
夏利	92	10.48%	7,893,600	李小咏	有
桑塔纳	52	4.33%	7,837,885	周涛	有
神龙富康	67	5.77%	7,459,722	杨桃	有
宝马	11	0.92%	7,400,250	吴军仁	无
丰田佳美	18	1.50%	7,184,571	李小咏	无
奇瑞	60	4.99%	6,431,100	周涛	有
长安羚羊	46	3.83%	3,874,417	杨桃	无
本田雅阁	21	1.16%	3,619,000	吴军仁	无
现代	11	0.92%	3,301,571	李小咏	无

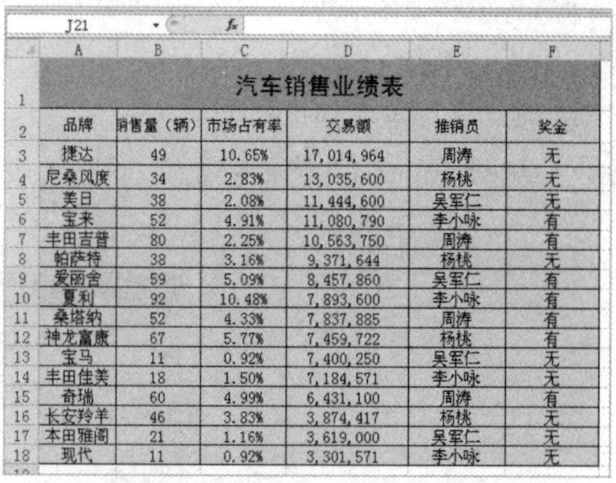

图 9-66　得出其他单元格中的结果

9.4.3　【演练 135＋视频】：使用相乘函数

在 Excel 2010 中，用户可以使用相乘函数将数值进行相乘操作。

素材文件	• \素材\第 9 章\9-67.xlsx	效果文件	• \效果\第 9 章\9-73.xlsx
视频文件	• \视频\第 9 章\使用相乘函数.swf	视频时长	86 秒

【演练 135】使用相乘函数的具体操作步骤如下：

步骤① 单击“文件”菜单，在弹出的面板中单击“打开”命令，打开一个 Excel 工作簿，如图 9-67 所示。

步骤② 在工作表中选择需要使用相乘函数的单元格，如图 9-68 所示。

步骤③ 切换至“公式”面板，在“函数库”选项板中单击“插入函数”按钮 *fx*，弹出“插入函数”对话框，在“搜索函数”文本框中输入“相乘”，然后单击“转到”按钮，如图 9-69 所示。

步骤④ 稍等片刻，系统将自动搜索相应函数，在“选择函数”下拉列表框中选择相应的相乘函数，如图 9-70 所示。

专家指点

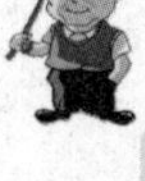

在“函数参数”对话框中，单击 Number1 文本框右侧的按钮，可在工作表中选择作为函数参数的单元格或单元格区域。

步骤⑤ 单击“确定”按钮，弹出“函数参数”对话框，在 Number1 右侧的文本框中输

入需要计算的单元格区域，如图 9-71 所示。

步骤 ⑥ 单击"确定"按钮，即可计算出数据的相乘结果，如图 9-72 所示。

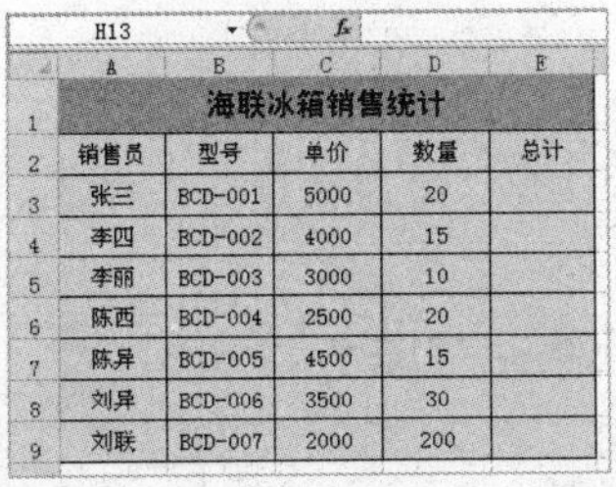

图 9-67　打开一个 Excel 工作簿

图 9-68　选择需要使用相乘函数的单元格

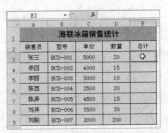

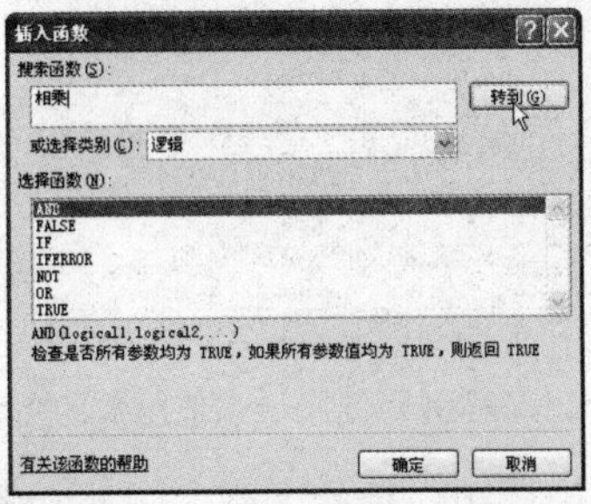

图 9-69　单击"转到"按钮

图 9-70　选择相应的相乘函数

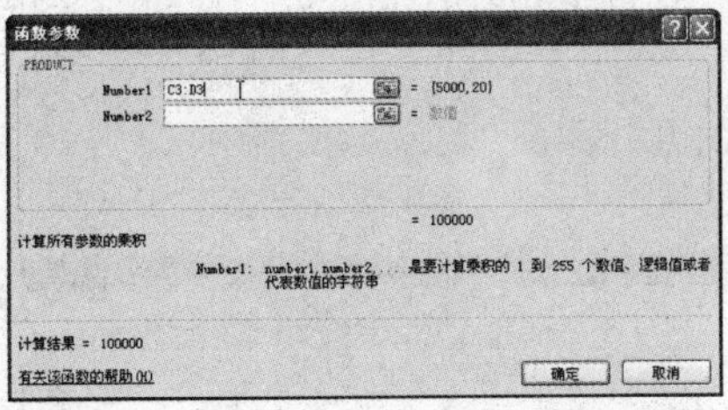

图 9-71　输入需要计算的单元格区域

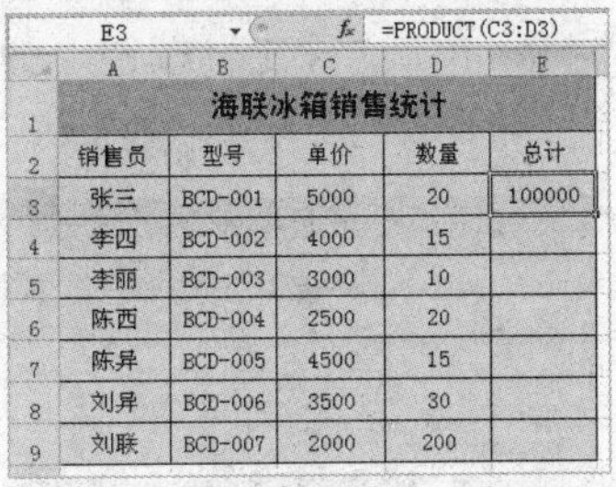

图 9-72　计算出数据的相乘结果

步骤 ⑦ 将鼠标移至 E3 单元格的右下角，单击鼠标左键并向下拖曳，至合适位置后释放鼠标左键，即可使用相乘函数得出其他单元格中的结果，效果如图 9-73 所示。

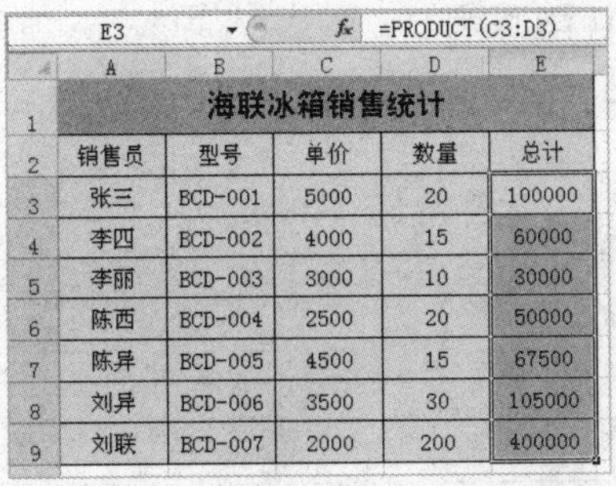

图 9-73　得出其他单元格中的结果

9.4.4 【演练 136 + 视频┈┈】：使用最大值函数

在 Excel 2010 中，最大值函数可以将选择的单元格区域中的最大值返回到需要保存结果的单元格中。

素材文件	·\素材\第 9 章\9-74.xlsx	效果文件	·\效果\第 9 章\9-78.xlsx
视频文件	·\视频\第 9 章\使用最大值函数.swf	视频时长	52 秒

【演练 136】使用最大值函数的具体操作步骤如下：

步骤① 单击"文件"菜单，在弹出的面板中单击"打开"命令，打开一个 Excel 工作簿，如图 9-74 所示。

步骤② 在工作表中选择需要使用最大值函数的单元格，如图 9-75 所示。

图 9-74　打开一个 Excel 工作簿　　　　图 9-75　选择需要使用最大值函数的单元格

步骤③ 切换至"公式"面板，在"函数库"选项板中单击"插入函数"按钮，弹出"插入函数"对话框，在"选择函数"对话框中选择 MAX 选项，如图 9-76 所示。

步骤④ 单击"确定"按钮，弹出"函数参数"对话框，在 Number1 右侧的文本框中输入需要计算的单元格区域，如图 9-77 所示。

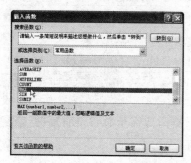

图 9-76　在对话框中选择 MAX 选项　　　　图 9-77　输入需要计算的单元格区域

步骤⑤ 单击"确定"按钮，即可统计出单元格中的最大消费数值，效果如图 9-78 所示。

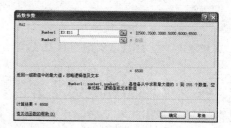

图 9-78　统计出单元格中的最大消费数值

第 10 章 Excel 表格数据应用

Excel 2010 与其他的数据管理软件一样，在排序、检索和汇总数据管理方面具有强大的功能。Excel 不仅能够通过记录单来增加、删除和移动数据，而且能够对数据清单进行排序、筛选和汇总等操作。本章主要介绍 Excel 2010 中表格数据的操作方法。

10.1 创建数据清单

在 Excel 2010 中，数据清单是指包含一些相关数据的工作表数据。Excel 在对数据清单进行管理时，一般把数据清单看作是一个数据库文件。数据清单中的行相当于数据库文件中的记录，行标题相当于记录名。数据清单中的列相当于数据库文件中的字段，列标题相当于数据库文件中的字段名。本节主要介绍创建数据清单的操作方法。

10.1.1 创建清单准则

Excel 2010 提供了一系列功能，可以很方便地管理和分析数据清单中的数据，在运用这些功能时，请用户根据下述准则在数据清单中输入数据。

1. 数据清单的大小和位置

在规定数据清单大小及定义数据清单位置时，应遵循以下准则：

❂ 应避免在同一个工作表上建立多个数据清单，因为数据清单的某些处理功能（如筛选等）一次只能在同一个工作表的一个数据清单中使用。

❂ 在工作表的数据清单与其他数据间至少留出一个空白列和空白行。在执行排序、筛选或插入自动汇总等操作时，有利于 Excel 2010 检测和选定数据清单。

❂ 避免在数据清单中放置空白行和空白列。

❂ 避免将关键字数据放到数据清单的左右两侧，因为这些数据在筛选数据清单时可能被隐藏。

2. 列标志

在工作表上创建数据清单，使用列标志应注意以下事项：

❂ 在数据清单的第一行里创建列标志，Excel 2010 将使用这些列标志创建报告，并查找和组织数据。

❂ 列标志使用的字体、对齐方式、格式、图案、边框和大小样式，应当与数据清单中的其他数据的格式区别开。

❂ 如果要将列标志和其他数据分开，应使用单元格边框（而不是空格或短划线）在标志行下插入一行直线。

3. 行和列内容

在工作表中创建数据清单，输入行和列的内容时应该注意以下事项：

❂ 在设计数据清单时，应使同一列中的各行有近似的数据项。

❂ 在单元格的开始处不要插入多余的空格，因为多余的空格影响排序和查找。

❂ 不要使用空白行将列标志和第一行数据分开。

10.1.2 【演练 137 + 视频 ▪▪】：创建数据清单

在 Excel 2010 中创建数据清单时，可以使用普通的方法向行、列中逐个输入数据。

素材文件	·\素材\第 10 章\10-1.xlsx	效果文件	·\效果\第 10 章\10-7.xlsx
视频文件	·\视频\第 10 章\创建数据清单.swf	视频时长	83 秒

【演练 137】创建数据清单的具体操作步骤如下：

步骤① 单击"文件"菜单，在弹出的面板中单击"打开"命令，打开一个 Excel 工作簿，如图 10-1 所示。

步骤② 在工作表中选择 A1 单元格，如图 10-2 所示。

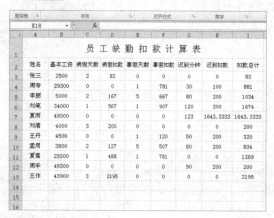

图 10-1 打开一个 Excel 工作簿 图 10-2 选择需要设置的单元格

步骤③ 在"开始"面板的"单元格"选项板中，单击"格式"按钮，在弹出的列表框中选择"设置单元格格式"选项，弹出"设置单元格格式"对话框，切换至"字体"选项卡，设置"字体"为"黑体"，如图 10-3 所示。

步骤④ 单击"确定"按钮，即可设置数据清单中的文字字体，如图 10-4 所示。

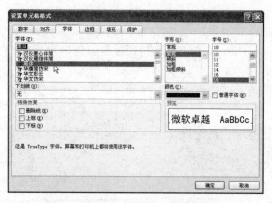

图 10-3 设置"字体"为"黑体" 图 10-4 设置数据清单中的文字字体

专家指点

　　选择相应单元格，单击鼠标右键，在弹出的快捷菜单中选择"设置单元格格式"选项，也可以弹出"设置单元格格式"对话框。

步骤⑤ 选择 A1 单元格，在行标上单击鼠标右键，在弹出的快捷菜单中选择"行高"选项，如图 10-5 所示。

步骤⑥ 弹出"行高"对话框，在"行高"文本框中输入 55，如图 10-6 所示。

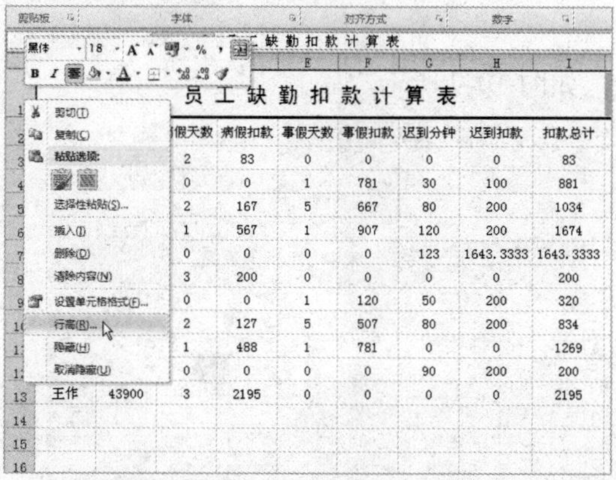

图 10-5　选择"行高"选项 　　　　　　　图 10-6　在"行高"文本框中输入 55

步骤⑦ 输入完成后，单击"确定"按钮，即可预览创建数据清单后的效果，如图 10-7 所示。

姓名	基本工资	病假天数	病假扣款	事假天数	事假扣款	迟到分钟	迟到扣款	扣款总计
张二	2500	2	83	0	0	0	0	83
周寺	29300	0	0	1	781	30	100	881
李朋	5000	2	167	5	667	80	200	1034
刘笔	34000	1	567	1	907	120	200	1674
夏雨	49300	0	0	0	0	123	1643.3333	1643.3333
刘清	4000	3	200	0	0	0	0	200
王丹	4500	0	0	1	120	50	200	320
孟用	3800	2	127	5	507	80	200	834
夏雷	29300	1	488	0	781	0	0	1269
周手	49300	0	0	0	0	90	200	200
王作	43900	3	2195	0	0	0	0	2195

图 10-7　预览创建数据清单后的效果

10.2　排序与筛选操作

　　在 Excel 2010 中，输入数据后，可以对数据进行编辑。本节主要介绍排序与筛选的操作方法，主要内容包括简单排序、高级排序、自定义序列、自动筛选以及高级筛选等。

10.2.1 【演练 138＋视频】：简单排序

在 Excel 2010 中，对数据清单进行排序时，如果按照单列的内容进行简单排序，可以直接使用选项板中的“升序”选项或“降序”选项来完成。

素材文件	• \素材\第 10 章\10-8.xlsx	效果文件	• \效果\第 10 章\10-12.xlsx
视频文件	• \视频\第 10 章\简单排序.swf	视频时长	40 秒

【演练 138】简单排序的具体操作步骤如下：

步骤① 单击“文件”菜单，在弹出的面板中单击“打开”命令，打开一个 Excel 工作簿，如图 10-8 所示。

步骤② 在工作表中选择 F3:F11 单元格区域，如图 10-9 所示。

五班期末考试成绩单					
学号	姓名	语文	数学	英语	总分
01001	王琇	100	68	85	253
01013	马杰	99	99	54	252
01007	陈小飞	100	99	99	298
01011	百春红	84	81	87	252
01010	刘胜强	86	69	59	214
01014	李菲燕	100	89	56	245
01006	邓敏	99	80	87	266
01005	蒋思	90	85	69	244
01002	孙红芳	98	78	52	228

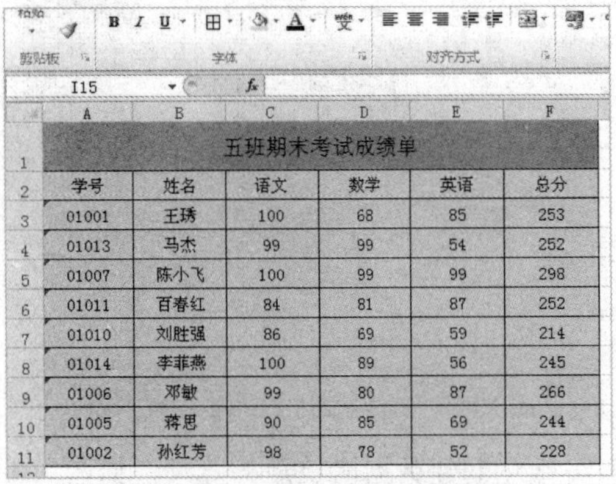

图 10-8 打开一个 Excel 工作簿

五班期末考试成绩单					
学号	姓名	语文	数学	英语	总分
01001	王琇	100	68	85	253
01013	马杰	99	99	54	252
01007	陈小飞	100	99	99	298
01011	百春红	84	81	87	252
01010	刘胜强	86	69	59	214
01014	李菲燕	100	89	56	245
01006	邓敏	99	80	87	266
01005	蒋思	90	85	69	244
01002	孙红芳	98	78	52	228

图 10-9 选择 F3:F11 单元格区域

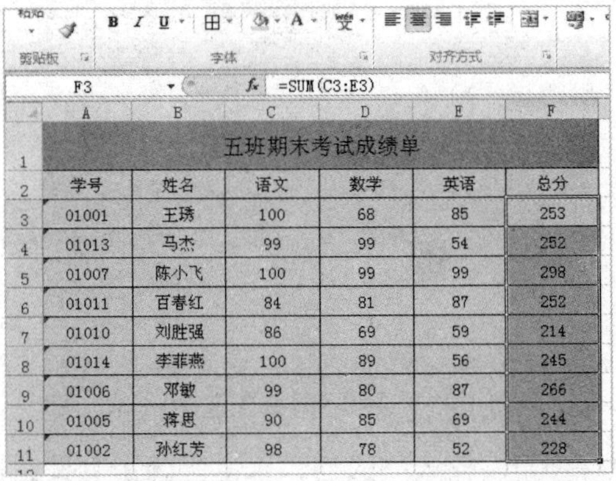

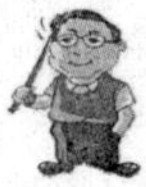

专家指点

在工作表中选择需要进行排序的单元格区域，切换至“数据”面板，在“排序和筛选”选项板中单击“降序”按钮，也可以对数据进行排序操作。

步骤③ 在“开始”面板的“编辑”选项板中，单击“排序和筛选”按钮，在弹出的列表框中选择“降序”选项，如图 10-10 所示。

步骤④ 弹出“排序提醒”对话框，选中“扩展选定区域”单选按钮，如图 10-11 所示。

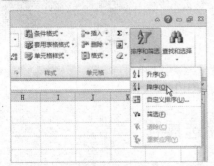

图 10-10 选择“降序”选项

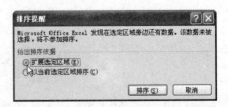

图 10-11 选中“扩展选定区域”单选按钮

步骤⑤ 单击“排序”按钮，即可按成绩总分由高到低进行排序，效果如图 10-12 所示。

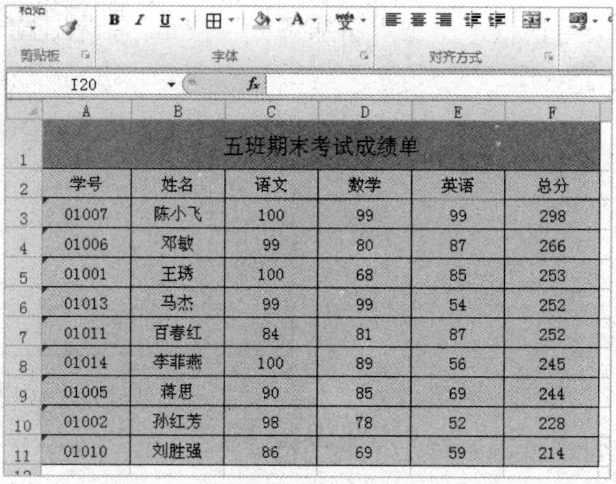

	A	B	C	D	E	F
1	五班期末考试成绩单					
2	学号	姓名	语文	数学	英语	总分
3	01007	陈小飞	100	99	99	298
4	01006	邓敏	99	80	87	266
5	01001	王琇	100	68	85	253
6	01013	马杰	99	99	54	252
7	01011	百春红	84	81	87	252
8	01014	李菲燕	100	89	56	245
9	01005	蒋思	90	85	69	244
10	01002	孙红芳	98	78	52	228
11	01010	刘胜强	86	69	59	214

图 10-12　按成绩总分由高到低进行排序

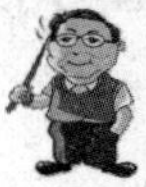

专家指点

若在“排序提醒”对话框中选中“以当前选定区域排序”单选按钮，则单击“排序“按钮后，Excel 2010 只会将选定区域排序而其他位置的单元格保持不变。

10.2.2 【演练 139 + 视频】：高级排序

数据的高级排序是指对多个数据列进行排序，这是针对简单排序后仍然有相同数据的情况进行的一种排序方式。

素材文件	• \素材\第 10 章\10-13.xlsx	效果文件	• \效果\第 10 章\10-18.xlsx
视频文件	• \视频\第 10 章\高级排序.swf	视频时长	56 秒

【演练 139】高级排序的具体操作步骤如下：

步骤1 单击“文件”菜单，在弹出的面板中单击“打开”命令，打开一个 Excel 工作簿，如图 10-13 所示。

步骤2 在工作表中选择需要高级排序的单元格区域，如图 10-14 所示。

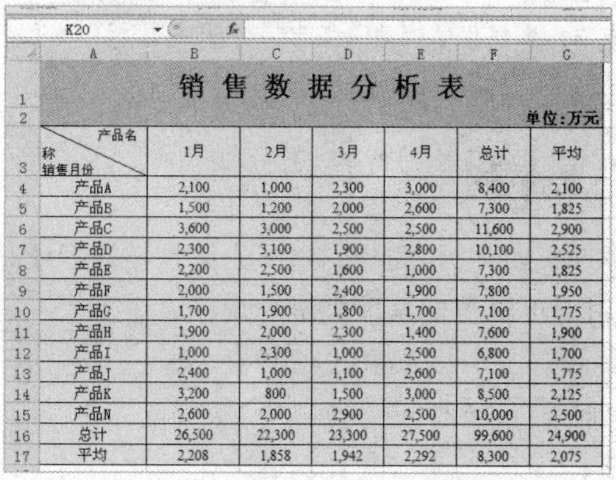

销售数据分析表（单位：万元）	1月	2月	3月	4月	总计	平均
产品A	2,100	1,000	2,300	3,000	8,400	2,100
产品B	1,500	1,200	2,000	2,600	7,300	1,825
产品C	3,600	3,000	2,500	2,500	11,600	2,900
产品D	2,300	3,100	1,900	2,800	10,100	2,525
产品E	2,200	2,500	1,600	1,000	7,300	1,825
产品F	2,000	1,500	2,400	1,900	7,800	1,950
产品G	1,700	1,900	1,800	1,700	7,100	1,775
产品H	1,900	2,000	2,300	1,400	7,600	1,900
产品I	1,000	2,300	1,000	2,500	6,800	1,700
产品J	2,400	1,000	1,100	2,600	7,100	1,775
产品K	3,200	800	1,500	3,000	8,500	2,125
产品N	2,600	2,000	2,900	2,500	10,000	2,500
总计	26,500	22,300	23,300	27,500	99,600	24,900
平均	2,208	1,858	1,942	2,292	8,300	2,075

图 10-13　打开一个 Excel 工作簿

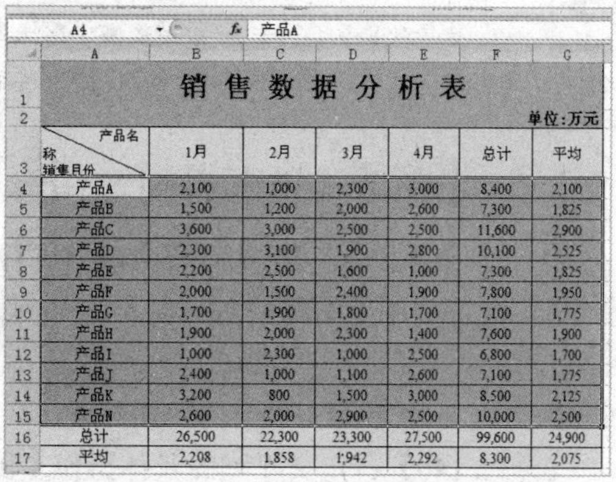

销售数据分析表（单位：万元）	1月	2月	3月	4月	总计	平均
产品A	2,100	1,000	2,300	3,000	8,400	2,100
产品B	1,500	1,200	2,000	2,600	7,300	1,825
产品C	3,600	3,000	2,500	2,500	11,600	2,900
产品D	2,300	3,100	1,900	2,800	10,100	2,525
产品E	2,200	2,500	1,600	1,000	7,300	1,825
产品F	2,000	1,500	2,400	1,900	7,800	1,950
产品G	1,700	1,900	1,800	1,700	7,100	1,775
产品H	1,900	2,000	2,300	1,400	7,600	1,900
产品I	1,000	2,300	1,000	2,500	6,800	1,700
产品J	2,400	1,000	1,100	2,600	7,100	1,775
产品K	3,200	800	1,500	3,000	8,500	2,125
产品N	2,600	2,000	2,900	2,500	10,000	2,500
总计	26,500	22,300	23,300	27,500	99,600	24,900
平均	2,208	1,858	1,942	2,292	8,300	2,075

图 10-14　选择需要高级排序的单元格区域

步骤3 切换至“数据”面板，在“排序和筛选”选项板中单击“排序”按钮，如图 10-15 所示。

步骤④ 弹出"排序"对话框，单击"添加条件"按钮，执行上述操作后，即可添加第 2 个条件，如图 10-16 所示。

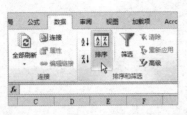

图 10-15　在选项板中单击"排序"按钮

图 10-16　添加第 2 个条件

步骤⑤ 在"排序"对话框中设置"主要关键字"为"1 月"、"次要关键字"为"2 月"、"次序"为"降序"，如图 10-17 所示。

步骤⑥ 设置完成后，单击"确定"按钮，对数据进行高级排序，效果如图 10-18 所示。

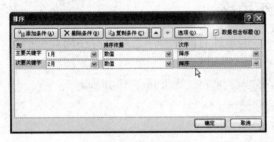

图 10-17　设置各参数

图 10-18　对数据进行高级排序

专家指点

选择数据区域中的任意单元格，单击鼠标右键，在弹出的快捷菜单中选择"排序"|"自定义排序"选项，即可快速弹出"排序"对话框。

10.2.3　【演练 140＋视频】：自定义序列

用户在使用 Excel 2010 对相应数据进行排序时（如学历、职称等），无论是按拼音还是笔画，可能都达不到所需要求，对于这种问题，用户可以自定义序列进行排序。

素材文件	·\素材\第 10 章\10-19.xlsx	效果文件	·\效果\第 10 章\10-28.xlsx
视频文件	·\视频\第 10 章\自定义序列.swf	视频时长	46 秒

【演练 140】自定义序列的具体操作步骤如下：

步骤① 单击"文件"菜单，在弹出的面板中单击"打开"命令，打开一个 Excel 工作簿，如图 10-19 所示。

步骤② 单击"文件"菜单，在弹出的面板中单击"选项"按钮，如图 10-20 所示。

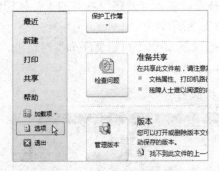

图 10-19　打开一个 Excel 工作簿　　　　　　　图 10-20　单击"选项"按钮

 专家指点

在 Excel 2010 中，用户还可以按笔划进行排序，由于软件依据的字库不同，使得排序的结果略有区别，所以用户在按笔划进行排序时需加以注意。

步骤③ 弹出"Excel 选项"对话框，切换至"高级"选项卡，在右侧的"常规"选项区中单击"编辑自定义列表"按钮，如图 10-21 所示。

步骤④ 弹出"自定义序列"对话框，在"输入序列"文本框中输入需要排序的内容，按【Enter】键可换行操作，如图 10-22 所示。

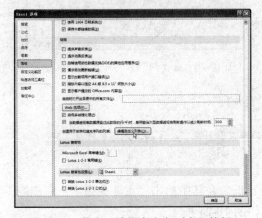

图 10-21　单击"编辑自定义列表"按钮

图 10-22　单击"添加"按钮

 专家指点

在"自定义序列"对话框中单击"导入"左侧的按钮，可以在工作表中选择需要作为序列导入的单元格区域。

步骤⑤ 输入完成后，单击"添加"按钮，在"自定义序列"下拉列表框中将显示刚添加的序列，如图 10-23 所示。

步骤⑥ 单击"确定"按钮，返回"Excel 选项"对话框，单击"确定"按钮，返回 Excel工作界面，在工作表中选择需要排序的单元格区域，如图 10-24 所示。

步骤⑦ 切换至"数据"面板，在"排序和筛选"选项板中单击"排序"按钮，弹出"排序”按钮，单击“升序”右侧的下拉按钮，在弹出的列表框中选择“自定义序列”选项，如图 10-25 所示。

步骤 8 弹出“自定义序列”对话框，在“自定义序列”下拉列表框中选择相应序列，如图 10-26 所示。

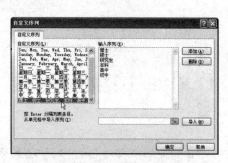

图 10-23　显示刚添加的序列

	A	B	C	D	E	F
1	应聘人员资料表					
2	编号	性名	性别	学历	现居住地	应聘职位
3	001	李述	男	初中	湖南	文员
4	002	周洋	女	高中	湖北	文员
5	003	周飞	女	本科	湖北	行政专员
6	004	陈意	男	本科	北京	行政专员
7	005	杨挑	女	初中	北京	人事专员
8	006	李尚	男	本科	深圳	人事专员
9	007	龙洋	男	研究生	深圳	行政经理
10	008	周岚	女	硕士	成都	人事经理
11	009	田蕾	女	博士	成都	副总经理
12	010	蕾宝	男	硕士	云南	董事助理

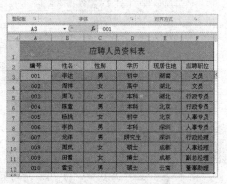

图 10-24　选择需要排序的单元格区域

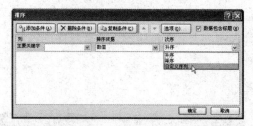

图 10-25　选择“自定义序列”选项

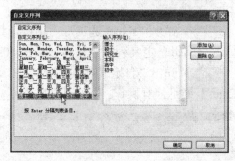

图 10-26　在下拉列表框中选择相应序列

专家指点

在 Excel 2010 中对数据进行排序时，为了取得最佳结果，排序的单元格区域中必须包括列标题，且至少在单元格区域中保留一个条目。

步骤 9 单击“确定”按钮，返回“排序”对话框，在其中单击“主要关键字”右侧的下拉按钮，在弹出的列表框中选择“学历”选项，如图 10-27 所示。

步骤 10 单击“确定”按钮，即可对数据进行自定义排序，效果如图 10-28 所示。

图 10-27　选择“学历”选项

	A	B	C	D	E	F
1	应聘人员资料表					
2	编号	性名	性别	学历	现居住地	应聘职位
3	009	田蕾	女	博士	成都	副总经理
4	008	周岚	女	硕士	成都	人事经理
5	010	蕾宝	男	硕士	云南	董事助理
6	007	龙洋	男	研究生	深圳	行政经理
7	003	周飞	女	本科	湖北	行政专员
8	004	陈意	男	本科	北京	行政专员
9	006	李尚	男	本科	深圳	人事专员
10	002	周洋	女	高中	湖北	文员
11	001	李述	男	初中	湖南	文员
12	005	杨挑	女	初中	北京	人事专员

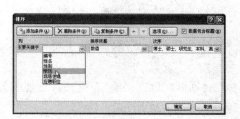

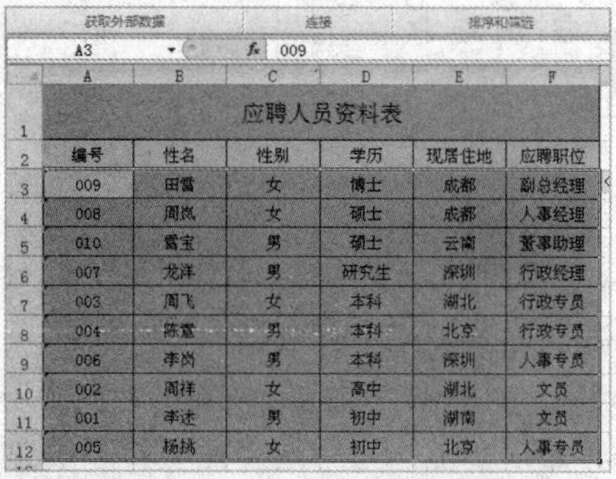

图 10-28　对数据进行自定义排序

10.2.4　【演练 141 + 视频━━】：自动筛选

自动筛选适用于简单的筛选，通常在一份数据清单列中查找相同的值时，可利用自动筛选功能，用户可以在具有大量记录的数据清单中使用筛选功能。

素材文件	·\素材\第 10 章\10-29.xlsx	效果文件	·\效果\第 10 章\10-34.xlsx
视频文件	·\视频\第 10 章\自动筛选.swf	视频时长	58 秒

【演练 141】自动筛选的具体操作步骤如下：

步骤①　单击"文件"菜单，在弹出的面板中单击"打开"命令，打开一个 Excel 工作簿，如图 10-29 所示。

步骤②　在工作表中选择需要进行筛选的单元格，如图 10-30 所示。

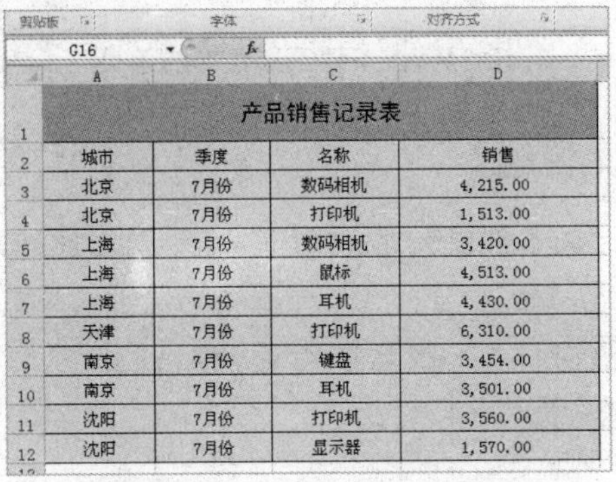

图 10-29　打开一个 Excel 工作簿 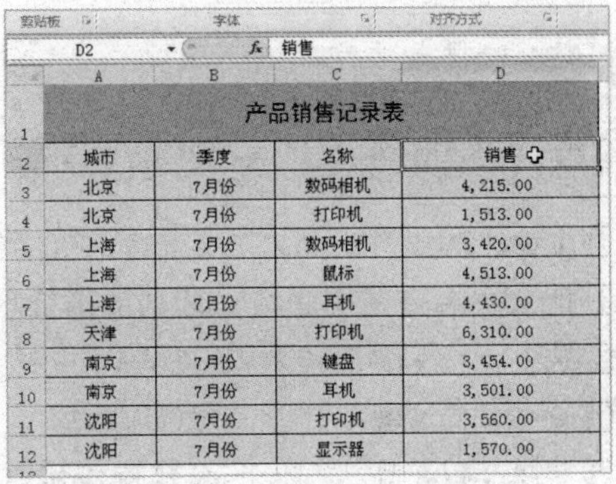　　　　图 10-30　选择需要进行筛选的单元格

 专家指点

在 Excel 2010 中按【Ctrl + Shift + L】组合键，将对所选单元格中的数据启用筛选功能。

步骤③　切换至"数据"面板，在"排序和筛选"选项板中单击"筛选"按钮 🔽，如图 10-31 所示。

步骤④　启动筛选功能，单击"销售"右侧的下拉按钮 🔽，在弹出的列表框中选择"数字筛选"|"大于"选项，如图 10-32 所示。

图 10-31　单击"筛选"按钮

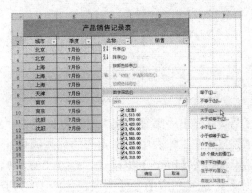

图 10-32　选择"大于"选项

步骤⑤　弹出"自定义自动筛选方式"对话框，在右侧文本框中输入 4000，如图 10-33

所示。

步骤⑥ 单击"确定"按钮，即可按条件筛选数据，效果如图 10-34 所示。

图 10-33　在右侧文本框中输入 4000

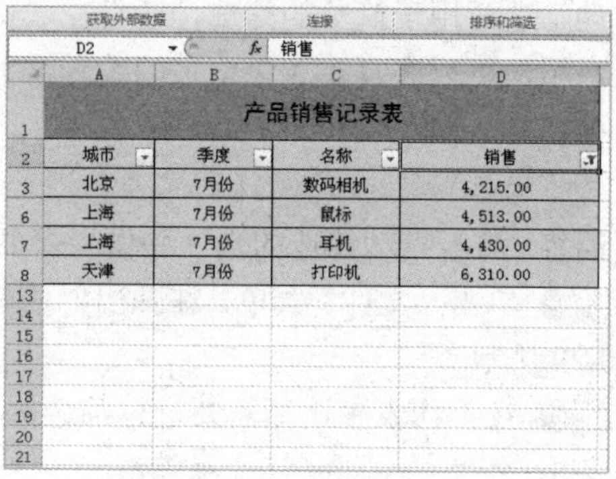

图 10-34　按条件筛选数据的效果

10.2.5　【演练 142＋视频】：高级筛选

在 Excel 2010 中，如果数据清单中的字段和筛选条件比较多，使用自动筛选就比较麻烦，在这种情况下可以使用高级筛选功能来处理。

素材文件	·\素材\第 10 章\10-35.xlsx	效果文件	·\效果\第 10 章\10-41.xlsx
视频文件	·\视频\第 10 章\高级筛选.swf	视频时长	64 秒

【演练 142】高级筛选的具体操作步骤如下：

步骤① 单击"文件"菜单，在弹出的面板中单击"打开"命令，打开一个 Excel 工作簿，如图 10-35 所示。

步骤② 切换至"数据"面板，在"排序和筛选"选项板中单击"高级"按钮，如图 10-36 所示。

图 10-35　打开一个 Excel 工作簿

图 10-36　单击"高级"按钮

步骤③ 弹出"高级筛选"对话框，单击"列表区域"右侧的按钮，如图 10-37 所示。

步骤④ 在工作表中选择相应的列表区域，如图 10-38 所示。

步骤⑤ 按【Enter】键确认，返回"高级筛选"对话框，单击"条件区域"右侧的，在工作表中选择相应的条件区域，如图 10-39 所示。

步骤⑥ 按【Enter】键确认，返回"高级筛选"对话框，其中显示了相应的列表区域与条件区域，如图 10-40 所示。

图 10-37　单击"列表区域"右侧的按钮

图 10-38　选择相应的列表区域

图 10-39　选择相应的条件区域

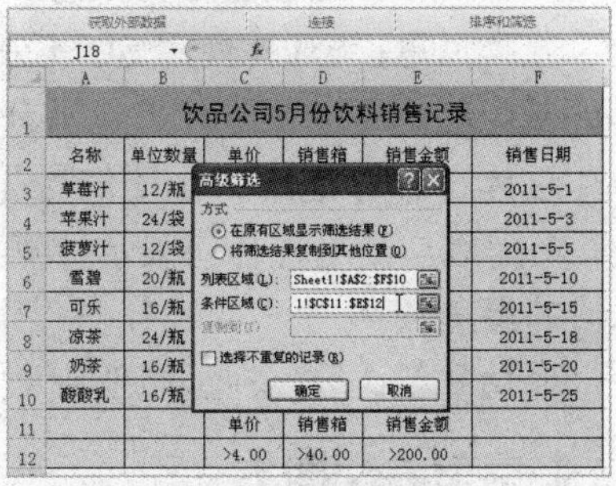

图 10-40　显示相应的列表区域与条件区域

步骤⑦ 单击"确定"按钮，即可使用高级筛选数据功能，效果如图 10-41 所示。

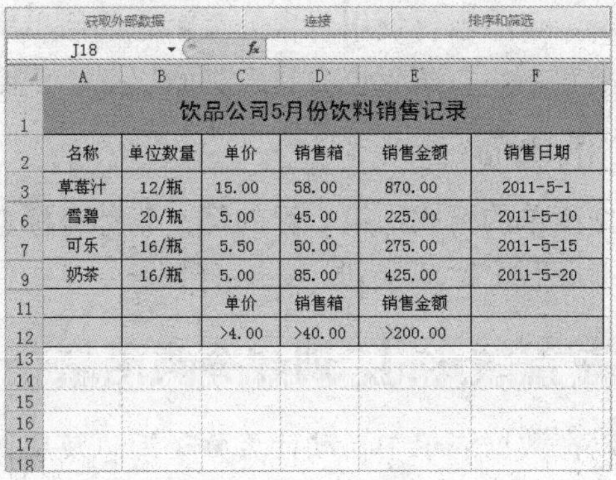

图 10-41　使用高级筛选数据的效果

 专家指点

　　在 Excel 工作表中输入筛选条件时，输入的大于号一定要是在英文状态下输入的，不然将无法筛选出符合条件的记录。

10.3　分类汇总表格数据

　　分类汇总用于对表格数据或原始数据进行分析处理，并可以自动插入汇总信息行。利用分类汇总功能，用户不仅可以建立清晰、明了的总结报告，还可以设置在报告中只显示第一层的信息而隐藏其他层次的信息。本节主要介绍分类汇总表格数据的操作方法。

10.3.1 分类汇总概念

在 Excel 2010 中，用户可以自动计算数据清单中的分类汇总和总计值。当插入自动分类汇总时，Excel 将分级显示数据清单，以便每个分类汇总显示或隐藏明细数据行。如果需要插入分类汇总，需先将数据清单排序，以便将要进行分类汇总的行排在一起，然后为包含数字的列计算出分类汇总。

1. 分类汇总的计算方法

分类汇总的计算方法有分类汇总、总计和自动重新计算。

❀ 分类汇总：Excel 使用 SUM 或 MAX 等汇总函数进行分类汇总计算。在一个数据清单中，可以一次使用多种计算来显示分类汇总。

❀ 总计：总计值来自于明细数据，而不是分类汇总行中的数据。例如，如果使用了MAX 汇总函数，则总计行将显示数据清单中所有明细数据行的最大值，而不是分类汇总行中汇总值的最大值。

❀ 自动重新计算：在编辑明细数据时，Excel 将自动重新计算相应分类汇总和总计值。

2. 汇总报表和图表

当用户将汇总添加到清单中时，清单就会分级显示，这样可以查看其结构，通过单击分级显示符号可以隐藏明细数据而只显示汇总的数据，这样就形成了汇总报表。

用户可以创建一个图表，该图表仅使用包含分类汇总的清单中的可见数据。如果显示或隐藏分级显示清单中的明细数据，该图表也会随之更新以显示或隐藏这些数据。

3. 分类汇总应注意的事项

确保要分类汇总的数据清单的格式：第一行的每一列都有标志，并且同一列中应包含相似的数据，在数据清单中不应有空行或空列。

10.3.2 【演练 143 + 视频 】：创建分类汇总

在 Excel 2010 中，可以在数据清单中自动计算分类汇总及总计值，用户只需指定需要进行分类汇总的数据项、待汇总的数值和用于计算的函数即可。

素材文件	·\素材\第 10 章\10-42.xlsx	效果文件	·\效果\第 10 章\10-46.xlsx
视频文件	·\视频\第 10 章\创建分类汇总.swf	视频时长	57 秒

【演练 143】创建分类汇总的具体操作步骤如下：

步骤❶ 单击"文件"菜单，在弹出的面板中单击"打开"命令，打开一个 Excel 工作簿，如图 10-42 所示。

步骤❷ 在工作表中选择需要创建分类汇总的单元格区域，如图 10-43 所示。

 专家指点

用户在进行分类汇总前，需要先对数据进行排序，若不对其进行排序，则在执行分类汇总操作后，Excel 2010 只会对相同的数据进行汇总。

产品编号	产品名称	规格	优惠产品数量	原价	优惠价
CP-001	女士手提包1号	A	5	560	230
CP-003	女士手提包3号	A	4	550	210
CP-004	女士手提包4号	A	2	400	150
CP-009	男士手提包2号	A	4	420	150
CP-010	男士手提包3号	A	7	500	120
CP-011	男士手提包4号	A	6	400	105
CP-005	女士手提包5号	B	6	600	180
CP-002	女士手提包2号	B	6	580	200
CP-006	女士手提包6号	B	5	650	160
CP-008	男士手提包1号	B	3	520	200
CP-013	男士手提包6号	B	4	400	202
CP-017	男士手提包10号	B	4	450	155
CP-014	男士手提包5号	C	5	800	108
CP-015	男士手提包8号	C	8	600	200
CP-016	男士手提包9号	C	2	750	120
CP-007	女士手提包7号	C	8	650	150
				530	170

图 10-42　打开一个 Excel 工作簿　　　　　图 10-43　选择 D3:D19 单元格区域

步骤③ 切换至"数据"面板，在"分级显示"选项板中单击"分类汇总"按钮，如图 10-44 所示。

步骤④ 弹出"分类汇总"对话框，在其中设置"分类字段"为"规格"，在"选定汇总项"下拉列表框中选中"优惠价"复选框，如图 10-45 所示。

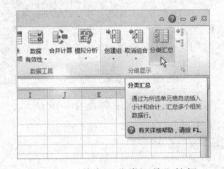

图 10-44　单击"分类汇总"按钮

图 10-45　选中"优惠价"复选框

步骤⑤ 单击"确定"按钮，即可对数据进行分类汇总，效果如图 10-46 所示。

产品编号	产品名称	规格	优惠产品数量	原价	优惠价
CP-001	女士手提包1号	A	5	560	230
CP-003	女士手提包3号	A	4	550	210
CP-004	女士手提包4号	A	2	400	150
CP-009	男士手提包2号	A	4	420	150
CP-010	男士手提包3号	A	7	500	120
CP-011	男士手提包4号	A	6	400	105
		A 汇总			965
CP-005	女士手提包5号	B	6	600	180
CP-002	女士手提包2号	B	6	580	200
CP-006	女士手提包6号	B	5	650	160
CP-008	男士手提包1号	B	3	520	200
CP-013	男士手提包6号	B	4	400	202
CP-017	男士手提包10号	B	4	450	155
		B 汇总			1097
CP-014	男士手提包5号	C	5	800	108
CP-015	男士手提包7号	C	3	600	200
CP-015	男士手提包8号	C	8	750	120
CP-016	男士手提包9号	C	2	650	150
CP-007	女士手提包7号	C	8	530	170
		C 汇总			748
		总计			2810

图 10-46　对数据进行分类汇总

10.3.3 【演练 144＋视频】：隐藏分类汇总

为了方便查看数据，可以将分类汇总后暂时不需要使用的数据隐藏起来，以减小界面的占用空间，当需要查看被隐藏的数据时，可以再将其显示。

素材文件	• \素材\第 10 章\10-47.xlsx	效果文件	• \效果\第 10 章\10-49.xlsx
视频文件	• \视频\第 10 章\隐藏分类汇总.swf	视频时长	32 秒

【演练 144】隐藏分类汇总的具体操作步骤如下：

步骤① 单击“文件”菜单，在弹出的面板中单击“打开”命令，打开一个 Excel 工作簿，如图 10-47 所示。

步骤② 在工作表的左侧单击列表树中的第一个减号[-]，即可隐藏“财务部”分类汇总，如图 10-48 所示。

费用支出统计表

月份： 6

序号	时间	姓名	所属部门	用途	支出金额	备注
0001	2011-6-1	张三	财务部	办公费	￥2,000.00	
0002	2011-6-5	王丹	财务部	业务招待费	￥3,929.00	
			财务部 汇总		￥5,929.00	
0003	2011-6-8	李朋	采购部	办公费	￥3,972.00	
0004	2011-6-10	夏雨	采购部	办公费	￥500.00	
			采购部 汇总		￥4,472.00	
0005	2011-6-15	刘清	人事部	业务招待费	￥39,270.00	
0006	2011-6-20	周手	人事部	差旅费	￥2,000.00	
			人事部 汇总		￥41,270.00	
0007	2011-6-22	周寺	市场部	办公费	￥30,000.00	
0008	2011-6-24	秀六	市场部	业务招待费	￥1,200.00	
			市场部 汇总		￥31,200.00	
0009	2011-6-26	夏雪	销售部	办公费	￥4,920.00	
0010	2011-6-28	张仍	销售部	差旅费	￥2,993.00	
			销售部 汇总		￥7,913.00	
0011	2011-6-29	孟用	行政部	办公费	￥2,937.00	
0012	2011-6-30	昊孟	行政部	差旅费	￥39,170.00	
			行政部 汇总		￥42,107.00	
			总计		￥132,891.00	

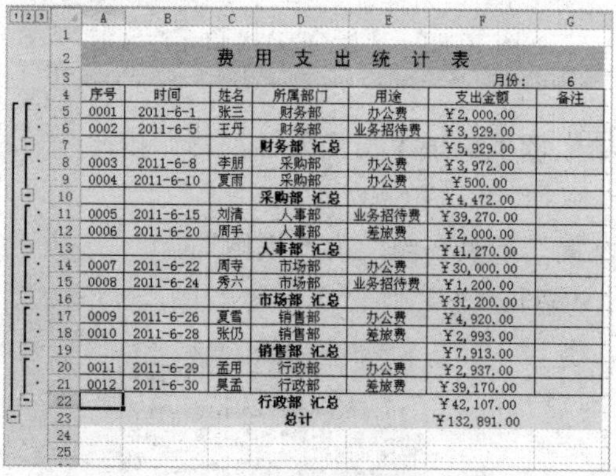

图 10-47 打开一个 Excel 工作簿

费用支出统计表

月份： 6

序号	时间	姓名	所属部门	用途	支出金额	备注
			财务部 汇总		￥5,929.00	
0003	2011-6-8	李朋	采购部	办公费	￥3,972.00	
0004	2011-6-10	夏雨	采购部	办公费	￥500.00	
			采购部 汇总		￥4,472.00	
0005	2011-6-15	刘清	人事部	业务招待费	￥39,270.00	
0006	2011-6-20	周手	人事部	差旅费	￥2,000.00	
			人事部 汇总		￥41,270.00	
0007	2011-6-22	周寺	市场部	办公费	￥30,000.00	
0008	2011-6-24	秀六	市场部	业务招待费	￥1,200.00	
			市场部 汇总		￥31,200.00	
0009	2011-6-26	夏雪	销售部	办公费	￥4,920.00	
0010	2011-6-28	张仍	销售部	差旅费	￥2,993.00	
			销售部 汇总		￥7,913.00	
0011	2011-6-29	孟用	行政部	办公费	￥2,937.00	
0012	2011-6-30	昊孟	行政部	差旅费	￥39,170.00	
			行政部 汇总		￥42,107.00	
			总计		￥132,891.00	

图 10-48 隐藏“财务部”分类汇总

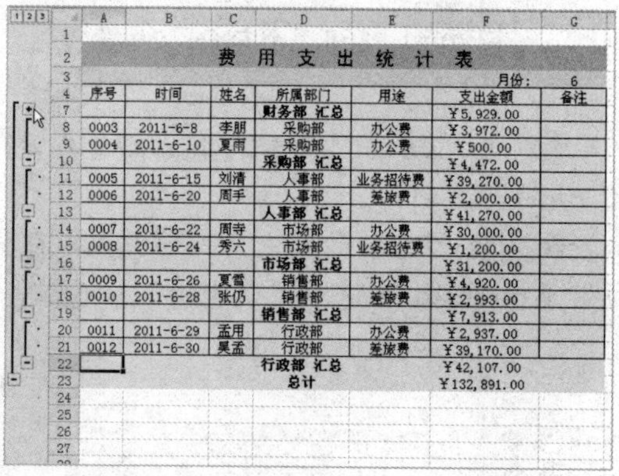

步骤③ 用与上述相同的方法，隐藏其他分类汇总数据，效果如图 10-49 所示。

费用支出统计表

月份： 6

序号	时间	姓名	所属部门	用途	支出金额	备注
			财务部 汇总		￥5,929.00	
			采购部 汇总		￥4,472.00	
			人事部 汇总		￥41,270.00	
			市场部 汇总		￥31,200.00	
			销售部 汇总		￥7,913.00	
			行政部 汇总		￥42,107.00	
			总计		￥132,891.00	

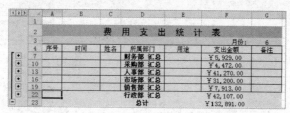

图 10-49 隐藏其他分类汇总数据

专家指点

在 Excel 2010 工作表的左侧列表树中，单击最外侧的减号按钮[-]，可以快速隐藏所有分类汇总数据。

10.3.4 【演练 145 + 视频】：删除分类汇总

在 Excel 2010 中，用户可根据需要删除分类汇总数据。

素材文件	• 无	效果文件	• \效果\第 10 章\10-52.xlsx
视频文件	• \视频\第 10 章\删除分类汇总.swf	视频时长	31 秒

【演练 145】删除分类汇总的具体操作步骤如下：

步骤① 打开上一例的素材文件，在工作表中选择需要删除分类汇总的单元格区域，如图 10-50 所示。

步骤② 切换至"数据"面板，在"分级显示"选项板中单击"分类汇总"按钮，弹出"分类汇总"对话框，单击"全部删除"按钮，如图 10-51 所示。

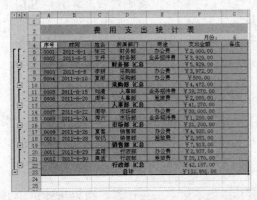

图 10-50　选择相应的单元格区域

图 10-51　单击"全部删除"按钮

步骤③ 执行上述操作后，即可删除分类汇总数据，效果如图 10-52 所示。

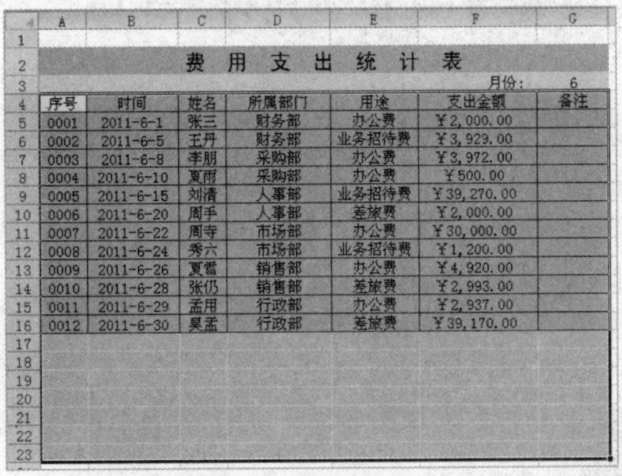

图 10-52　删除分类汇总数据

10.4　表格数据合并操作

通过数据的合并计算，可以将来自一个或多个源区域的数据进行汇总，并且建立合并计算表。这些源区域与合并计算表可以在同一工作表中，也可以在同一工作簿中的不同工作表中，还可以在不同的工作簿中。

10.4.1　合并计算方式

Excel 提供了几种方式来合并计算数据，包括使用三维公式、通过位置进行合并计算、按分类进行合并计算以及通过生成数据透视表进行合并计算等，其中最灵活的方式是创建公式，该公式引用的是将要进行合并的数据区域中的每个单元格。

1. 使用三维公式

使用三维引用公式合并计算对数据源区域的布局没有限制，可将合并计算更改为需要的方式，当更改源区域中的数据时，合并计算将自动进行更新。

2. 通过位置进行合并计算

如果所有源数据具有同样的顺序和位置排序，可以按位置进行合并计算，利用这种方法可以合并来自同一模板创建的一系列工作表。

当数据更改时，合并计算将自动更新，但是不可以更改合并计算中所包含的单元格和数据区域。如果使用手动更新合并计算，则可以更改所包含的单元格和数据区域。

3. 按分类进行合并计算

如果要汇总计算一组具有相同的行和列标志但以不同方式组织数据的工作表，则可以按分类进行合并计算，这种方法会对每一张工作表中具有相同列标志的数据进行合并计算。

4. 通过生成数据透视表进行合并计算

这种方法类似于按分类的合并计算，但其提供了更多的灵活性，可以重新组织分类，还可以根据多个合并计算的数据区域创建数据透视表。

10.4.2 【演练 146＋视频---】：创建合并计算

在建立合并计算时，首先要检查数据，并确定是根据位置还是根据分类来将其与公式中的三维引用进行合并。下面向读者介绍创建合并计算的操作方法。

素材文件	·\素材\第 10 章\10-53.xlsx	效果文件	·\效果\第 10 章\10-60.xlsx
视频文件	·\视频\第 10 章\创建合并计算.swf	视频时长	72 秒

【演练 146】创建合并计算的具体操作步骤如下：

步骤① 单击"文件"菜单，在弹出的面板中单击"打开"命令，打开一个 Excel 工作簿，如图 10-53 所示。

步骤② 切换至"数据"面板，在"数据工具"选项板中单击"合并计算"按钮，如图 10-54 所示。

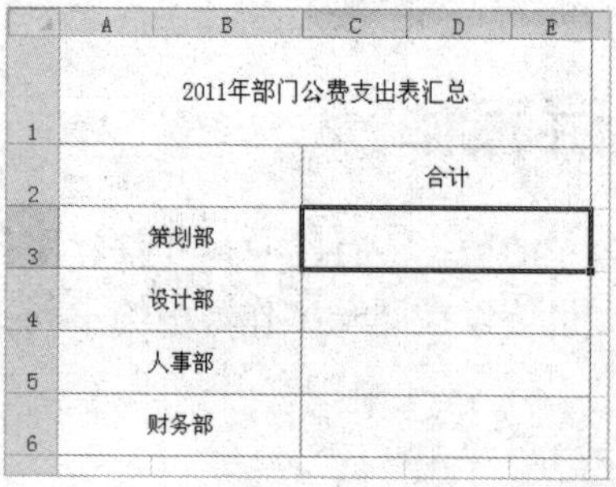

图 10-53 打开一个 Excel 工作簿

图 10-54 单击"合并计算"按钮

步骤③ 弹出"合并计算"对话框，单击"引用位置"右侧的按钮，如图 10-55 所示。

步骤④ 切换至"上半年支出表"工作表中，选择 B9 单元格，如图 10-56 所示。

步骤⑤ 按【Enter】键确认，返回"合并计算"对话框，单击"添加"按钮，将其添加至"所有引用位置"列表框中，如图 10-57 所示。

步骤⑥ 用同样的方法，添加"下半年支出表"工作表中的 B9 单元格，如图 10-58 所示。

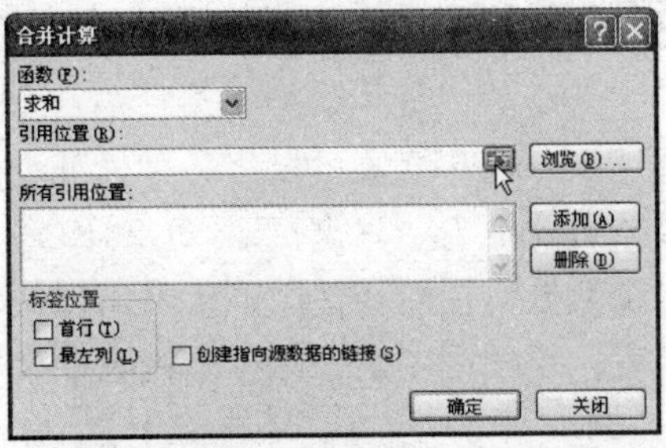

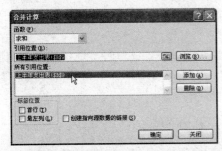

图 10-55 单击"引用位置"右侧的按钮

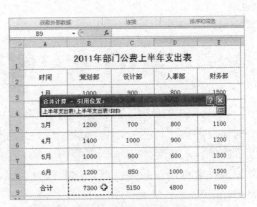

图 10-56 选择 B9 单元格

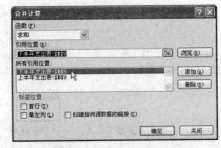

图 10-57 添加至"所有引用位置"列表框

图 10-58 添加 B9 单元格

步骤⑦ 单击"确定"按钮,即可对数据进行合并计算,效果如图 10-59 所示。

步骤⑧ 用与上述相同的方法,计算出其他公费支出数据,效果如图 10-60 所示。

图 10-59 对数据进行合并计算

图 10-60 计算出其他公费支出数据

第 11 章　图表和透视表应用

在 Excel 2010 中，对数据进行计算、统计等操作后，Excel 2010 还可以将各种处理过的数据建成各种统计图表，这样就能更好地使所处理的数据直观地表达出来。Excel 2010 还提供了简单、形象和实用的数据分析工具——数据透视表及数据透视图，使用该工具可以生动全面地对数据清单数据进行重组和统计。本章主要向读者介绍使用图表、数据透视表以及数据透视图的操作方法。

11.1 创建与编辑图表

在 Excel 2010 中，可以用图表将工作表中的数据图形化，使原本枯燥无味的数据信息变得生动形象。例如，用文字无法表达的问题，使用图表却能轻松地解决，并能做到层次分明、条理清晰、易于理解。本节主要介绍创建与编辑图表的操作方法。

11.1.1 【演练 147＋视频】：创建数据图表

在 Excel 2010 中，提供了图表向导功能，用户可以方便、快速地引导用户创建一个标准类型或自定义的图表。

素材文件	•\素材\第 11 章\11-1.xlsx	效果文件	•\效果\第 11 章\11-5.xlsx
视频文件	•\视频\第 11 章\创建数据图表.swf	视频时长	51 秒

【演练 147】创建数据图表的具体操作步骤如下：

步骤① 单击“文件”菜单，在弹出的面板中单击“打开”命令，打开一个 Excel 工作簿，如图 11-1 所示。

步骤② 在工作表中选择需要创建图表的数据清单，如图 11-2 所示。

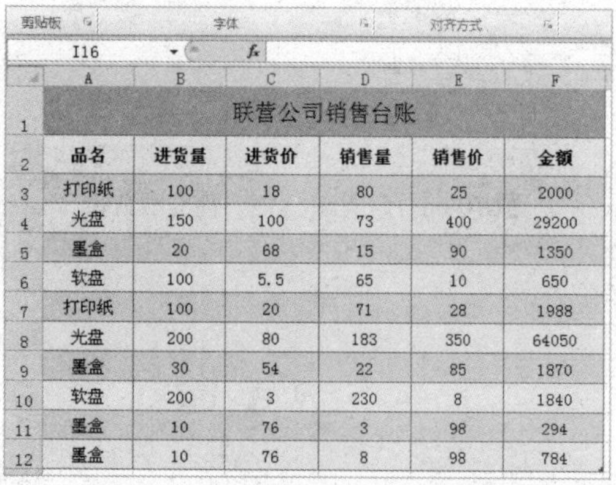

联营公司销售台账					
品名	进货量	进货价	销售量	销售价	金额
打印纸	100	18	80	25	2000
光盘	150	100	73	400	29200
墨盒	20	68	15	90	1350
软盘	100	5.5	65	10	650
打印纸	100	20	71	28	1988
光盘	200	80	183	350	64050
墨盒	30	54	22	85	1870
软盘	200	3	230	8	1840
墨盒	10	76	3	98	294
墨盒	10	76	8	98	784

图 11-1　打开一个 Excel 工作簿

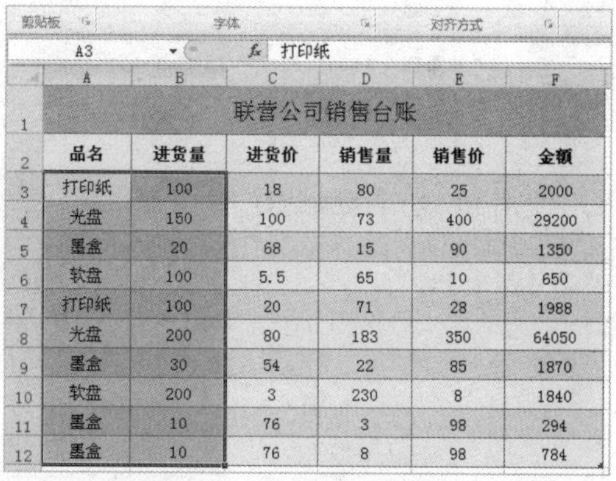

联营公司销售台账					
品名	进货量	进货价	销售量	销售价	金额
打印纸	100	18	80	25	2000
光盘	150	100	73	400	29200
墨盒	20	68	15	90	1350
软盘	100	5.5	65	10	650
打印纸	100	20	71	28	1988
光盘	200	80	183	350	64050
墨盒	30	54	22	85	1870
软盘	200	3	230	8	1840
墨盒	10	76	3	98	294
墨盒	10	76	8	98	784

图 11-2　选择需要设置的单元格

步骤③ 切换至“插入”面板，在“图表”选项板中单击右侧的“创建图表”按钮，如图 11-3 所示。

步骤④ 弹出“插入图表”对话框，在“柱形图”选项区中选择相应的图表样式，如图

11-4 所示。

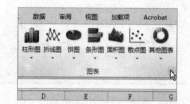

图 11-3 单击右侧的"创建图表"按钮

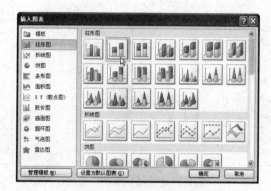

图 11-4 选择相应的图表样式

步骤⑤ 单击"确定"按钮，即可创建数据图表，效果如图 11-5 所示。

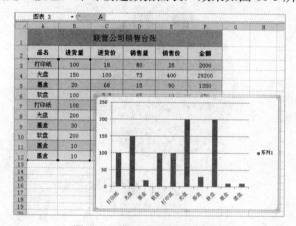

图 11-5 创建数据图表的效果

专家指点

　　在 Excel 2010 中创建图表时，如果用户只选择了一个单元格，则 Excel 会自动将相邻单元格中包含的所有数据绘制在图表中。

11.1.2 【演练 148 + 视频🎬】：更改图表类型

　　默认情况下，Excel 2010 采用的图表类型为簇状柱形图，但大家也可以通过以下操作来修改图表类型。

素材文件	·无	效果文件	·\效果\第 11 章\11-8.xlsx
视频文件	·\视频\第 11 章\更改图表类型.swf	视频时长	30 秒

　　【演练 148】更改图表类型的具体操作步骤如下：

　　步骤① 打开上一例的效果文件，在工作表中选择需要更改类型的图表，单击鼠标右键，在弹出的快捷菜单中选择"更改图表类型"选项，如图 11-6 所示。

　　步骤② 弹出"更改图表类型"对话框，在"饼图"选项区中选择相应的图表样式，如图 11-7 所示。

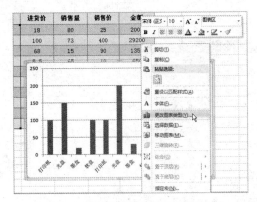

图 11-6 选择"更改图表类型"选项

图 11-7 选择相应的图表样式

步骤③ 单击"确定"按钮，即可更改图表样式，效果如图 11-8 所示。

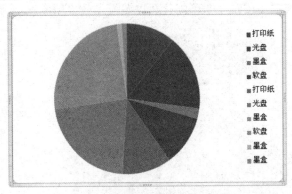

图 11-8 更改图表样式后的效果

专家指点

　　在 Excel 2010 中修改图表类型时，用户也可以在"插入"面板的"图表"选项板中单击相应的按钮，在弹出的列表框中选择相应的图表样式即可。

11.1.3 【演练 149 + 视频 □□】：移动图表位置

在 Excel 2010 工作表的图表中，用户可根据需要移动图表的位置。

素材文件	·\素材\第 11 章\11-9.xlsx	效果文件	·\效果\第 11 章\11-12.xlsx
视频文件	·\视频\第 11 章\移动图表位置.swf	视频时长	47 秒

【演练 149】移动图表位置的具体操作步骤如下：

步骤① 单击"文件"菜单，在弹出的面板中单击"打开"命令，打开一个 Excel 工作簿，选择需要移动的图表，如图 11-9 所示。

步骤② 切换至"设计"面板，在"位置"选项板中单击"移动图表"按钮 ⊞，如图 11-10 所示。

步骤③ 弹出"移动图表"对话框，选中"对象位于"单选按钮，在右侧列表框中选择 Sheet2 选项（如图 11-11 所示），将图表移至 Sheet2 中。

步骤④ 单击"确定"按钮，即可将工作表移至 Sheet2 中，如图 11-12 所示。

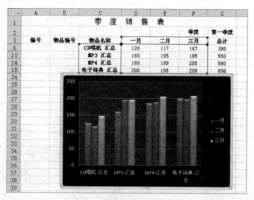

图 11-9　选择需要移动的图表

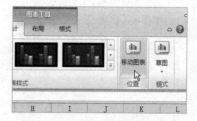

图 11-10　单击"移动图表"按钮

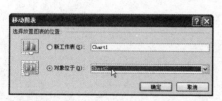

图 11-11　选择 Sheet2 选项

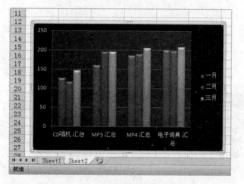

图 11-12　将工作表移至 Sheet2 中

 专家指点

　　在"移动图表"对话框中，如果选中"新工作表"单选按钮，则系统会自动将图表放置在一张新的工作表中。

11.1.4 【演练 150 + 视频 ■】：调整图表大小

　　在 Excel 2010 中，不仅可以对整个图表的大小进行调整，还可以调整图表中任意组成部分的大小。

素材文件	·\素材\第 11 章\11-13.xlsx	效果文件	·\效果\第 11 章\11-16.xlsx
视频文件	·\视频\第 11 章\调整图表大小.swf	视频时长	48 秒

　　【演练 150】调整图表大小的具体操作步骤如下：

　　步骤① 单击"文件"菜单，在弹出的面板中单击"打开"命令，打开一个 Excel 工作簿，如图 11-13 所示。

　　步骤② 选择需要调整大小的图表，切换至"格式"面板，在"大小"选项板中单击"大小和属性"按钮，如图 11-14 所示。

 专家指点

　　选择图表后，用鼠标拖曳图表周围的 8 个控制点，也可以调整其大小。

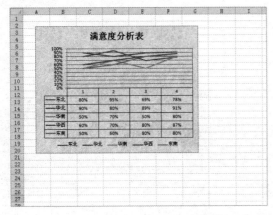

图 11-13　打开一个 Excel 工作簿

图 11-14　单击"大小和属性"按钮

步骤③ 弹出"设置图表区格式"对话框，选中"锁定纵横比"复选框，设置"高度"为 12 厘米，如图 11-15 所示。

步骤④ 设置完成后，单击"关闭"按钮，即可调整图表的大小，效果如图 11-16 所示。

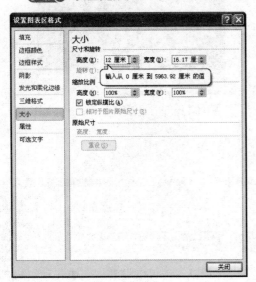

图 11-15　设置"高度"为 12 厘米

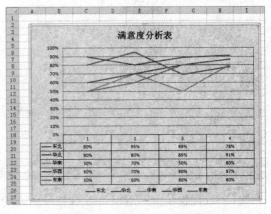

图 11-16　调整图表大小的效果

 专家指点

　　在 Excel 2010 中，图表、分类轴和数值标题不能通过拖曳鼠标的方法来调整大小，只能通过改变文字的大小来调整。

11.2　设置图表属性

　　设置图表的选项包括图表的标题、坐标轴、网络线、图例、数据标志和数据表，其中有的选项在某些时候是可以没有的。例如图表的显示，在必要的情况下显示数据表，没必要的情况下可以不显示它。本节主要介绍设置图表属性的相应操作方法。

11.2.1　【演练 151 ＋ 视频--】：设置图表标题

在 Excel 2010 中，用户可根据需要设定图表标题以及分类坐标轴（X）和数值坐标轴（Y）的标题等。

素材文件	·\素材\第 11 章\11-17.xlsx	效果文件	·\效果\第 11 章\11-20.xlsx
视频文件	·\视频\第 11 章\设置图表标题.swf	视频时长	46 秒

【演练 151】设置图表标题的具体操作步骤如下：

步骤① 单击"文件"菜单，在弹出的面板中单击"打开"命令，打开一个 Excel 工作簿，如图 11-17 所示。

步骤② 在工作表的图表区中，将鼠标定位于图表标题中，如图 11-18 所示。

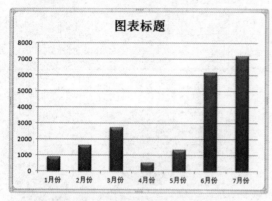

图 11-17　打开一个 Excel 工作簿

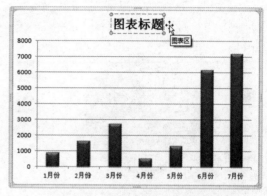

图 11-18　选择需要修改的图表标题

步骤③ 选择需要删除的图标标题，按【Delete】键将其删除，然后输入用户需要的图标名称，如图 11-19 所示。

步骤④ 在其他空白位置上单击鼠标左键，完成图表标题的修改，效果如图 11-20 所示。

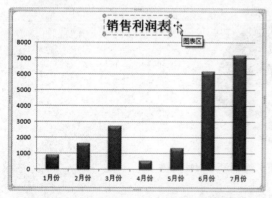

图 11-19　输入用户需要的图标名称

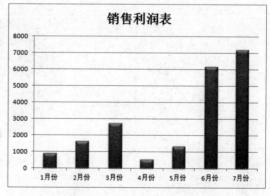

图 11-20　完成图表标题的修改

 专家指点

在 Excel 2010 中，不管是以何种方式创建的图表，都会自动链接工作表中的源数据，若改变与图表有关的源数据，图表也会自动更新。

11.2.2 【演练 152 + 视频🎬】：设置图表图例

在 Excel 2010 中，用户可根据需要设置图例的位置以及是否显示图例等选项。

素材文件	·\素材\第 11 章\11-21.xlsx	效果文件	·\效果\第 11 章\11-23.xlsx
视频文件	·\视频\第 11 章\设置图表图例.swf	视频时长	33 秒

【演练 152】设置图表图例的具体操作步骤如下：

步骤① 单击"文件"菜单，在弹出的面板中单击"打开"命令，打开一个 Excel 工作簿，选择需要设置图例的图表，如图 11-21 所示。

步骤② 切换至"布局"面板，在"标签"选项板中单击"图例"按钮📊，在弹出的列表框中选择"在底部显示图例"选项，如图 11-22 所示。

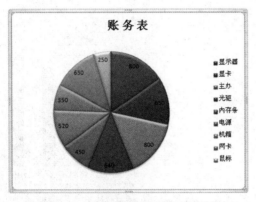
图 11-21　选择需要设置图例的图表

图 11-22　选择"在底部显示图例"选项

步骤③ 执行上述操作后，即可在底部显示图例，效果如图 11-23 所示。

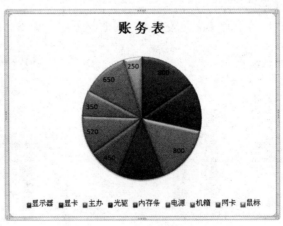
图 11-23　在底部显示图例效果

11.2.3 【演练 153 + 视频🎬】：设置图表图案

在 Excel 2010 中可以设置图表的颜色、图案等，使图表更加美观。

素材文件	·无	效果文件	·\效果\第 11 章\11-25.xlsx
视频文件	·\视频\第 11 章\设置图表图案.swf	视频时长	34 秒

【演练 153】设置图表图案的具体操作步骤如下：

步骤① 打开上一例的效果文件，选择需要设置图案的图表，切换至"格式"面板，在"形状样式"选项板中单击"形状填充"按钮，在弹出的列表框中选择"纹理"选项，在弹出的子菜单中选择"白色大理石"选项，如图 11-24 所示。

步骤② 执行上述操作后，即可设置图表的图案填充效果，如图 11-25 所示。

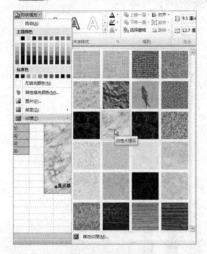

图 11-24　选择"白色大理石"选项

图 11-25　设置图表的图案填充效果

 专家指点

在 Excel 2010 中，单击"形状填充"按钮，在弹出的列表框中用户还可以选择使用颜色、图片以及渐变色来填充特定的图表元素。

11.2.4　【演练 154 + 视频 】：设置图表网格线

在 Excel 2010 中，用户可根据需要设定分类坐标的网格线。如果设置太多网格线，会让图表显得杂乱，用户可根据需要来设置网格线。

素材文件	·\素材\第 11 章\11-26.xlsx	效果文件	·\效果\第 11 章\11-28.xlsx
视频文件	·视频\第 11 章\设置图表网格线.swf	视频时长	37 秒

【演练 154】设置图表网格线的具体操作步骤如下：

步骤① 单击"文件"菜单，在弹出的面板中单击"打开"命令，打开一个 Excel 工作簿，选择需要设置网格线的图表，如图 11-26 所示。

步骤② 切换至"布局"面板，在"坐标轴"选项板中单击"网格线"按钮，在弹出的列表框中选择"主要横网格线"|"主要网格线"选项，如图 11-27 所示。

步骤③ 执行上述操作后，即可添加图表网格线，效果如图 11-28 所示。

 专家指点

在"布局"面板的"坐标轴"选项板中，单击"网格线"按钮，在弹出的列表框中选择"主要纵网格线"|"主要网格线"选项，即可添加纵向网格线。

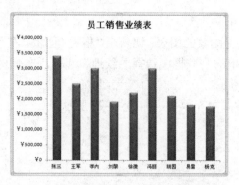

图 11-26 选择需要设置网格线的图表

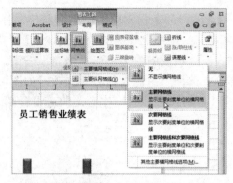

图 11-27 选择"主要网格线"选项

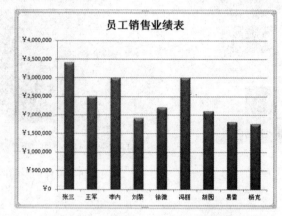

图 11-28 添加图表网格线后的效果

11.3 创建与编辑透视表

在 Excel 2010 中,用户可根据需要创建数据透视表。创建好数据透视表后,用户还可以根据需要对它进行版式和布局的更改等操作,还得随着数据的更新及时更新数据透视表中的数据。本节主要向读者介绍创建与编辑数据透视表的操作方法。

11.3.1 【演练 155 + 视频 】:创建数据透视表

在 Excel 2010 中,使用数据透视表可以全面对数据清单进行重新组织和统计数据,也可以显示不同页面以筛选数据,还可以根据用户的需要显示区域中的细节数据。下面介绍创建数据透视表的操作方法。

素材文件	•\素材\第 11 章\11-29.xlsx	效果文件	•\效果\第 11 章\11-34.xlsx
视频文件	•\视频\第 11 章\创建数据透视表.swf	视频时长	69 秒

【演练 155】创建数据透视表的具体操作步骤如下:

步骤① 单击"文件"菜单,在弹出的面板中单击"打开"命令,打开一个 Excel 工作簿,如图 11-29 所示。

步骤② 切换至"插入"面板,在"表格"选项板中单击"数据透视表"按钮，在弹出的列表框中选择"数据透视表"选项,如图 11-30 所示。

步骤③ 弹出"创建数据透视表"对话框,单击"表/区域"右侧的按钮，如图 11-31 所示。

步骤④ 在工作表中选择需要创建数据透视表的单元格区域，如图 11-32 所示。

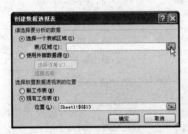

图 11-29　打开一个 Excel 工作簿

图 11-30　选择"数据透视表"选项

图 11-31　单击"表/区域"右侧的按钮

图 11-32　选择相应的单元格区域

步骤⑤ 按【Enter】键确认，返回"创建数据透视表"对话框，选中"新工作表"单选按钮，单击"确定"按钮，即可在一个新工作表中创建数据透视表，效果如图 11-33 所示。

步骤⑥ 在"数据透视表字段列表"窗格中选中相应的复选框，即可显示相应数据，效果如图 11-34 所示。

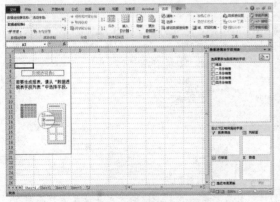

图 11-33　创建数据透视表

图 11-34　显示相应数据

专家指点

　　新建的数据透视表中是没有内容的，用户需要在"数据透视表字段列表"窗格中选中相应的字段复选框，为数据透视表添加数据。

11.3.2 【演练 156 + 视频 📹】：更改透视表布局

在 Excel 2010 中，更改数据透视表布局时，用户可以通过拖动字段按钮或字段标题，直接更改数据透视表的布局，也可以使用数据透视表向导来更改布局。

素材文件	• \素材\第 11 章\11-35.xlsx	效果文件	• \效果\第 11 章\11-37.xlsx
视频文件	• \视频\第 11 章\更改透视表布局.swf	视频时长	38 秒

【演练 156】更改透视表布局的具体操作步骤如下：

步骤① 单击"文件"菜单，在弹出的面板中单击"打开"命令，打开一个 Excel 工作簿，将鼠标置于数据透视表的某一个单元格中，如图 11-35 所示。

步骤② 切换至"设计"面板，在"布局"选项板中单击"报表布局"按钮，在弹出的列表框中选择"以表格形式显示"选项，如图 11-36 所示。

图 11-35　打开一个 Excel 工作簿　　　　图 11-36　选择"以表格形式显示"选项

步骤③ 执行上述操作后，即可以表格形式显示数据透视表，效果如图 11-37 所示。

图 11-37　以表格形式显示数据透视表

 专家指点

在 Excel 2010 中，更改数据透视表的布局可以让数据透视表以不同的方式显示在用户面前。当数据透视表中分类内容较多时，可以使用压缩形式显示数据表。

11.3.3 【演练 157 + 视频 📹】：更改透视表样式

对于创建的数据透视表，用户可以使用自动套用格式功能，将 Excel 中内置的数据透视表格式应用于选中的数据透视图表。对于数据区域的数字格式，用户也可根据需要进行设置。

素材文件	·无	效果文件	·\效果\第 11 章\11-40.xlsx
视频文件	·\视频\第 11 章\更改透视表样式.swf	视频时长	35 秒

【演练 157】更改透视表样式的具体操作步骤如下：

步骤① 打开上一例的效果文件，将鼠标置于数据透视表的某一个单元格中，切换至"设计"面板，在"数据透视表样式"选项板中单击"其他"按钮，如图 11-38 所示。

步骤② 在弹出的下拉列表框中选择相应的透视表样式，如图 11-39 所示。

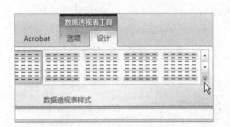

图 11-38 单击"其他"按钮

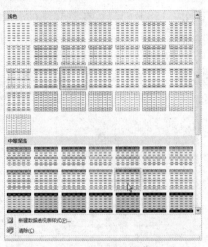

图 11-39 选择相应的透视表样式

专家指点

> 在"数据透视表样式"选项板中单击"其他"按钮，在弹出的下拉列表框中将显示所有数据透视表样式。

步骤③ 执行上述操作后，即可更改数据透视表样式，效果如图 11-40 所示。

月份	求和项:可乐（元）	求和项:柠檬（元）
一月	1500	1000
二月	1200	900
三月	1400	1100
四月	1300	800
五月	1600	950
总计	7000	4750

图 11-40 更改数据透视表样式的效果

11.4 创建与编辑透视图

数据透视图可以看做是数据透视表和图表的结合，它以图形的形式表示数据透视表中的数据。数据透视图具有 Excel 图表显示数据的所有功能，而且同时具有数据透视表的方便和灵活等特性。本节主要介绍创建与编辑数据透视图的操作方法。

11.4.1 【演练 158 + 视频 ■■ 】：创建数据透视图

创建数据透视图的操作与创建数据透视表的操作基本上相同，下面向读者进行介绍。

素材文件	·\素材\第 11 章\11-41.xlsx	效果文件	·\效果\第 11 章\11-46.xlsx
视频文件	·\视频\第 11 章\创建数据透视图.swf	视频时长	74 秒

【演练 158】创建数据透视图的具体操作步骤如下：

步骤① 单击"文件"菜单，在弹出的面板中单击"打开"命令，打开一个 Excel 工作簿，如图 11-41 所示。

步骤② 切换至"插入"面板，在"表格"选项板中单击"数据透视表"按钮，在弹出的列表框中选择"数据透视图"选项，如图 11-42 所示。

图 11-41　打开一个 Excel 工作簿

图 11-42　选择"数据透视图"选项

步骤③ 弹出"创建数据透视表及数据透视图"对话框，单击"表/区域"右侧的按钮，如图 11-43 所示。

步骤④ 在工作表中选择需要创建数据透视图的单元格区域，如图 11-44 所示。

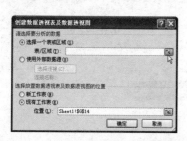

图 11-43　单击"表/区域"右侧的按钮　　图 11-44　选择相应的单元格区域

步骤⑤ 按【Enter】键确认，返回"创建数据透视表及数据透视图"对话框，选中"新工作表"单选按钮，单击"确定"按钮，在新工作表中创建数据透视图，如图 11-45 所示。

步骤⑥ 在"数据透视表字段列表"窗格中选中相应复选框，即可显示相应数据及图表，效果如图 11-46 所示。

专家指点

> 在"创建数据透视表及数据透视图"对话框的"表/区域"右侧的文本框中，用户可以手动输入单元格区域的参数。

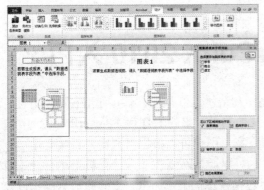
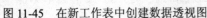

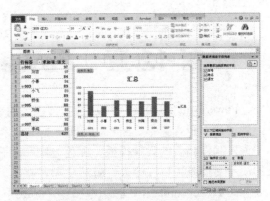

图 11-45 在新工作表中创建数据透视图　　　　图 11-46 显示相应数据及图表

11.4.2 【演练 159 + 视频 :: 】：设置数据透视图

Excel 自动创建的数据透视图，其效果不一定能满足用户的需求，这时就需要对其进行修改和编辑。下面介绍设置数据透视图的操作方法。

素材文件	·无	效果文件	·\效果\第 11 章\11-50.xlsx
视频文件	·\视频\第 11 章\设置数据透视图.swf	视频时长	45 秒

【演练 159】设置数据透视图的具体操作步骤如下：

步骤① 打开上一例的效果文件，选择需要编辑的数据透视图，如图 11-47 所示。

步骤② 将鼠标置于图表标题中，选择相应的图表标题，按【Delete】键将其删除，然后输入用户需要的图表标题，如图 11-48 所示。

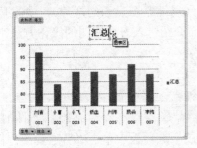
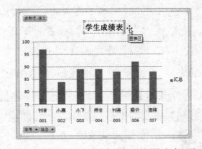

图 11-47 将鼠标至于图表标题中　　　　图 11-48 输入用户需要的图表标题

步骤③ 切换至"布局"面板，在"标签"选项板中单击"图例"按钮，在弹出的列表框中选择"无"选项，如图 11-49 所示。

步骤④ 执行上述操作后，即可删除图表中的图例，效果如图 11-50 所示。

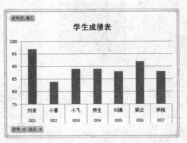

图 11-49 在列表框中选择"无"选项　　　　图 11-50 删除图表中的图例

第 12 章　PowerPoint 2010 入门

PowerPoint 2010 是一个功能非常强大的制作和演示幻灯片的软件,使用它可以方便、快捷地创建出包含文本、图表、图形、剪贴画和其他艺术效果的幻灯片。PowerPoint 2010 包含了许多制作精美的设计模板、配色方案和动画方案,用户可以根据自身需要直接套用,创建的演示文稿既可以在个人计算机上单独播放,也可以通过网络在多台计算机上运行。本章主要介绍 PowerPoint 2010 的基本操作,主要内容包括视图的显示方式、文稿的基本操作以及文本的基本操作等。

12.1　视图的显示方式

PowerPoint 2010 具有许多不同的视图方式,可帮助用户创建、组织、浏览和播放演示文稿。其中,普通视图是用来制作幻灯片的,幻灯片浏览视图是用来浏览和检查演示文稿的总体布局与效果的,幻灯片放映视图是用来播放演示文稿的,备注页视图主要用于编排备注页。下面将向读者进行详细介绍。

12.1.1　【演练 160 + 视频🎥】:进入普通视图

PowerPoint 2010 默认的视图方式即是普通视图,该视图有 3 个工作区域:左侧是“大纲”选项卡(以文本显示幻灯片)和“幻灯片”选项卡(以缩略图显示幻灯片),中间是幻灯片窗格,用来显示当前幻灯片,底部是备注窗格。下面介绍进入普通视图的操作方法。

素材文件	·\素材\第 12 章\12-1.pptx	效果文件	·\效果\第 12 章\12-3.pptx
视频文件	·\视频\第 12 章\进入普通视图.swf	视频时长	32 秒

【演练 160】进入普通视图的具体操作步骤如下:

步骤① 单击“文件”菜单,在其面板中单击“打开”命令,打开一个演示文稿,如图 12-1 所示。

步骤② 切换至“视图”面板,在“演示文稿视图”选项板中单击“普通视图”按钮,如图 12-2 所示。

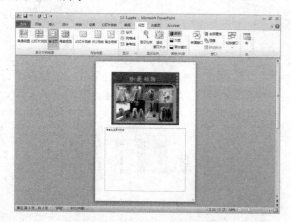

图 12-1　打开一个演示文稿

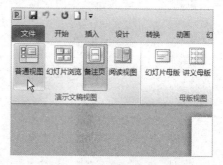

图 12-2　单击“普通视图”按钮

步骤③ 执行上述操作后，即可切换至普通视图，效果如图 12-3 所示。

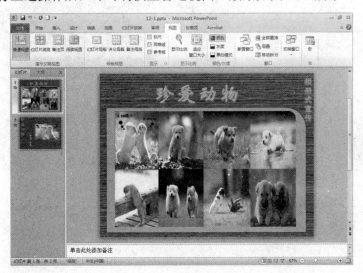

图 12-3 切换至普通视图

 专家指点

在 PowerPoint 2010 中单击状态栏右侧的"普通视图"按钮，也可以切换至普通视图。

12.1.2 【演练 161 + 视频 】：幻灯片放映视图

在 PowerPoint 2010 中，幻灯片放映视图占据着整个计算机屏幕。在该视图中，幻灯片将以全屏幕方式动态显示，并且具有动画、声音以及切换等效果。

素材文件	·无	效果文件	·\效果\第 12 章\12-5.pptx
视频文件	·\视频\第 12 章\幻灯片放映视图.swf	视频时长	33 秒

【演练 161】进入幻灯片放映视图的具体操作步骤如下：

步骤① 打开上一例的效果文件，在视图区中单击"幻灯片放映"按钮，如图 12-4 所示。

图 12-4 单击"幻灯片放映"按钮

 专家指点

在 PowerPoint 2010 中单击状态栏右侧的"幻灯片放映"按钮，也可以切换至幻灯片放映视图。

步骤② 切换至幻灯片放映视图，在其中可以预览幻灯片效果，如图 12-5 所示。

图 12-5　预览幻灯片效果

12.1.3　【演练 162 + 视频━━】：幻灯片浏览视图

在 PowerPoint 2010 中，幻灯片浏览视图可以用来观察演示文稿的整体效果。在该视图中，以缩略图的形式显示幻灯片。

素材文件	·\素材\第 12 章\12-6.pptx	效果文件	·\效果\第 12 章\12-8.pptx
视频文件	·\视频\第 12 章\幻灯片浏览视图.swf	视频时长	35 秒

【演练 162】进入幻灯片浏览视图的具体操作步骤如下：

步骤① 单击"文件"菜单，在弹出的面板中单击"打开"命令，打开一个演示文稿，如图 12-6 所示。

步骤② 切换至"视图"面板，在"演示文稿视图"选项板中单击"幻灯片浏览"按钮 ，如图 12-7 所示。

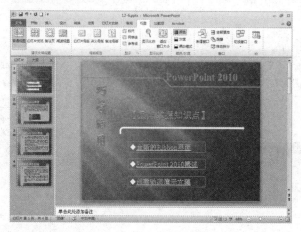

图 12-6　打开一个演示文稿

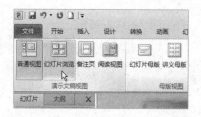

图 12-7　单击"幻灯片浏览"按钮

 专家指点

　　在 PowerPoint 2010 中单击状态栏右侧的"幻灯片浏览"按钮 ，也可以切换至幻灯片浏览视图。

步骤③ 执行上述操作后，即可切换至幻灯片浏览视图，效果如图 12-8 所示。

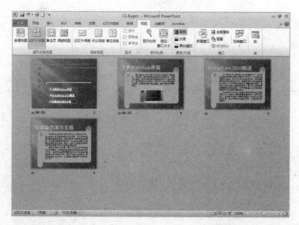

图 12-8　切换至幻灯片浏览视图

专家指点

在 PowerPoint 2010 中按【F5】键，也可以进入幻灯片放映视图。

12.1.4　【演练 163 + 视频▶】：进入备注页视图

备注页视图用来显示和编排备注页内容，在备注页视图中，视图的上半部分显示幻灯片，下半部分显示备注内容。一般文字备注可以在普通视图的备注窗格中添加，而要添加图形和表格等对象，则必须在备注页视图中操作。

素材文件	·\素材\第 12 章\12-9.pptx	效果文件	·\效果\第 12 章\12-11.pptx
视频文件	·\视频\第 12 章\进入备注页视图.swf	视频时长	29 秒

【演练 163】进入备注页视图的具体操作步骤如下：

步骤① 单击"文件"菜单，在弹出的面板中单击"打开"命令，打开一个演示文稿，如图 12-9 所示。

步骤② 切换至"视图"面板，在"演示文稿视图"选项板中单击"备注页"按钮，如图 12-10 所示。

图 12-9　打开一个演示文稿

图 12-10　单击"备注页"按钮

步骤③ 执行上述操作后，即可切换至备注页视图，效果如图 12-11 所示。

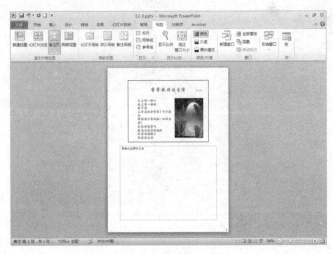

图 12-11　切换至备注页视图

 专家指点

在 PowerPoint 2010 中依次按键盘上的【Alt】、【W】和【T】键，也可以快速切换至备注页视图。

12.2　文稿的基本操作

演示文稿是用于介绍和说明某个问题和事件的一组多媒体材料，也是 PowerPoint 2010 生成的文件形式。演示文稿的基本操作包括新建、保存、打开和关闭等。

12.2.1　【演练 164 + 视频 ■■】：创建演示文稿

在 PowerPoint 2010 中，创建演示文稿的方法有很多种，下面向读者介绍直接创建演示文稿的操作方法。

素材文件	·无	效果文件	·\效果\第 12 章\12-15.pptx
视频文件	·\视频\第 12 章\创建演示文稿.swf	视频时长	34 秒

【演练 164】创建演示文稿的具体操作步骤如下：

步骤① 单击"文件"菜单，在弹出的面板中单击"新建"命令，如图 12-12 所示。

步骤② 切换至"新建"选项卡，在窗格中单击"空白演示文稿"按钮，如图 12-13 所示。

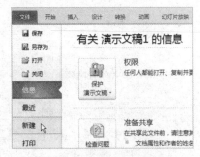

图 12-12　单击"新建"命令

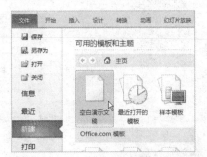

图 12-13　单击"空白演示文稿"按钮

专家指点

> 在 PowerPoint 2010 中，用户可根据已安装的主题新建演示文稿。主题是 PowerPoint 2010 预先为用户设置好的应用版式，且每种主题都提供了几十种内置的主题颜色，用户可以根据自己的需要选择不同的颜色来设计演示文稿。

步骤③ 在右侧窗格中单击"创建"按钮，如图 12-14 所示。

步骤④ 执行上述操作后，即可新建一个演示文稿，命名为"演示文稿 2"，如图 12-15 所示。

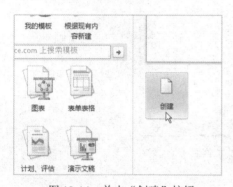

图 12-14　单击"创建"按钮

图 12-15　新建一个演示文稿

专家指点

> 在 PowerPoint 2010 中，用户还可以根据已安装的模板新建演示文稿。模板是一种以特殊格式保存的演示文稿，一旦应用了模板，幻灯片的背景图形、配色方案等都一并确定，所以套用模板能大大提高工作效率。

12.2.2　【演练 165 + 视频 ▪ ▪ 】：保存演示文稿

新建演示文稿以后，就可以将其保存到磁盘文件中，这样才能保存已完成的工作，PowerPoint 演示文稿保存的方法与 Word 文档的保存方法相同，在初次保存时，都会弹出"另存为"对话框，用户只需设置好演示文稿的保存位置和名称即可。

素材文件	·无	效果文件	·\效果\第 12 章\12-18.pptx
视频文件	·\视频\第 12 章\保存演示文稿.swf	视频时长	41 秒

【演练 165】保存演示文稿的具体操作步骤如下：

步骤① 单击"文件"菜单，在弹出的面板中单击"新建"命令，新建一个演示文件，在其中制作相应的幻灯片效果，如图 12-16 所示。

步骤② 单击"文件"菜单，在弹出的面板中单击"保存"命令，如图 12-17 所示。

步骤③ 弹出"另存为"对话框，在其中用户可根据需要设置演示文稿的保存位置及文件名称，单击"保存"按钮，即可保存演示文稿，如图 12-18 所示。

图 12-16　制作相应的幻灯片效果

图 12-17　单击"保存"命令

图 12-18　设置保存位置及文件名称

 专家指点

在 PowerPoint 2010 中按【Ctrl + S】组合键，也可以保存演示文稿。

12.2.3　【演练 166 + 视频 ■■】：打开演示文稿

如果用户需要对电脑中的演示文稿进行编辑，首先需要将文件打开，下面向读者介绍打开演示文稿的操作方法。

素材文件	·\素材\第 12 章\12-19.pptx	效果文件	·无
视频文件	·\视频\第 12 章\打开演示文稿.swf	视频时长	24 秒

【演练 166】打开演示文稿的具体操作步骤如下：

步骤① 单击"文件"菜单，在弹出的面板中单击"打开"命令，如图 12-19 所示。

步骤② 弹出"打开"对话框，在其中选择需要打开的演示文稿，如图 12-20 所示。

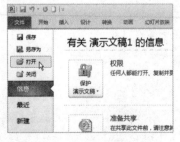

图 12-19　单击"打开"命令

图 12-20　选择需要打开的演示文稿

步骤❸ 单击 "打开" 按钮，即可打开选择的演示文稿，效果如图 12-21 所示。

图 12-21　打开选择的演示文稿

 专家指点

在 PowerPoint 2010 中，用户还可以通过以下两种方法打开演示文稿：
- 按【Ctrl + O】组合键。
- 按【Ctrl + F12】组合键。

12.2.4　【演练 167 + 视频🔲】：关闭演示文稿

关闭 PowerPoint 2010 演示文稿的方法和关闭 Word 2010 文档、Excel 2010 工作簿的方法相似，下面向读者进行介绍。

素材文件	·\素材\第 12 章\12-22.pptx	效果文件	·无
视频文件	·\视频\第 12 章\关闭演示文稿.swf	视频时长	29 秒

【演练 167】关闭演示文稿的具体操作步骤如下：

步骤❶ 单击 "文件" 菜单，在弹出的面板中单击 "打开" 命令，打开一个演示文稿，如图 12-22 所示。

步骤❷ 单击 "文件" 菜单，在弹出的面板中单击 "关闭" 命令（如图 12-23 所示），即可关闭演示文稿。

图 12-22　打开一个演示文稿

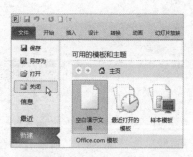

图 12-23　单击 "关闭" 命令

在 PowerPoint 2010 中，用户还可以通过以下 5 种方法关闭演示文稿：

- 按【Ctrl + W】组合键。
- 按【Ctrl + F4】组合键。
- 按【Alt + F4】组合键。
- 单击标题栏右侧的"关闭"按钮 。
- 按【Alt + Space】组合键，在弹出的快捷菜单中选择"关闭"选项。

12.3 文本的基本操作

文字是演示文稿中至关重要的组成部分，无论是新建演示文稿时生成的幻灯片，还是刚新建的幻灯片，都类似一张白纸，需要用户用文字将内容表达出来。本节主要介绍文本的基本操作。

12.3.1 【演练 168 + 视频 】：在占位符中输入文本

幻灯片版式包含多种组合形式的文本和对象占位符，占位符是带有虚线或阴影线标记边框的矩形框，它是绝大多数幻灯片版式的组成部分，这些矩形框可容纳标题、正文以及对象。

素材文件	·\素材\第 12 章\12-24.pptx	效果文件	·\效果\第 12 章\12-29.pptx
视频文件	·\视频\第 12 章\在占位符中输入文本.swf	视频时长	66 秒

【演练 168】在占位符中输入文本的具体操作步骤如下：

步骤① 单击"文件"菜单，在弹出的面板中单击"打开"命令，打开一个演示文稿，如图 12-24 所示。

步骤② 在幻灯片中将鼠标定位于占位符中，如图 12-25 所示。

图 12-24 打开一个演示文稿

图 12-25 将鼠标定位于占位符中

步骤③ 选择一种合适的输入法，在其中输入相应文本内容，如图 12-26 所示。

步骤④ 选择输入的文本内容，在"开始"面板的"字体"选项板中，单击"字体"下拉按钮，在弹出的列表框中选择"方正超粗黑简体"选项，如图 12-27 所示。

图 12-26 输入相应文本内容

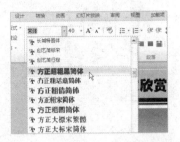

图 12-27 选择"方正超粗黑简体"选项

步骤⑤ 执行上述操作后，即可设置文本字体，效果如图 12-28 所示。

步骤⑥ 用与上述相同的方法，在其他幻灯片中输入相应文本内容，效果如图 12-29 所示。

图 12-28 设置文本字体

图 12-29 输入相应文本内容

 专家指点

选择输入的文本，在"开始"面板的"字体"选项板中，用户还可以根据需要设置文字的字体大小、颜色以及字形等属性。

12.3.2 【演练 169 + 视频 ▪ ▪】：在文本框中添加文本

在 PowerPoint 2010 中，用户还可以在文本框中添加文本内容。

素材文件	・\素材\第 12 章\12-30.pptx	效果文件	・\效果\第 12 章\12-33.pptx
视频文件	・\视频\第 12 章\在文本框中添加文本.swf	视频时长	100 秒

【演练 169】在文本框中添加文本的具体操作步骤如下：

步骤① 单击"文件"菜单，在弹出的面板中单击"打开"命令，打开一个演示文稿，如图 12-30 所示。

步骤② 切换至"插入"面板，在"文本"选项板中单击"文本框"按钮 A，在弹出的列表框中选择"横排文本框"选项，如图 12-31 所示。

图 12-30 打开一个演示文稿

图 12-31 选择"横排文本框"选项

步骤③ 将鼠标移至幻灯片中，单击鼠标左键并拖曳，绘制文本框，如图 12-32 所示。

步骤④ 将鼠标定位于文本框中，在"开始"面板的"字体"选项板中设置文本的相应属性，在"格式"面板的"艺术字样式"选项板中设置文字的艺术效果，选择一种合适的输入法，在其中输入相应文本内容，如图 12-33 所示。

图 12-32 在幻灯片中绘制文本框

图 12-33 输入相应文本内容

 专家指点

在"插入"面板的"文本"选项板中，单击"文本框"按钮，在弹出的列表框中选择"垂直文本框"选项，即可在幻灯片中输入垂直文本。

12.3.3 【演练 170 + 视频 】：在自选图形中添加文本

在自选图形中添加文本信息，有时更能完整地表达一项内容，并且添加的文本被附加到图形，并随图形移动或旋转。

素材文件	·\素材\第 12 章\12-34.pptx	效果文件	·\效果\第 12 章\12-37.pptx
视频文件	·\视频\第 12 章\在自选图形中添加文本.swf	视频时长	53 秒

【演练 170】在自选图形中添加文本的具体操作步骤如下：

步骤① 单击"文件"菜单，在弹出的面板中单击"打开"命令，打开一个演示文稿，如图 12-34 所示。

步骤② 在幻灯片中选择需要输入文字的自选图形，如图 12-35 所示。

步骤③ 单击鼠标右键，在弹出的快捷菜单中选择"编辑文字"选项，如图 12-36 所示。

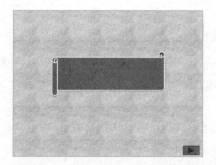

图 12-34　打开一个演示文稿

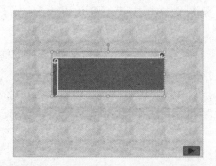

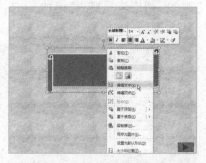

图 12-35　选择需要输入文字的自选图形　　　　　图 12-36　选择"编辑文字"选项

步骤④ 选择一种合适的输入法，在自选图形中输入相应文本内容，在相应面板中设置文字的属性，效果如图 12-37 所示。

图 12-37　在自选图形中输入相应文本内容

专家指点

在 PowerPoint 2010 中，如果用户需要向旗帜或标注等自选图形中添加文本，则必须使用文本框来添加文本。

12.4　母版的基本操作

在 PowerPoint 2010 中，母版控制演示文稿中的每个部件（如字体、字形、背景和背景对象）的形态。PowerPoint 2010 提供了幻灯片母版、讲义母版以及备注母版等，分别应用于不同的视图。本节主要介绍母版的基本操作。

12.4.1 【演练171+视频】：进入幻灯片母版

幻灯片母版是保存关于模板信息的设计模板，这些模板信息包括字形、占位符大小和位置、背景设计和配色方案。幻灯片母版的作用是使用户进行全局更改（如替换字形），并使用该更改应用到演示文稿中的所有幻灯片。

素材文件	·无	效果文件	·\效果\第12章\12-41.pptx
视频文件	·\视频\第12章\进入幻灯片母版.swf	视频时长	77秒

【演练171】进入幻灯片母版的具体操作步骤如下：

步骤① 切换至"视图"面板，在"母板视图"选项板中单击"幻灯片母版"按钮，如图12-38所示。

步骤② 进入幻灯片母版视图，选择第1张幻灯片，将鼠标定位于占位符中，如图12-39所示。

图12-38 单击"幻灯片母版"按钮

图12-39 将鼠标定位于占位符中

步骤③ 选择"单击此处编辑母版标题样式"字样，按【Delete】键将其删除，然后输入相应的标题字样，如图12-40所示。

步骤④ 在幻灯片下方的文本框中，还可以输入其他文本内容，按【Delete】键可删除不需要的文本内容，效果如图12-41所示。

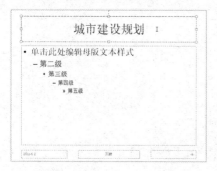

图12-40 输入相应的标题字样

图12-41 输入其他文本内容

专家指点

> 通常可以使用幻灯片母版更改字体或项目符号，插入需要显示在多张幻灯片上的艺术图片，更改占位符的位置、大小和格式。如果需要某些文本或图形在每张幻灯片上都出现，如公司的徽标和名称，用户可以将它们放在母版中，这样只需编辑一次就可以了。

12.4.2 【演练 172 + 视频 ⏺】：进入讲义母版

如果要更改"讲义母版"中页眉和页脚内的文本、日期或页码的外观、位置和大小，就要更改讲义母版。在每页一张幻灯片的版式中，如果不希望页眉和页脚的文本、日期或幻灯片编号在幻灯片中显示，则只能将页眉和页脚应用于讲义而不是幻灯片中。

素材文件	·\素材\第 12 章\12-42.pptx	效果文件	·\效果\第 12 章\12-45.pptx
视频文件	·\视频\第 12 章\进入讲义母版.swf	视频时长	59 秒

【演练 172】进入讲义母版的具体操作步骤如下：

步骤① 单击"文件"菜单，在弹出的面板中单击"打开"命令，打开一个演示文稿，如图 12-42 所示。

步骤② 切换至"视图"面板，在"母版视图"选项板中单击"讲义母版"按钮，如图 12-43 所示。

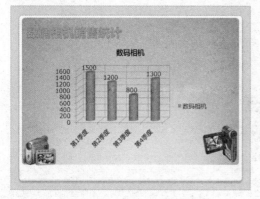

图 12-42　打开一个演示文稿

图 12-43　单击"讲义母版"按钮

步骤③ 进入讲义母版视图，在"页面设置"选项板中单击"幻灯片方向"按钮，在弹出的列表框中选择"纵向"选项，如图 12-44 所示。

步骤④ 执行上述操作后，即可将幻灯片方向更改为纵向，单击面板右侧的"关闭母版视图"按钮，退出讲义母版，即可看到幻灯片方向已更改为纵向，如图 12-45 所示。

图 12-44　选择"纵向"选项

图 12-45　更改幻灯片方向后的效果

12.4.3 【演练 173 + 视频 ⏸】：进入备注母版

PowerPoint 2010 为每张幻灯片都设置了一个备注页，供演讲人添加备注。备注母版用于控制注释的内容和格式，使多数注释具有统一的外观。

素材文件	• \素材\第 12 章\12-46.pptx	效果文件	• \效果\第 12 章\12-51.pptx
视频文件	• \视频\第 12 章\进入备注母版.swf	视频时长	61 秒

【演练 173】进入备注母版的具体操作步骤如下：

步骤① 单击"文件"菜单，在弹出的面板中单击"打开"命令，打开一个演示文稿，如图 12-46 所示。

步骤② 切换至"视图"面板，在"母版视图"选项板中单击"备注母版"按钮 ，，如图 12-47 所示。

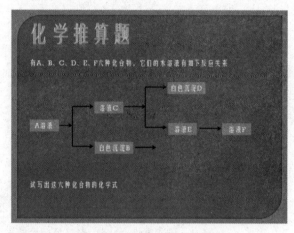

图 12-46　打开一个演示文稿　　　　　　　　图 12-47　单击"备注母版"按钮

步骤③ 进入备注母版视图，在"页面设置"选项板中单击"备注页方向"按钮，在弹出的列表框中选择"横向"选项，如图 12-48 所示。

步骤④ 执行上述操作后，即可将备注窗口更改为横向，如图 12-49 所示。

图 12-48　选择"横向"选项　　　　　　　　图 12-49　将备注窗口更改为横向

专家指点

> 在"页面设置"选项板中单击"页面设置"按钮，可以设置幻灯片的页面大小。

步骤⑤ 在"占位符"选项板中取消选择"页眉"、"页脚"、"日期"和"页码"复选框，如图 12-50 所示。

步骤⑥ 执行上述操作后，即可更改备注页版式，效果如图 12-51 所示。

图 12-50　取消选择相应复选框

图 12-51　更改备注页版式

第 13 章　PowerPoint 文本美化

在 PowerPoint 2010 中，文本是演示文稿最基本的内容，文本处理是制作演示文稿最基础的知识，为了使演示文稿更加美观、实用，还可以在输入文本之后，通过设置文本的颜色、字体、字形、字号以及对齐方式等属性，使演示文稿的外观更加精美。本章主要介绍 PowerPoint 2010 文本的美化操作。

13.1　编辑文本对象

PowerPoint 2010 具有非常强大的文本编辑功能，可以插入新的文本，也可以复制文本对象并将其粘贴到其他的位置，还可以对文本进行移动、删除等操作。本节主要介绍编辑文本对象的各种操作方法。

13.1.1　【演练 174＋视频】：选择文本对象

在编辑文本时，经常需要对文本进行删除、复制等操作，这时就要先选择需要编辑的文本对象。下面介绍选择文本对象的操作方法。

素材文件	· \素材\第 13 章\13-1.pptx	效果文件	· 无
视频文件	· \视频\第 13 章\选择文本对象.swf	视频时长	43 秒

【演练 174】选择文本对象的具体操作步骤如下：

步骤① 单击 "文件" 菜单，在弹出的面板中单击 "打开" 命令，打开一个演示文稿，如图 13-1 所示。

步骤② 将鼠标移至需要选择的文本对象上方，单击鼠标左键，将鼠标定位于文本框中，如图 13-2 所示。

图 13-1　打开一个演示文稿

图 13-2　将鼠标定位于文本框中

　专家指点

按【Ctrl＋A】组合键，即可选择整个文稿中的所有对象。

步骤③　单击鼠标左键并向左拖曳，至合适位置后释放鼠标，即可选择相应文本，效果如图 13-3 所示。

图 13-3　选择相应文本对象

13.1.2　【演练 175 + 视频 ▪ ▪】：复制文本对象

如果用户在创建一个新的演示文稿时，发现以前有类似的文稿，可以利用复制命令来复制它们相同的部分，从而免去一些重复的工作。

素材文件	·无	效果文件	·\效果\第 13 章\13-4.pptx
视频文件	·\视频\第 13 章\复制文本对象.swf	视频时长	36 秒

【演练 175】复制文本对象的具体操作步骤如下：

步骤①　打开上一例的素材文件，在幻灯片中选择需要复制的文本对象，如图 13-4 所示。

步骤②　单击鼠标右键，在弹出的快捷菜单中选择"复制"选项，如图 13-5 所示。

图 13-4　选择需要复制的文本对象

图 13-5　选择"复制"选项

　专家指点

在 PowerPoint 2010 中选择需要复制的文本对象，按【Ctrl + C】组合键，也可以进行复制。

步骤③ 在工作界面的左侧选择第 2 张幻灯片，切换至第 2 张幻灯片，如图 13-6 所示。

步骤④ 将鼠标定位于需要复制文本的文本框中，按【Ctrl＋V】组合键，即可将复制的文本进行粘贴操作，效果如图 13-7 所示。

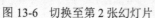

图 13-6　切换至第 2 张幻灯片　　　　　　　图 13-7　将复制的文本进行粘贴操作

13.1.3 【演练 176＋视频 】：移动文本对象

在编辑演示文稿时，有时需要将一段文字移到另外一个位置，PowerPoint 2010 为用户提供了很方便的移动文本功能。下面介绍移动文本对象的操作方法。

素材文件	•\素材\第 13 章\13-8.pptx	效果文件	•\效果\第 13 章\13-10.pptx
视频文件	•\视频\第 13 章\移动文本对象.swf	视频时长	29 秒

【演练 176】移动文本对象的具体操作步骤如下：

步骤① 单击"文件"菜单，在弹出的面板中单击"打开"命令，打开一个演示文稿，如图 13-8 所示。

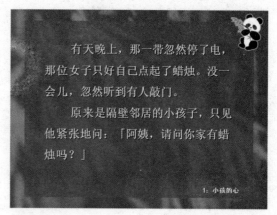

图 13-8　打开一个演示文稿

步骤② 在第 1 张幻灯片中选择需要移动的文本对象，单击鼠标左键并向左拖曳，如图 13-9 所示。

步骤③ 至合适位置后释放鼠标，即可移动文本对象，效果如图 13-10 所示。

图 13-9　单击鼠标左键并向左拖曳

图 13-10　移动文本对象的效果

 专家指点

> 在幻灯片中选择需要移动的文本对象，按【Ctrl+X】组合键，进行剪切；在目标位置中，按【Ctrl+V】组合键，进行粘贴，也可以对文本对象进行移动操作。

13.1.4　【演练 177 + 视频 】：删除文本对象

在 PowerPoint 2010 演示文稿中，用户可对不需要的文本对象进行删除操作。

素材文件	·\素材\第 13 章\13-11.pptx	效果文件	·\效果\第 13 章\13-14.pptx
视频文件	·\视频\第 13 章\删除文本对象.swf	视频时长	29 秒

【演练 177】删除文本对象的具体操作步骤如下：

步骤① 单击"文件"菜单，在弹出的面板中单击"打开"命令，打开一个演示文稿，如图 13-11 所示。

步骤② 在幻灯片中选择需要删除的文本对象，如图 13-12 所示。

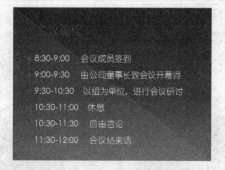

图 13-11　打开一个演示文稿

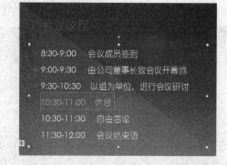

图 13-12　选择需要删除的文本对象

 专家指点

> 在 PowerPoint 2010 中选择需要删除的文本对象，按【Delete】键，也可以进行删除。

步骤③ 在"开始"面板的"剪贴板"选项板中，单击"剪切"按钮 ，如图 13-13

所示。

步骤④ 执行上述操作后，即可删除选择的文本对象，效果如图 13-14 所示。

图 13-13　单击"剪切"按钮

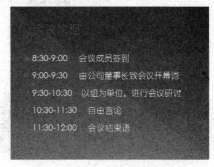

图 13-14　删除选择的文本对象

13.2　设置字体格式

用户在输入文本时，PowerPoint 2010 将自动按系统默认的字体、字形和字号显示文本，为了使创建的幻灯片清晰、美观、富于个性化，需要对文本进行格式化操作，即设置文本的字体、字形和字号等。

13.2.1　【演练 178 + 视频██】：设置文本字体

在 PowerPoint 2010 中，设置演示文稿文本的字体是最基本的格式化操作。

素材文件	·\素材\第 13 章\13-15.pptx	效果文件	·\效果\第 13 章\13-18.pptx
视频文件	·\视频\第 13 章\设置文本字体.swf	视频时长	36 秒

【演练 178】设置文本字体的具体操作步骤如下：

步骤① 单击"文件"菜单，在弹出的面板中单击"打开"命令，打开一个演示文稿，如图 13-15 所示。

步骤② 在幻灯片中选择需要设置字体的文本对象，如图 13-16 所示。

图 13-15　打开一个演示文稿

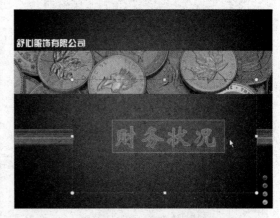

图 13-16　选择需要设置字体的文本对象

步骤③ 在"开始"面板的"字体"选项板中，单击"字体"下拉按钮，在弹出的下拉列表框中选择"黑体"选项，如图 13-17 所示。

步骤④　执行上述操作后，即可更改文字字体，效果如图 13-18 所示。

图 13-17　选择"黑体"选项

图 13-18　更改文字字体

专家指点

　　选择需要更改字体的文本对象，在弹出的浮动面板中单击"字体"下拉按钮，在弹出的下拉列表框中选择相应的字体选项，也可以进行更改。

13.2.2　【演练 179 + 视频 ▄▄】：设置文本字号

在 PowerPoint 2010 中，用户也可以通过改变文本的字号来美化演示文稿。

素材文件	·素材\第 13 章\13-19.pptx	效果文件	·\效果\第 13 章\13-22.pptx
视频文件	·\视频\第 13 章\设置文本字号.swf	视频时长	38 秒

【演练 179】设置文本字号的具体操作步骤如下：

步骤①　单击"文件"菜单，在弹出的面板中单击"打开"命令，打开一个演示文稿，如图 13 19 所示。

步骤②　在幻灯片中选择需要设置字号的文本对象，如图 13-20 所示。

图 13-19　打开一个演示文稿

图 13-20　选择需要设置字号的文本对象

步骤③ 切换至"开始"面板，在"字体"选项板的"字号"文本框中输入 100，如图 13-21 所示。

步骤④ 执行上述操作后，即可设置文本字号大小，效果如图 13-22 所示。

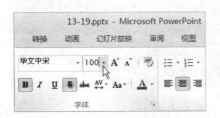

图 13-21　在"字号"文本框中输入 100

图 13-22　设置文本字号大小的效果

专家指点

　　选择需要更改字号的文本对象，在弹出的浮动面板中单击"字号"下拉按钮，在弹出的下拉列表框中选择相应的字号选项，也可以进行更改。

13.2.3　【演练 180 + 视频 ▪▪】：设置文本字形

在 PowerPoint 2010 中，用户可根据需要设置文本的字形效果，包括文本的加粗和倾斜。

素材文件	·\素材\第 13 章\13-23.pptx	效果文件	·\效果\第 13 章\13-26.pptx
视频文件	·\视频\第 13 章\设置文本字形.swf	视频时长	35 秒

【演练 180】设置文本字形的具体操作步骤如下：

步骤① 单击"文件"菜单，在弹出的面板中单击"打开"命令，打开一个演示文稿，如图 13-23 所示。

步骤② 在幻灯片中选择需要设置字形的文本对象，如图 13-24 所示。

图 13-23　打开一个演示文稿

图 13-24　选择需要设置字形的文本对象

步骤③ 在"开始"面板的"字体"选项板中，单击"加粗"按钮 **B** 和"倾斜"按钮 *I*，如图 13-25 所示。

步骤④ 执行上述操作后，即可更改文本的字形，效果如图 13-26 所示。

图 13-25　单击"加粗"和"倾斜"按钮

图 13-26　更改文本字形的效果

专家指点

选择需要更改字形的文本对象，在弹出的浮动面板中分别单击"加粗"和"倾斜"按钮，也可以进行字形的更改。

13.2.4　【演练 181 + 视频 】：设置文本颜色

在 PowerPoint 2010 中，默认情况下的字体颜色为黑色，用户可根据需要进行修改。

素材文件	•\素材\第 13 章\13-27.pptx	效果文件	•\效果\第 13 章\13-30.pptx
视频文件	•\视频\第 13 章\设置文本颜色.swf	视频时长	38 秒

【演练 181】设置文本颜色的具体操作步骤如下：

步骤① 单击"文件"菜单，在弹出的面板中单击"打开"命令，打开一个演示文稿，如图 13-27 所示。

步骤② 在幻灯片中选择需要设置颜色的文本对象，如图 13-28 所示。

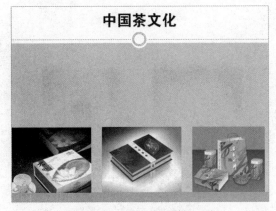

图 13-27　打开一个演示文稿

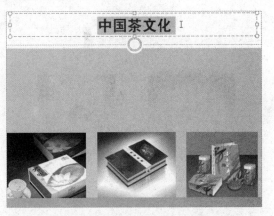

图 13-28　选择需要设置颜色的文本对象

步骤③ 在"开始"面板的"字体"选项板中，单击"字体颜色"下拉按钮，在弹出的列表框中选择"绿色"选项，如图 13-29 所示。

步骤④ 执行上述操作后，即可将文字颜色更改为绿色，效果如图 13-30 所示。

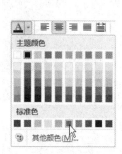

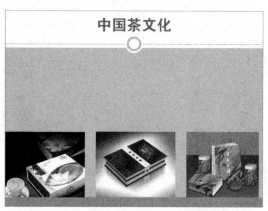

图 13-29　选择"绿色"选项

图 13-30　将文字颜色更改为绿色

专家指点

选择需要更改颜色的文本对象，在弹出的浮动面板中单击"字体颜色"下拉按钮，在弹出的列表框中选择相应的颜色，也可以进行文本颜色的更改。

13.2.5　【演练 182 + 视频 】：设置文本下划线

在编辑文本的过程中，用户可以为文本添加下划线，使文本内容更加突出。

素材文件	·\素材\第 13 章\13-31.pptx	效果文件	·\效果\第 13 章\13-34.pptx
视频文件	·\视频\第 13 章\设置文本下划线.swf	视频时长	37 秒

【演练 182】设置文本下划线的具体操作步骤如下：

步骤① 单击"文件"菜单，在弹出的面板中单击"打开"命令，打开一个演示文稿，如图 13-31 所示。

步骤② 在幻灯片中选择需要设置下划线的文本对象，如图 13-32 所示。

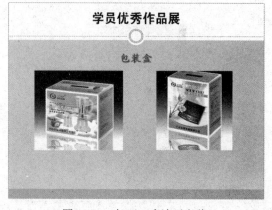

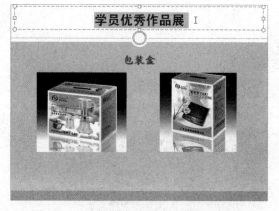

图 13-31　打开一个演示文稿

图 13-32　选择需要设置下划线的文本对象

步骤③ 在"开始"面板的"字体"选项板中，单击"下划线"按钮 U ，如图 13-33
所示。

步骤④ 执行上述操作后，即可为文本添加下划线，效果如图 13-34 所示。

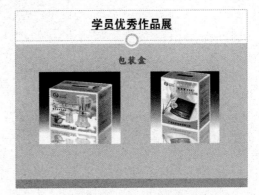

图 13-34　为文本添加下划线

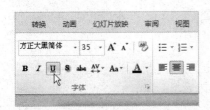

图 13-33　单击"下划线"按钮

 专家指点

　　　　选择需要添加下划线的文本对象，在"开始"面板的"字体"选项板中单击右侧的"字体"
按钮，在弹出的"字体"对话框中还可以选择下划线的线型样式。

13.2.6　【演练 183 + 视频】：设置文本上下标

在演示文稿中，还可以设置文本为上标或下标效果，使制作出的演示文稿更加绚丽多彩。

素材文件	•\素材\第 13 章\13-35.pptx	效果文件	•\效果\第 13 章\13-39.pptx
视频文件	•\视频\第 13 章\设置文本上下标.swf	视频时长	41 秒

【演练 183】设置文本上下标的具体操作步骤如下：

步骤① 单击"文件"菜单，在弹出的面板中单击"打开"命令，打开一个演示文稿，如
图 13-35 所示。

步骤② 在幻灯片中选择需要设置上标的文本对象，如图 13-36 所示。

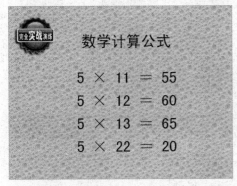

图 13-35　打开一个演示文稿

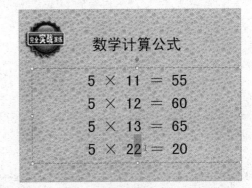

图 13-36　选择需要设置上标的文本

步骤③ 在"开始"面板的"字体"选项板中，单击面板右侧的"字体"按钮，如图
13-37 所示。

步骤④ 弹出"字体"对话框，切换至"字体"选项卡，在"效果"选项区中选中"上标"复选框，如图 13-38 所示。

图 13-37 单击面板右侧的"字体"按钮

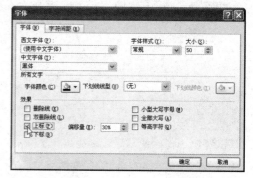

图 13-38 选中"上标"复选框

步骤⑤ 单击"确定"按钮，即可设置文本为上标，效果如图 13-39 所示。

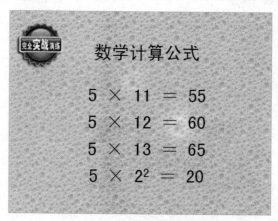

图 13-39 设置文本为上标的效果

 专家指点

> 如果用户需要设置文本为下标效果，只需在"字体"对话框的"效果"选项区中选中"下标"复选框即可。

13.3 设置段落格式

在演示文稿中，不仅可以对字符进行格式化，也可以对幻灯片中的文字段落进行格式化，即对段落进行行距、对齐方式以及缩进等设置。本节主要介绍设置段落格式的各种操作方法。

13.3.1 【演练 184＋视频■■】：设置行间距

行间距是指行与行之间的距离，行间距过宽或过窄都会影响幻灯片的观赏效果。

素材文件	·\素材\第 13 章\13-40.pptx	效果文件	·\效果\第 13 章\13-43.pptx
视频文件	·\视频\第 13 章\设置行间距.swf	视频时长	37 秒

【演练 184】设置行间距的具体操作步骤如下：

步骤① 单击"文件"菜单，在弹出的面板中单击"打开"命令，打开一个演示文稿，如图 13-40 所示。

步骤② 在幻灯片中选择需要设置行间距的段落文本，如图 13-41 所示。

图 13-40 打开一个演示文稿

图 13-41 选择需要设置的段落文本

步骤③ 在"开始"面板的"段落"选项板中，单击"行距"按钮，在弹出的列表框中选择 2.0 选项，如图 13-42 所示。

步骤④ 执行上述操作后，即可设置段落行距，效果如图 13-43 所示。

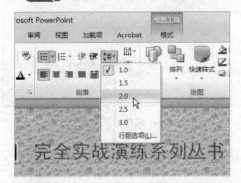

图 13-42 在列表框中选择 2.0 选项

图 13-43 设置段落行距的效果

专家指点

　　在"开始"面板的"段落"选项板中，单击面板右侧的"段落"按钮，弹出"段落"对话框，在"间距"选项区中用户可以根据需要设置段落的行间距。

13.3.2 【演练 185 + 视频】：设置段落对齐

在 PowerPoint 2010 中，对齐操作可以对齐插入点所在层次小标题中的各行文本。

素材文件	·\素材\第 13 章\13-44.pptx	效果文件	·\效果\第 13 章\13-47.pptx
视频文件	·\视频\第 13 章\设置段落对齐.swf	视频时长	48 秒

【演练 185】设置段落对齐的具体操作步骤如下：

步骤① 单击"文件"菜单，在弹出的面板中单击"打开"命令，打开一个演示文稿，如图 13-44 所示。

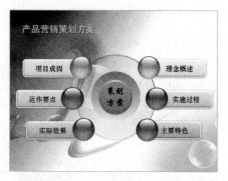 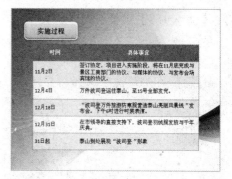

图 13-44　打开一个演示文稿

步骤② 在幻灯片中选择需要设置段落对齐的段落文本，如图 13-45 所示。

步骤③ 在"开始"面板的"段落"选项板中，单击面板右侧的"段落"按钮，弹出"段落"对话框，单击"对齐方式"右侧的下拉按钮，在弹出的列表框中选择"居中"选项，如图 13-46 所示。

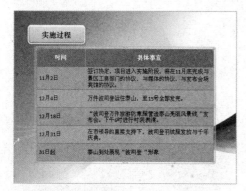 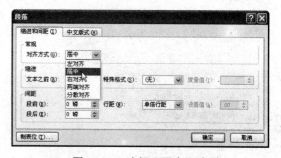

图 13-45　单击面板右侧的"段落"按钮　　　　　　图 13-46　选择"居中"选项

 专家指点

选择需要设置段落对齐的文本，在"开始"面板的"段落"选项板中单击"居中"按钮，或按【Ctrl＋E】组合键，都可以快速设置文本居中对齐效果。

步骤④ 单击"确定"按钮，即可设置段落文本居中对齐，效果如图 13-47 所示。

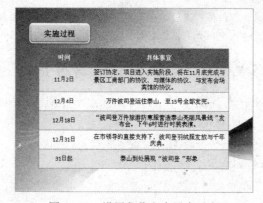

图 13-47　设置段落文本居中对齐

13.3.3 　【演练 186 + 视频 ■■】：设置段落缩进

段落缩进有助于对齐幻灯片中的文本，对于编号列表和项目符号列表，五层项目符号或编号以及正文都有预设的缩进，输入无格式段落文本时（不使用项目符号或编号），初始缩进和默认的制表位会缩进文本，用户也可以更新、添加缩进和制表位的位置。

素材文件	·\素材\第 13 章\13-48.pptx	效果文件	·\效果\第 13 章\13-51.pptx
视频文件	·\视频\第 13 章\设置段落缩进.swf	视频时长	51 秒

【演练 186】设置段落缩进的具体操作步骤如下：

步骤① 单击"文件"菜单，在弹出的面板中单击"打开"命令，打开一个演示文稿，如图 13-48 所示。

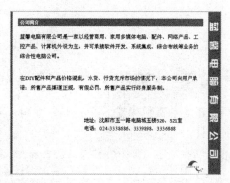

图 13-48　打开一个演示文稿

步骤② 在幻灯片中选择需要设置段落缩进的段落文本，如图 13-49 所示。

步骤③ 在"开始"面板的"段落"选项板中，单击面板右侧的"段落"按钮，弹出"段落"对话框，在"缩进"选项区中设置"特殊格式"为"首行缩进"、"度量值"为"2厘米"，如图 13-50 所示。

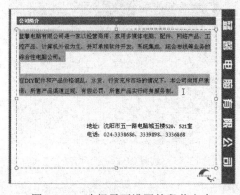
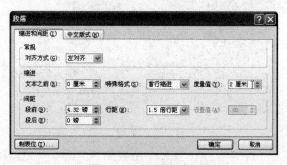

图 13-49　选择需要设置的段落文本　　　　图 13-50　设置缩进参数

步骤④ 单击"确定"按钮，即可设置段落文本的缩进效果，如图 13-51 所示。

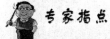 专家指点

将鼠标移至首行第一个文字前面，按【Tab】键，也可以设置首行缩进效果。

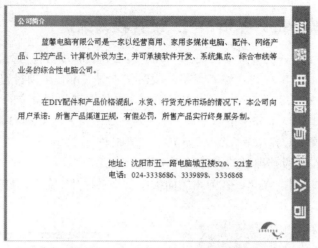

图 13-51　设置段落文本的缩进效果

13.4.4　【演练 187 + 视频┅】：设置文字对齐

在演示文稿中输入文字后，就可以对文字进行对齐方式的设置，从而使要突出的文本更加醒目、有序。

素材文件	·\素材\第 13 章\13-52.pptx	效果文件	·\效果\第 13 章\13-55.pptx
视频文件	·\视频\第 13 章\设置文字对齐.swf	视频时长	42 秒

【演练 187】设置文字对齐的具体操作步骤如下：

步骤① 单击"文件"菜单，在弹出的面板中单击"打开"命令，打开一个演示文稿，如图 13-52 所示。

步骤② 在幻灯片中选择需要设置对齐的文本内容，如图 13-53 所示。

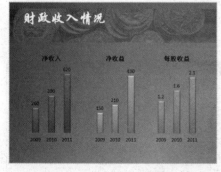

图 13-52　打开一个演示文稿

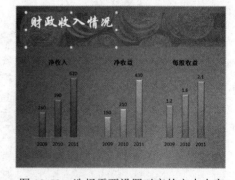

图 13-53　选择需要设置对齐的文本内容

步骤③ 在"开始"面板的"段落"选项板中，单击"对齐文本"按钮，在弹出的列表框中选择"中部对齐"选项，如图 13-54 所示。

步骤④ 执行上述操作后，即可设置文本为中部对齐，效果如图 13-55 所示。

 专家指点

在 PowerPoint 2010 中，设置文本对齐是指文本相对于文本框的对齐效果。

图 13-54　选择"中部对齐"选项

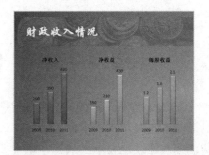

图 13-55　设置文本为中部对齐

13.4.5　【演练 188＋视频██】：设置文字方向

在 PowerPoint 2010 中，设置文字方向是指将水平排列的文本变成垂直排列，也可以使垂直排列的文本变成水平排列。

素材文件	• \素材\第 13 章\13-56.pptx	效果文件	• \效果\第 13 章\13-59.pptx
视频文件	• \视频\第 13 章\设置文字方向.swf	视频时长	40 秒

【演练 188】设置文字方向的具体操作步骤如下：

步骤① 单击"文件"菜单，在弹出的面板中单击"打开"命令，打开一个演示文稿，如图 13-56 所示。

步骤② 在幻灯片中选择需要设置文字方向的文本内容，如图 13-57 所示。

图 13-56　打开一个演示文稿

图 13-57　选择需要设置的文本内容

步骤③ 在"开始"面板的"段落"选项板中，单击"文字方向"按钮▥▥，在弹出的列表框中选择"竖排"选项，如图 13-58 所示。

步骤④ 执行上述操作后，即可设置文字方向为垂直显示，效果如图 13-59 所示。

图 13-58　选择"竖排"选项

图 13-59　设置文字方向为垂直显示

第 14 章　幻灯片的编辑与设置

在 PowerPoint 2010 中,编辑幻灯片就是使创建的演示文稿具有特别的配色、背景和风格,包括如何向演示文稿中插入幻灯片以及幻灯片的复制、移动和删除等操作,并以易于表达的动画方式连续地显示出来。本章主要介绍幻灯片的编辑与设置等操作方法。

14.1　幻灯片基本操作

创建一篇包含多张幻灯片的演示文稿后,可以将其中的某张幻灯片重新复制一份,也可以改变某张幻灯片在演示文稿中的位置,如果发现某张幻灯片不合适,可以将该幻灯片从演示文稿中删除。本节主要介绍幻灯片的基本操作方法。

14.1.1　【演练 189 + 视频□□】: 创建幻灯片

演示文稿是由一张张幻灯片组成的,它的数量并不是固定的,可根据需要增加或减少。如果新建的是空白演示文稿,则只能看到一张幻灯片,其他幻灯片都需要自行新建。下面向读者介绍创建幻灯片的操作方法。

素材文件	• \素材\第 14 章\14-1.pptx	效果文件	• \效果\第 14 章\14-4.pptx
视频文件	• \视频\第 14 章\创建幻灯片.swf	视频时长	35 秒

【演练 189】创建幻灯片的具体操作步骤如下:

步骤① 单击"文件"菜单,在弹出的面板中单击"打开"命令,打开一个演示文稿,如图 14-1 所示。

步骤② 在"开始"面板的"幻灯片"选项板中,单击"新建幻灯片"按钮，在弹出的列表框中选择"标题和内容"选项,如图 14-2 所示。

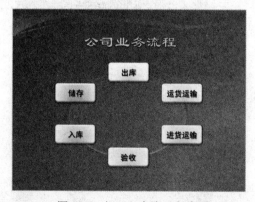

图 14-1　打开一个演示文稿

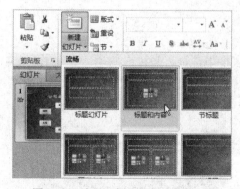

图 14-2　选择"标题和内容"选项

专家指点

在普通视图的"幻灯片"选项卡中选中任意一张幻灯片,按【Enter】键确认,也可新建幻灯片。

步骤③ 执行上述操作后，即可新建幻灯片，效果如图 14-3 所示。

步骤④ 在 PowerPoint 工作界面左侧的"幻灯片"选项卡中，将显示两张幻灯片，效果如图 14-4 所示。

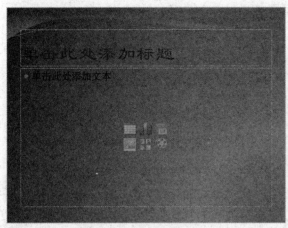

图 14-3 新建幻灯片

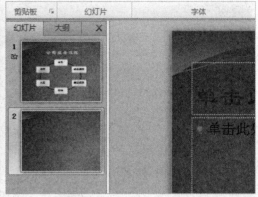

图 14-4 显示两张幻灯片

专家指点

在普通视图的"幻灯片"选项卡中选中任意一张幻灯片，按【Ctrl＋M】组合键，也可以新建幻灯片。

14.1.2 【演练 190＋视频 ▓▓】：移动幻灯片

在制作演示文稿时，如果需要重新排列幻灯片的顺序，就需要移动幻灯片。

素材文件	•\素材\第 14 章\14-5.pptx	效果文件	•\效果\第 14 章\14-7.pptx
视频文件	•\视频\第 14 章\移动幻灯片.swf	视频时长	40 秒

【演练 190】移动幻灯片的具体操作步骤如下：

步骤① 单击"文件"菜单，在弹出的面板中单击"打开"命令，打开一个演示文稿，如图 14-5 所示。

图 14-5 打开一个演示文稿

步骤② 在"幻灯片"选项卡中，选择需要移动的幻灯片，单击鼠标左键并向上拖曳，此时鼠标指针呈 形状，拖曳的目标位置将显示一条横线，表示幻灯片将要放置的位置，如图 14-6 所示。

步骤③ 释放鼠标左键，即可移动幻灯片，效果如图 14-7 所示。

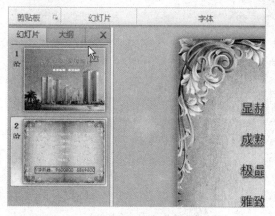

图 14-6　单击鼠标左键并向上拖曳

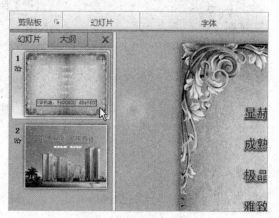

图 14-7　移动幻灯片的效果

 专家指点

在 PowerPoint 2010 中运用【Ctrl＋X】和【Ctrl＋V】组合键，也可以移动幻灯片。

14.1.3 【演练 191＋视频 】：复制幻灯片

PowerPoint 2010 可以将一张或多张幻灯片，复制到同一个演示文稿或其他演示文稿中。

素材文件	·\素材\第 14 章\14-8.pptx	效果文件	·\效果\第 14 章\14-11.pptx
视频文件	·\视频\第 14 章\复制幻灯片.swf	视频时长	31 秒

【演练 191】复制幻灯片的具体操作步骤如下：

步骤① 单击"文件"菜单，在弹出的面板中单击"打开"命令，打开一个演示文稿，如图 14-8 所示。

步骤② 在"幻灯片"选项卡中选择需要复制的幻灯片，如图 14-9 所示。

图 14-8　打开一个演示文稿

图 14-9　选择需要复制的幻灯片

步骤③ 单击鼠标右键，在弹出的快捷菜单中选择"复制幻灯片"选项，如图 14-10 所示。

步骤④ 执行上述操作后，即可复制幻灯片，效果如图14-11 所示。

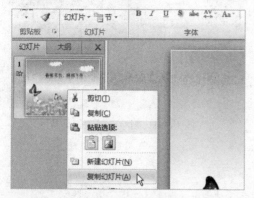

图 14-10　选择"复制幻灯片"选项

图 14-11　复制幻灯片的效果

 专家指点

选择需要复制的幻灯片，在"开始"面板的"幻灯片"选项板中单击"新建幻灯片"按钮，在弹出的列表框中选择"复制所选幻灯片"选项，也可以快速复制幻灯片。

14.1.4　【演练 192 + 视频 】：删除幻灯片

在编辑幻灯片的过程中，如果发现幻灯片太多了，就可以将多余的幻灯片删除。

素材文件	·\素材\第 14 章\14-12.pptx	效果文件	·\效果\第 14 章\14-14.pptx
视频文件	·\视频\第 14 章\删除幻灯片.swf	视频时长	31 秒

【演练 192】删除幻灯片的具体操作步骤如下：

步骤① 单击"文件"菜单，在弹出的面板中单击"打开"命令，打开一个演示文稿，如图 14-12 所示。

图 14-12　打开一个演示文稿

步骤② 在"幻灯片"选项卡中选择需要删除的幻灯片，单击鼠标右键，在弹出的快捷菜单中选择"删除幻灯片"选项，如图 14-13 所示。

步骤③ 执行上述操作后，即可删除选择的幻灯片，效果如图14-14 所示。

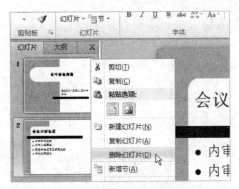

图 14-13 选择"删除幻灯片"选项

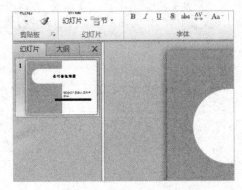

图 14-14 删除选择的幻灯片

专家指点

在 PowerPoint 2010 中，用户还可以通过以下 3 种方法，删除幻灯片。

❀ 在"幻灯片"选项卡中选择需要删除的幻灯片，按【Delete】键。

❀ 在"幻灯片"选项卡中选择需要删除的幻灯片，按【Backspace】键。

❀ 在"开始"面板的"剪贴板"选项板中，单击"剪切"按钮 。

❀ 选择需要删除的幻灯片，单击鼠标右键，在弹出的快捷菜单中选择"剪切"选项。

14.2 幻灯片背景设置

在 PowerPoint 2010 中，为了使制作的演示文稿更加漂亮，可以更改幻灯片的背景颜色或背景效果。本节主要介绍设置幻灯片背景的操作方法。

14.2.1 【演练 193 + 视频 】：设置主题模板

幻灯片是否美观，背景的设置十分重要。PowerPoint 2010 为每种设计模板提供了几十种内置的主题颜色，用户可以根据需要选择不同的颜色来设计演示文稿。

素材文件	·\素材\第 14 章\14-15.pptx	效果文件	·\效果\第 14 章\14-17.pptx
视频文件	·\视频\第 14 章\设置主题模板.swf	视频时长	36 秒

【演练 193】设置主题模板的具体操作步骤如下：

步骤① 单击"文件"菜单，在弹出的面板中单击"打开"命令，打开一个演示文稿，如图 14-15 所示。

步骤② 切换至"设计"面板，在"主题"选项板中单击右侧的"其他"按钮 ，在弹出的列表框中选择"角度"主题模板，如图 14-16 所示。

专家指点

在"设计"面板的"主题"选项板中，单击面板右侧的"其他"按钮 ，在弹出的列表框中选择"浏览主题"选项，在弹出的对话框中用户可根据需要选择需要的主题模板图片。

步骤③ 执行上述操作后，即可应用"角度"主题模板，效果如图 14-17 所示。

图 14-15　打开一个演示文稿

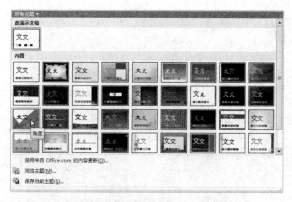

图 14-16　选择"角度"主题模板

图 14-17　应用"角度"主题模板的效果

14.2.2　【演练 194 + 视频 ▣▣】：设置填充效果

在 PowerPoint 2010 中，用户还可以自定义背景填充效果，使画面更加丰富多彩。

素材文件	·\素材\第 14 章\14-18.pptx	效果文件	·\效果\第 14 章\14-21.pptx
视频文件	·\视频\第 14 章\设置填充效果.swf	视频时长	56 秒

【演练 194】设置填充效果的具体操作步骤如下：

步骤① 单击"文件"菜单，在弹出的面板中单击"打开"命令，打开一个演示文稿，如图 14-18 所示。

步骤② 切换至"设计"面板，在"背景"选项板中单击"背景样式"按钮，在弹出的列表框中选择"设置背景格式"选项，如图 14-19 所示。

 专家指点

在"背景样式"列表框中，用户也可以根据需要选择相应的纯色填充或渐变填充效果。

步骤③ 弹出"设置背景格式"对话框，选中"纯色填充"单选按钮，在"填充颜色"选项区中单击"颜色"右侧的色块，在弹出的面板中选择浅蓝色，如图 14-20 所示。

步骤④ 设置完成后，单击"关闭"按钮，设置背景效果为纯色，效果如图 14-21 所示。

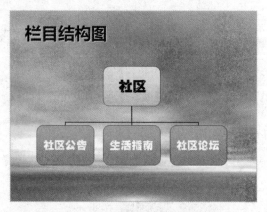

图 14-18　打开一个演示文稿

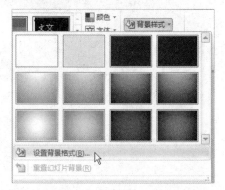

图 14-19　选择"设置背景格式"选项

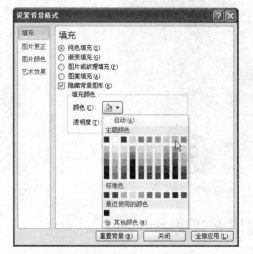

图 14-20　在弹出的面板中选择浅蓝色

图 14-21　设置背景效果为纯色

14.2.3　【演练 195＋视频██】：设置纹理背景

在 PowerPoint 2010 中，用户还可以根据需要设置背景为纹理填充效果。

素材文件	·\素材\第 14 章\14-22.pptx	效果文件	·\效果\第 14 章\14-25.pptx
视频文件	·\视频\第 14 章\设置纹理背景.swf	视频时长	54 秒

【演练 195】设置纹理背景的具体操作步骤如下：

步骤① 单击"文件"菜单，在弹出的面板中单击"打开"命令，打开一个演示文稿，如图 14-22 所示。

步骤② 切换至"设计"面板，在"背景"选项板中单击"背景样式"按钮，在弹出的列表框中选择"设置背景格式"选项，弹出"设置背景格式"对话框，选中"图片或纹理填充"单选按钮，如图 14-23 所示。

步骤③ 单击"纹理"右侧的下拉按钮，在弹出的列表框中选择"栎木"选项，如图 14-24 所示。

步骤④ 单击"关闭"按钮，即可设置背景为纹理填充效果，如图 14-25 所示。

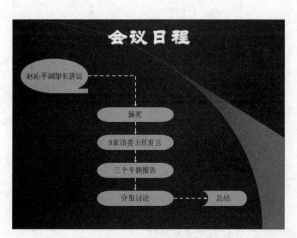

图 14-22　打开一个演示文稿

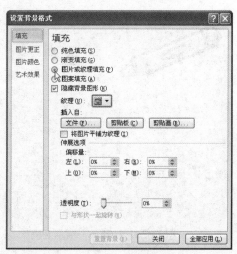

图 14-23　选中"图片或纹理填充"单选按钮

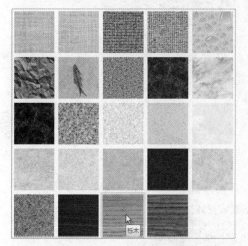

图 14-24　在列表框中选择"栎木"选项

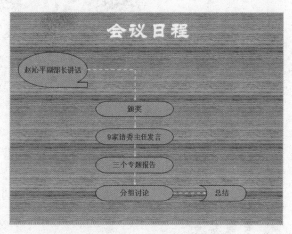

图 14-25　设置背景为纹理填充效果

14.2.4　【演练 196 + 视频 】：设置图案背景

在 PowerPoint 2010 中，用户可以设置图案为幻灯片背景效果。

素材文件	・\素材\第 14 章\14-26.pptx	效果文件	・\效果\第 14 章\14-28.pptx
视频文件	・\视频\第 14 章\设置图案背景.swf	视频时长	47 秒

【演练 196】设置图案背景的具体操作步骤如下：

步骤① 单击"文件"菜单，在弹出的面板中单击"打开"命令，打开一个演示文稿，如图 14-26 所示。

步骤② 切换至"设计"面板，在"背景"选项板中单击"背景样式"按钮，在弹出的列表框中选择"设置背景格式"选项，弹出"设置背景格式"对话框，选中"图案填充"单选按钮，在下方选择相应的图案样式，如图 14-27 所示。

步骤③ 单击"关闭"按钮，即可设置背景为图案填充效果，如图 14-28 所示。

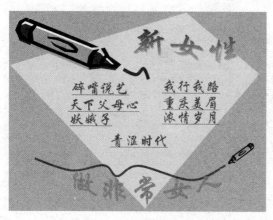

图 14-26　打开一个演示文稿

图 14-27　选择相应的图案样式

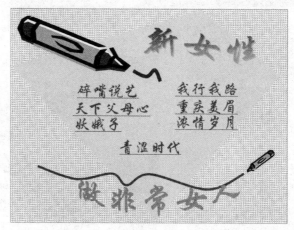

图 14-28　设置背景为图案填充效果

　专家指点

在"设置背景格式"对话框中选中"图案填充"单选按钮，在该对话框下方，用户还可以选择相应的前景色与背景色填充效果。

14.2.5　【演练 197 + 视频 ■■】：设置图片背景

在 PowerPoint 2010 中，用户还可以设置某一张自己喜欢的图片为幻灯片的背景效果。

素材文件	·\素材\第 14 章\14-29.pptx、14-31.bmp	效果文件	·\效果\第 14 章\14-32.pptx
视频文件	·\视频\第 14 章\设置图片背景.swf	视频时长	64 秒

【演练 197】设置图片背景的具体操作步骤如下：

步骤① 单击"文件"菜单，在弹出的面板中单击"打开"命令，打开一个演示文稿，如图 14-29 所示。

步骤② 切换至"设计"面板，在"背景"选项板中单击"背景样式"按钮，在弹出的列表框中选择"设置背景格式"选项，弹出"设置背景格式"对话框，选中"图片或纹理填充"单选按钮，在下方单击"文件"按钮，如图 14-30 所示。

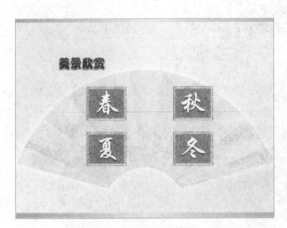

图 14-29　打开一个演示文稿

图 14-30　在下方单击"文件"按钮

 专家指点

　　在"设置背景格式"对话框中选中"图片或纹理填充"单选按钮，在下方单击"剪贴画"按钮，在弹出的对话框中用户可根据需要选择相应的剪贴画图片。

步骤③ 弹出"插入图片"对话框，在其中用户可选择需要设置为背景的图片素材，如图 14-31 所示。

步骤④ 单击"插入"按钮，返回"设置背景格式"对话框，单击"关闭"按钮，即可设置背景为图片填充，效果如图 14-32 所示。

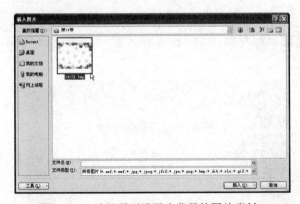

图 14-31　选择需要设置为背景的图片素材

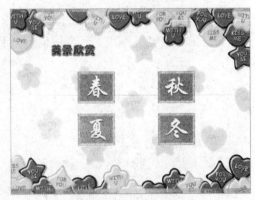

图 14-32　设置背景为图片填充

14.3　创建与编辑表格

　　在 PowerPoint 2010 中，可以制作仅包含表格的幻灯片，也可以将一个表格插入到已存在的幻灯片中。本节主要介绍创建与编辑表格的操作方法。

14.3.1 【演练 198 + 视频━━】：创建表格

创建表格的方法非常简单，用户在插入表格的过程中，可以创建简单表格或者非常复杂的表格。下面介绍创建表格的操作方法。

素材文件	• \素材\第 14 章\14-33.pptx	效果文件	• \效果\第 14 章\14-36.pptx
视频文件	• \视频\第 14 章\创建表格.swf	视频时长	58 秒

【演练 198】创建表格的具体操作步骤如下：

步骤① 单击"文件"菜单，在弹出的面板中单击"打开"命令，打开一个演示文稿，如图 14-33 所示。

步骤② 切换至"插入"面板，在"表格"选项板中单击"表格"按钮▦，在弹出的列表框中选择"插入表格"选项，如图 14-34 所示。

图 14-33　打开一个演示文稿

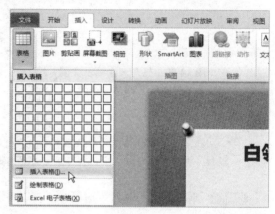

图 14-34　选择"插入表格"选项

步骤③ 弹出"插入表格"对话框，在其中设置"列数"为 3、"行数"为 7，如图 14-35 所示。

步骤④ 单击"确定"按钮，即可在幻灯片中插入表格，将鼠标移至表格边框的轮廓上，单击鼠标左键并拖曳，至合适位置后释放鼠标左键，调整表格的位置，效果如图 14-36 所示。

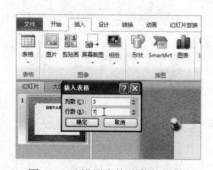

图 14-35　设置表格列数与行数

图 14-36　插入表格后的幻灯片效果

专家指点

> 在"表格"选项板中单击"表格"按钮⊞，在弹出的列表框中选择"绘制表格"选项，然后用户可根据实际需要在幻灯片中手动绘制表格。

14.3.2 【演练 199 ＋ 视频 ==】：设置对齐方式

在 PowerPoint 2010 中插入表格后，用户可根据需要设置表格中文本内容的对齐方式。

素材文件	•\素材\第 14 章\14-37.pptx	效果文件	•\效果\第 14 章\14-40.pptx
视频文件	•\视频\第 14 章\设置对齐方式.swf	视频时长	43 秒

【演练 199】设置对齐方式的具体操作步骤如下：

步骤① 单击"文件"菜单，在弹出的面板中单击"打开"命令，打开一个演示文稿，如图 14-37 所示。

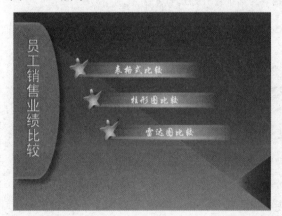

图 14-37　打开一个演示文稿

步骤② 在幻灯片中选择需要设置对齐方式的表格文本内容，如图 14-38 所示。

步骤③ 在"开始"面板的"段落"选项板中，单击面板右侧的"段落"按钮▣，弹出"段落"对话框，在"常规"选项区中设置"对齐方式"为"居中"，如图 14-39 所示。

图 14-38　选择需要设置的表格文本　　　　图 14-39　设置"对齐方式"为"居中"

步骤④ 单击"确定"按钮，即可设置表格中的文本内容为居中对齐方式，效果如图 14-40

所示。

图 14-40 设置文本内容为居中对齐方式

专家指点

选择需要设置对齐方式的文本内容，在"开始"面板的"段落"选项板中单击"文本右对齐"按钮 ，也可以快速设置文本内容为右对齐方式。

14.3.3 【演练 200 + 视频 】：设置表格样式

在 PowerPoint 2010 中，用户可根据需要设置表格的样式，使表格外观更加美观。

素材文件	·\素材\第 14 章\14-41.pptx	效果文件	·\效果\第 14 章\14-44.pptx
视频文件	·\视频\第 14 章\设置表格样式.swf	视频时长	40 秒

【演练 200】设置表格样式的具体操作步骤如下：

步骤① 单击"文件"菜单，在弹出的面板中单击"打开"命令，打开一个演示文稿，如图 14-41 所示。

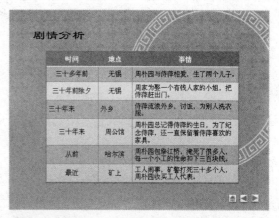

图 14-41 打开一个演示文稿

步骤② 在幻灯片中选择需要设置样式的表格，如图 14-42 所示。

步骤③ 切换至"设计"面板，在"表格样式"选项板中选择相应的表格样式，如图 14-43

所示。

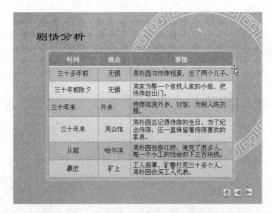

图 14-42　选择需要设置样式的表格

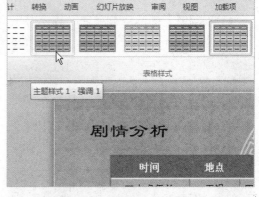

图 14-43　选择相应的表格样式

步骤④ 执行上述操作后，即可设置表格样式，效果如图 14-44 所示。

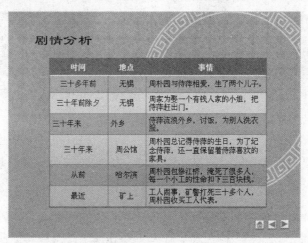

图 14-44　设置表格样式的效果

 专家指点

选择需要编辑的表格，切换至"布局"面板，在其中用户可根据需要对表格中的单元格进行拆分、合并以及插入等操作。

14.4　插入多媒体效果

使用 PowerPoint 2010 不但能够制作出画面精美的幻灯片，还能在幻灯片中添加影片和声音等多媒体效果，或者适当地添加配音讲解，将会给演示文稿增添无限吸引力。

14.4.1　【演练 201 + 视频】：插入声音文件

用户除了可以插入 PowerPoint 中自带的声音以外，还可以将自己喜欢的音乐插入到幻灯片中。

| 素材文件 | ·\素材\第 14 章\14-45.pptx、14-47.mp3 | 效果文件 | ·\效果\第 14 章\14-49.pptx |
| 视频文件 | ·\视频\第 14 章\插入声音文件.swf | 视频时长 | 73 秒 |

【演练 201】插入声音文件的具体操作步骤如下：

步骤① 单击"文件"菜单，在弹出的面板中单击"打开"命令，打开一个演示文稿，如图 14-45 所示。

步骤② 切换至"插入"面板，在"媒体"选项板中单击"声音"下拉按钮，在弹出的列表框中选择"文件中的音频"选项，如图 14-46 所示。

图 14-45 打开一个演示文稿

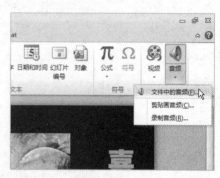

图 14-46 选择"文件中的音频"选项

 专家指点

在"音频"列表框中选择"录制音频"选项，执行上述操作后，即可在幻灯片中录制声音；选择"剪贴画音频"选项，即可插入剪贴画声音文件。

步骤③ 弹出"插入音频"对话框，在其中选择相应的音频文件，如图 14-47 所示。

步骤④ 单击"插入"按钮，即可将其插入至幻灯片中，调整其位置，如图 14-48 所示。

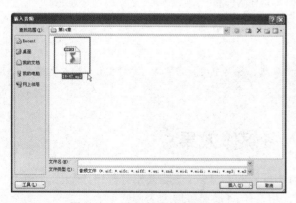

图 14-47 选择相应的音频文件

图 14-48 将音频插入至幻灯片中

 专家指点

在 PowerPoint 2010 中插入声音文件时，需要注意声音文件播放时间的长短与幻灯片放映的时间是否匹配。

步骤⑤ 选择插入的音频文件图标，在弹出的面板的单击"播放"按钮 ▶，即可播放音频文件，并试听音频效果，显示音频播放进度，如图 14-49 所示。

图 14-49　试听音频效果并显示音频播放进度

14.4.2　【演练 202＋视频 ▪▪】：插入影片文件

在 PowerPoint 中，影片包括视频和动画，在 PowerPoint 2010 中能插入几十种格式的视频格式，视频的格式会随着媒体播放器的不同而有所不同。

素材文件	·\素材\第 14 章\14-50.pptx、14-52.mpg	效果文件	·\效果\第 14 章\14-54.pptx
视频文件	·\视频\第 14 章\插入影片文件.swf	视频时长	65 秒

【演练 202】插入影片文件的具体操作步骤如下：

步骤① 单击"文件"菜单，在弹出的面板中单击"打开"命令，打开一个演示文稿，如图 14-50 所示。

步骤② 切换至"插入"面板，在"媒休"选项板中单击"视频"下拉按钮，在弹出的列表框中选择"文件中的视频"选项，如图 14-51 所示。

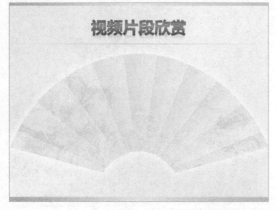

图 14-50　打开一个演示文稿

图 14-51　选择"文件中的视频"选项

步骤③ 弹出"插入视频文件"对话框，在其中选择需要的视频文件，如图 14-52 所示。

步骤④ 单击"插入"按钮，即可将其插入至幻灯片中，并调整其大小，如图 14-53 所示。

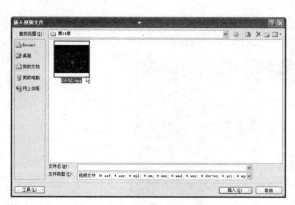

图 14-52　选择需要的视频文件

图 14-53　调整视频文件的大小

步骤⑤ 单击视频下方的"播放"按钮 ▶，即可预览插入的视频效果，如图 14-54 所示。

图 14-54　预览插入的视频效果

第 15 章 图形与图表的编辑

在演示文稿中，加入各种与主题有关的精美图片，往往会使演示文稿生动、有趣，更富有吸引力。图形对象包括自选图形、图表、曲线、线条和艺术字图形对象等，插入的对象会成为文稿的一部分。插入图形对象以后，可以在"设计"和"格式"面板中更改和增强这些对象的颜色、图案、边框和其他效果等。本章主要介绍编辑图形与图表的操作方法。

15.1 绘制与编辑图形

在 PowerPoint 2010 中，具有齐全的绘画和图形功能，可以利用三维和阴影效果、纹理、图片或透明填充以及自选图形来修饰用户的文本和图形。幻灯片配有图形，不仅能使文本更易理解，而且是十分有效的修饰方法。本节主要介绍绘制与编辑图形的操作方法。

15.1.1 【演练 203 + 视频 📹】：绘制基本图形

在 PowerPoint 2010 中，用户可以绘制各种基本图形，如直线、箭头以及多边形等基本图形，也可以方便地绘制曲线、星形以及旗帜等复杂的图形。下面介绍绘制基本图形的方法。

素材文件	·\素材\第 15 章\15-1.pptx	效果文件	·\效果\第 15 章\15-6.pptx
视频文件	·\视频\第 15 章\绘制基本图形.swf	视频时长	99 秒

【演练 203】绘制基本图形的具体操作步骤如下：

步骤① 单击"文件"菜单，在弹出的面板中单击"打开"命令，打开一个演示文稿，如图 15-1 所示。

步骤② 切换至"插入"面板，在"插图"选项板中单击"形状"下拉按钮，在弹出的列表框中单击"右箭头"按钮 ⇨，如图 15-2 所示。

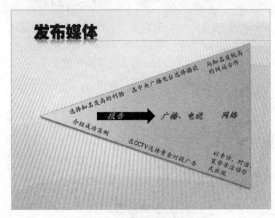

图 15-1 打开一个演示文稿

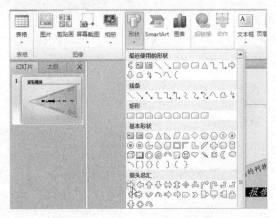

图 15-2 单击"右箭头"按钮

步骤③ 将鼠标移至幻灯片中的合适位置，单击鼠标左键并拖曳，至合适位置后释放鼠标，即可绘制箭头形状，如图 15-3 所示。

步骤④ 将鼠标移至图形上方的绿色控制柄上，此时鼠标指针呈旋转形状，单击鼠标左键并向右拖曳，至合适位置后释放鼠标，即可对图形进行旋转操作，并调整图形的位置，如图 15-4 所示。

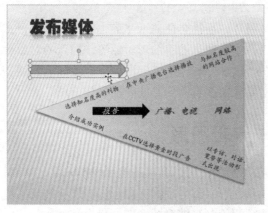

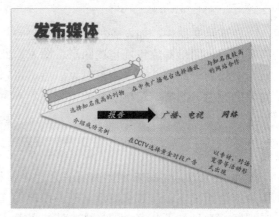

图 15-3　绘制箭头形状　　　　　　　　　　图 15-4　旋转并调整图形的位置

步骤⑤ 切换至"格式"面板，在"形状样式"选项板的列表框中选择相应的形状样式，使其呈黑色显示，如图 15-5 所示。

步骤⑥ 用与上述相同的方法，绘制另一个箭头形状，效果如图 15-6 所示。

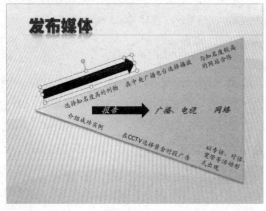

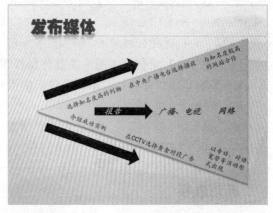

图 15-5　选择相应的形状样式　　　　　　　图 15-6　绘制另一个箭头形状

 专家指点

在"格式"面板的"大小"选项板中，用户可根据需要设置图形对象的大小。

15.1.2　【演练 204 + 视频 】：选择图形对象

编辑图形对象之前，首先需要选择图形对象，下面介绍选择图形对象的操作方法。

素材文件	·\素材\第 15 章\15-7.pptx	效果文件	·无
视频文件	·\视频\第 15 章\选择图形对象.swf	视频时长	23 秒

【演练 204】选择图形对象的具体操作步骤如下：

步骤① 单击"文件"菜单，在弹出的面板中单击"打开"命令，打开一个演示文稿，如图 15-7 所示。

步骤② 将鼠标移至幻灯片中的三角形图形上，此时鼠标指针呈 形状，如图 15-8 所示。

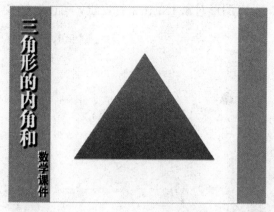

图 15-7　打开一个演示文稿

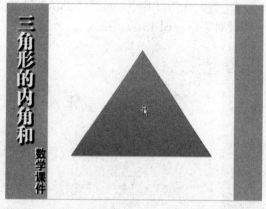

图 15-8　将鼠标移至需要选择的图形上

步骤③ 单击鼠标左键，即可选择该图形对象，效果如图 15-9 所示。

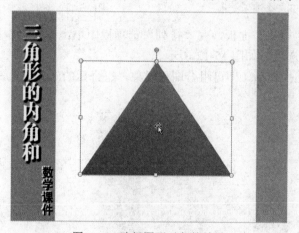

图 15-9　选择图形对象的效果

 专家指点

选择图形对象后，将鼠标移至图形对象四周的控制柄上，单击鼠标左键并拖曳，即可对图形对象进行缩放操作。

15.1.3 【演练 205 ＋ 视频 】：组合图形对象

如果经常对多个图形对象进行同种操作，可将这些图形对象组合在一起，组合在一起的对象称为组合对象。组合对象将作为单个对象对待，可以同时对组合后的所有对象进行翻转、旋转以及调整大小或比例等操作。

素材文件	·\素材\第 15 章\15-10.pptx	效果文件	·\效果\第 15 章\15-13.pptx
视频文件	·\视频\第 15 章\组合图形对象.swf	视频时长	45 秒

【演练 205】组合图形对象的具体操作步骤如下：

步骤① 单击"文件"菜单，在弹出的面板中单击"打开"命令，打开一个演示文稿，如图 15-10 所示。

步骤② 在幻灯片中，按住【Shift】键的同时，在图形对象上单击鼠标左键，可以选择多个图形对象，如图 15-11 所示。

图 15-10　打开一个演示文稿

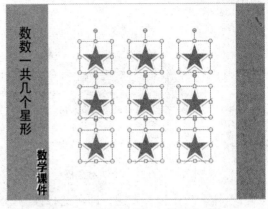

图 15-11　选择需要组合的图形对象

步骤③ 切换至"格式"面板，在"排列"选项板中单击"组合"按钮，在弹出的列表框中选择"组合"选项，如图 15-12 所示。

步骤④ 执行上述操作后，即可组合图形对象，组合后的对象成为一个整体，如图 15-13 所示。

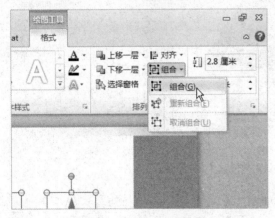

图 15-12　选择"组合"选项

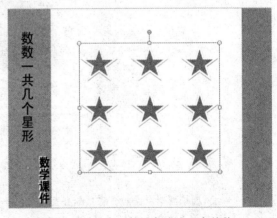

图 15-13　组合后的对象成为一个整体

 专家指点

在幻灯片中选择需要组合的多个图形对象，单击鼠标右键，在弹出的快捷菜单中选择"组合"|"组合"选项，也可以快速组合图形对象。

15.1.4　【演练 206 + 视频】：调整叠放次序

在同一区域绘制多个图形时，最后绘制的图形的部分或全部将自动覆盖前面图形的部分或全部，即重叠的部分会被遮掩。下面介绍调整叠放次序的操作方法。

素材文件	·\素材\第 15 章\15-14.pptx	效果文件	·\效果\第 15 章\15-17.pptx
视频文件	·\视频\第 15 章\调整叠放次序.swf	视频时长	35 秒

【演练 206】调整叠放次序的具体操作步骤如下：

步骤① 单击"文件"菜单，在弹出的面板中单击"打开"命令，打开一个演示文稿，如图 15-14 所示。

步骤② 在幻灯片中选择需要调整叠放次序的图形，如图 15-15 所示。

图 15-14　打开一个演示文稿

图 15-15　选择需要调整叠放次序的图形

步骤③ 在该图形上单击鼠标右键，在弹出的快捷菜单中选择"置于底层"|"置于底层"选项，如图 15-16 所示。

步骤④ 执行上述操作后，即可将图形置于底层，效果如图 15-17 所示。

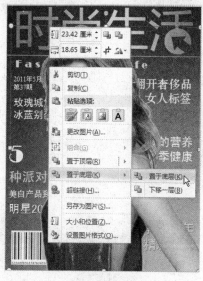

图 15-16　选择"置于底层"选项

图 15-17　将图形置于底层的效果

专家指点

> 在幻灯片中选择需要设置叠放次序的图形对象，在"开始"面板的"绘图"选项板中单击"排列"下拉按钮，在弹出的列表框中选择"置于底层"选项，也可以快速设置图形的叠放次序。

15.1.5 【演练 207 + 视频□□】：旋转图形对象

在 PowerPoint 幻灯片中，用户可以对图形进行任意角度的自由旋转操作。

素材文件	·\素材\第 15 章\15-18.pptx	效果文件	·\效果\第 15 章\15-22.pptx
视频文件	·\视频\第 15 章\旋转图形对象.swf	视频时长	60 秒

【演练 207】旋转图形对象的具体操作步骤如下：

步骤① 单击"文件"菜单，在弹出的面板中单击"打开"命令，打开一个演示文稿，如图 15-18 所示。

图 15-18　打开一个演示文稿

步骤② 在幻灯片中选择需要进行旋转的图形对象，如图 15-19 所示。

步骤③ 切换至"格式"面板，在"排列"选项板中单击"旋转"按钮，在弹出的列表框中选择"其他旋转选项"，如图 15-20 所示。

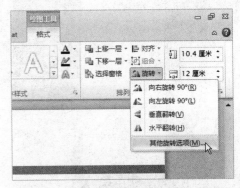

图 15-19　选择需要进行旋转的图形对象　　　图 15-20　选择"其他旋转选项"选项

步骤④ 弹出"设置形状格式"对话框，在"尺寸和旋转"选项区中设置"旋转"为-30°，如图 15-21 所示。

步骤⑤　单击"关闭"按钮，即可设置图形的旋转角度，效果如图 15-22 所示。

图 15-21　设置"旋转"为-30°

图 15-22　设置图形的旋转角度

 专家指点

在幻灯片中选择需要进行旋转的图形对象，切换至"格式"面板，在"排列"选项板中单击"旋转"按钮，在弹出的列表框中选择"向右旋转90°"选项，即可将图形向右旋转90度。

15.1.6　【演练 208 + 视频 】：翻转图形对象

在 PowerPoint 幻灯片中，用户可以对图形进行水平翻转或垂直翻转，而不会改变图形的整体形状。

素材文件	· \素材\第 15 章\15-23.pptx	效果文件	· \效果\第 15 章\15-26.pptx
视频文件	· \视频\第 15 章\翻转图形对象.swf	视频时长	39 秒

【演练 208】翻转图形对象的具体操作步骤如下：

步骤①　单击"文件"菜单，在弹出的面板中单击"打开"命令，打开一个演示文稿，如图 15-23 所示。

步骤②　在幻灯片中选择需要进行翻转的图形对象，如图 15-24 所示。

图 15-23　打开一个演示文稿

图 15-24　选择需要进行翻转的图形对象

步骤③ 切换至"格式"面板，在"排列"选项板中单击"旋转"按钮，在弹出的列表框中选择"水平翻转"选项，如图 15-25 所示。

步骤④ 执行上述操作后，即可将图形进行水平翻转，效果如图 15-26 所示。

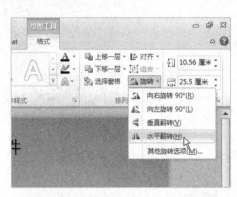

图 15-25　选择"水平翻转"选项

图 15-26　将图形进行水平翻转

专家指点

在幻灯片中选择需要进行翻转的图形对象，切换至"格式"面板，在"排列"选项板中单击"旋转"按钮，然后在弹出的列表框中选择"垂直翻转。"选项，即可将图形进行垂直翻转。

15.2　插入图片和艺术字

在 PowerPoint 2010 中，用户可根据需要在幻灯片中插入相应的图片文件。使用艺术字这种特殊的文本效果，可以方便地为演示文稿中的文本创建艺术效果，用户可以通过"格式"面板来设置艺术字的文字环绕、填充色、阴影和三维效果等属性。

15.2.1　【演练 209 + 视频●●】：插入图片

在演示文稿中插入图片，可以更生动形象地阐述主题和表达思想。在插入图片时，需充分考虑幻灯片的主题，要使图片和主题和谐一致。

素材文件	·\素材\第 15 章\15-27.pptx、15-29.jpg、15-31.jpg	效果文件	·\效果\第 15 章\15-31.pptx
视频文件	·\视频\第 15 章\插入图片.swf	视频时长	70 秒

【演练 209】插入图片的具体操作步骤如下：

步骤① 单击"文件"菜单，在弹出的面板中单击"打开"命令，打开一个演示文稿，如图 15-27 所示。

步骤② 切换至第 2 张幻灯片，在"插入"面板的"图像"选项板中单击"图片"按钮，如图 15-28 所示。

步骤③ 弹出"插入图片"对话框，在其中选择需要插入的图片，如图 15-29 所示。

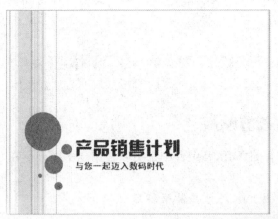

图 15-27　打开一个演示文稿

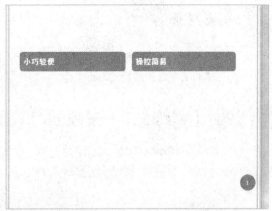

图 15-28　单击"图片"按钮　　　　　　　图 15-29　选择需要插入的图片

步骤④ 单击"插入"按钮，即可将图片插入至幻灯片中，用户可根据需要调整图片的大小和位置，效果如图 15-30 所示。

步骤⑤ 用与上述相同的方法，在幻灯片中插入另一幅素材图片，效果如图 15-31 所示。

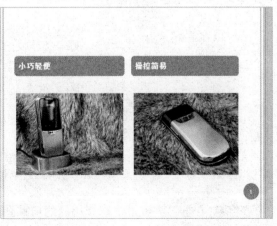

图 15-30　调整图片的大小和位置　　　　　图 15-31　插入另一幅素材图片

专家指点

> 在幻灯片中选择需要调整大小的图片，切换至"格式"面板，在"大小"选项板中，用户可根据需要设置图片大小的参数。

15.2.2 【演练 210 + 视频 ▄▄】：插入剪贴画

剪贴画是 Office 2010 自带的图片，在所有的 Office 组件中都可以使用。下面介绍在 PowerPoint 2010 中插入剪贴画的操作方法。

素材文件	·无	效果文件	·\效果\第 15 章\15-34.pptx
视频文件	·\视频\第 15 章\插入剪贴画.swf	视频时长	52 秒

【演练 210】插入剪贴画的具体操作步骤如下：

步骤① 切换至"插入"面板，在"图像"选项板中单击"剪贴画"按钮▦▦，如图 15-32 所示。

步骤② 打开"剪贴画"任务窗格，单击"搜索文字"右侧的"搜索"按钮，在下拉列表框中将显示搜索到的剪贴画，如图 15-33 所示。

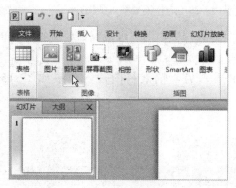

图 15-32 单击"剪贴画"按钮

图 15-33 显示搜索到的剪贴画

专家指点

> 在"剪贴画"任务窗格中单击相应剪贴画，然后单击右侧的下拉按钮，在弹出的列表框中选择"插入"选项，也可以将其插入幻灯片中。

步骤③ 在下拉列表框中选择相应的剪贴画，即可将剪贴画插入到幻灯中，用户可根据需要调整剪贴画的大小和位置，效果如图 15-34 所示。

图 15-34 调整剪贴画的大小和位置

15.2.3 【演练 211 + 视频---】：插入艺术字

为了美化演示文稿，除了可以在其中插入图片或剪贴画外，还可以使用具有多种特殊艺术效果的艺术字。

素材文件	·\素材\第 15 章\15-35.pptx	效果文件	·\效果\第 15 章\15-39.pptx
视频文件	·\视频\第 15 章\插入艺术字.swf	视频时长	94 秒

【演练 211】插入艺术字的具体操作步骤如下：

步骤❶ 单击"文件"菜单，在弹出的面板中单击"打开"命令，打开一个演示文稿，如图 15-35 所示。

步骤❷ 切换至"插入"面板，在"文本"选项板中单击"艺术字"按钮，在弹出的列表框中选择相应的艺术字样式，如图 15-36 所示。

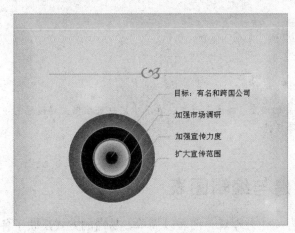

图 15-35 打开一个演示文稿

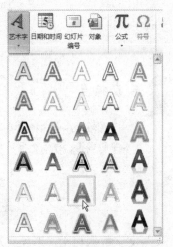

图 15-36 选择相应的艺术字样式

步骤❸ 幻灯片中将显示相应提示信息"请在此放置您的文字"，将鼠标移至艺术字文本框的边框上，单击鼠标左键并拖曳，至合适位置后释放鼠标，调整其位置，如图 15-37 所示。

步骤❹ 在文本框中选择相应文字，按【Delete】键将其删除，然后输入相应文字，在"开始"面板的"字体"选项板中设置文字的相应属性,效果如图 15-38 所示。

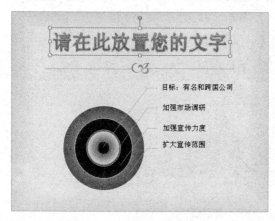

图 15-37　调整艺术字的位置　　　　　　　　图 15-38　设置文字的相应属性

步骤⑤ 在编辑区中的空白位置单击鼠标左键,完成艺术字的创建,效果如图 15-39 所示。

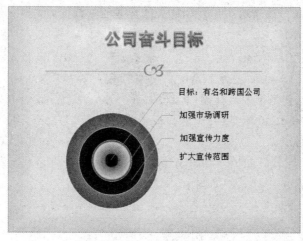

图 15-39　完成艺术字的创建

专家指点

　　在幻灯片中选择需要编辑的艺术字,切换至"格式"面板,在其中用户可根据需要设置艺术字的形状、样式、排列方向以及大小等属性。

15.3　创建与编辑图表

　　与文字数据相比,形象直观的图表更容易让人理解。图表以简单、易懂的方式反映了各种数据之间的关系。本节主要介绍创建与编辑图表的各种操作方法。

15.3.1　【演练 212 + 视频 】: 创建图表

　　PowerPoint 2010 自带了一系列图表样式,每种类型可以分别用来表示不同的数据关系,使得制作图表的过程更加简便。下面介绍创建图表的操作方法。

素材文件	·\素材\第 15 章\15-40.pptx	效果文件	·\效果\第 15 章\15-42.pptx
视频文件	·\视频\第 15 章\创建图表.swf	视频时长	50 秒

【演练 212】创建图表的具体操作步骤如下：

步骤① 切换至"插入"面板，在"插图"选项板中单击"图表"按钮，如图 15-40 所示。

步骤② 弹出"插入图表"对话框，在"折线图"选项区中选择相应的图表样式，如图 15-41 所示。

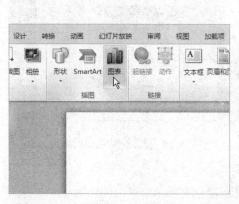

图 15-40　在选项板中单击"图表"按钮

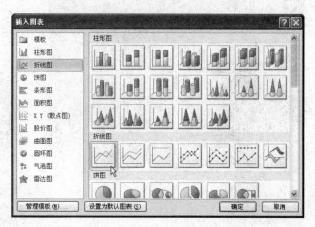

图 15-41　选择相应的图表样式

专家指点

在"折线图"选项区中提供了 7 种折线图样式，用户可根据需要进行选择。

步骤③ 单击"确定"按钮，即可插入选择的图表样式，同时系统会自动启动 Excel 2010 应用程序，其中显示了图表数据，效果如图 15-42 所示。

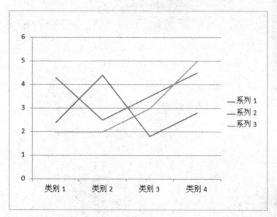

图 15-42　图表样式及 Excel 数据表

15.3.2　【演练 213 + 视频】：修改数据

在 PowerPoint 幻灯片中插入图表后，用户还可以根据需要修改图表中的数据。

素材文件	·\素材\第 15 章\15-43.pptx	效果文件	·\效果\第 15 章\15-47.pptx
视频文件	·\视频\第 15 章\修改数据.swf	视频时长	110 秒

【演练 213】修改数据的具体操作步骤如下：

步骤① 单击"文件"菜单，在弹出的面板中单击"打开"命令，打开一个演示文稿，如图 15-43 所示。

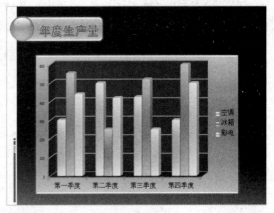

图 15-43　打开一个演示文稿

步骤② 在幻灯片中选择需要修改数据的图表，单击鼠标右键，在弹出的快捷菜单中选择"编辑数据"选项，如图 15-44 所示。

步骤③ 启动 Excel 应用程序，其中显示了图表中的数据信息，如图 15-45 所示。

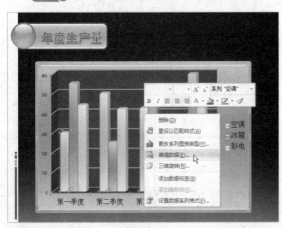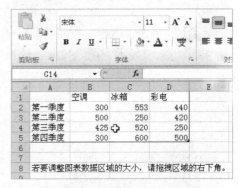

图 15-44　选择"编辑数据"选项　　　　　图 15-45　显示图表中的数据信息

专家指点

　　选择需要修改数据的图表，切换至"设计"面板，在"数据"选项板中单击"编辑数据"按钮，也可以启动 Excel 应用程序。

步骤④ 在 Excel 工作表中，用户可根据需要对相应数据进行修改，如图 15-46 所示。

步骤⑤ 按【Ctrl＋S】组合键保存数据，单击标题栏右侧的"关闭"按钮，退出 Excel 应用程序，在幻灯片中将显示已更改数据的图表信息，效果如图 15-47 所示。

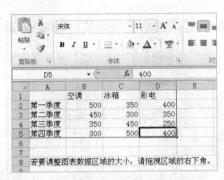

图 15-46　对相应数据进行修改操作

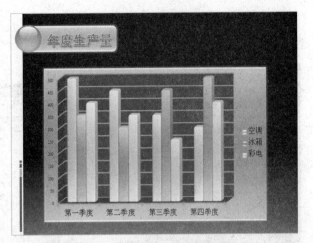

图 15-47　显示已更改数据的图表信息

15.3.3　【演练 214 + 视频┅】：更改图表类型

在 PowerPoint 2010 中，用户可根据需要更改图表的类型。

素材文件	·\素材\第 15 章\15-48.pptx	效果文件	·\效果\第 15 章\15-52.pptx
视频文件	·\视频\第 15 章\更改图表类型.swf	视频时长	48 秒

【演练 214】更改图表类型的具体操作步骤如下：

步骤①　单击"文件"菜单，在弹出的面板中单击"打开"命令，打开一个演示文稿，如图 15-48 所示。

步骤②　在幻灯片中选择需要更改类型的图表，如图 15-49 所示。

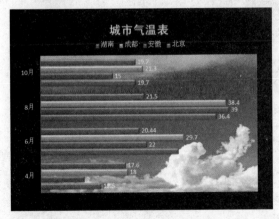

图 15-48　打开一个演示文稿

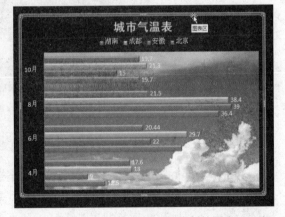

图 15-49　选择需要更改类型的图表

专家指点

　　选择需要更改类型的图表，切换至"设计"面板，在"类型"选项板中单击"更改图表类型"按钮，在弹出的对话框中用户可根据需要进行更改。

步骤③　在图表上单击鼠标右键，在弹出的快捷菜单中选择"更改图表类型"选项，如图 15-50 所示。

步骤④ 弹出"更改图表类型"对话框,在"柱形图"选项区中选择相应的图表样式,如图 15-51 所示。

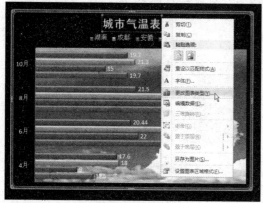
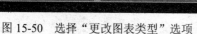

图 15-50 选择"更改图表类型"选项

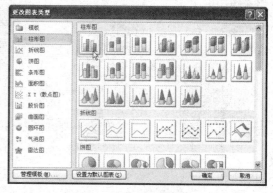

图 15-51 选择相应的图表样式

步骤⑤ 单击"确定"按钮,即可更改图表类型,效果如图 15-52 所示。

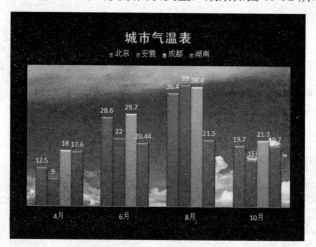

图 15-52 更改图表类型的效果

15.3.4 【演练 215 + 视频】:设置图表布局

在 PowerPoint 2010 中,用户还可以根据需要设置图表的格式。

素材文件	·\素材\第 15 章\15-53.pptx	效果文件	·\效果\第 15 章\15-56.pptx
视频文件	·\视频\第 15 章\设置图表布局.swf	视频时长	41 秒

【演练 215】设置图表布局的具体操作步骤如下:

步骤① 单击"文件"菜单,在弹出的面板中单击"打开"命令,打开一个演示文稿,如图 15-53 所示。

步骤② 在幻灯片中选择需要设置格式的图表,如图 15-54 所示。

步骤③ 切换至"布局"面板,在"标签"选项板中单击"数据标签"按钮 ,在弹出的列表框中选择"数据标签内"选项,如图 15-55 所示。

步骤④ 执行上述操作后,即可设置图表的布局结构,效果如图 15-56 所示。

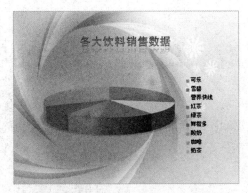

图 15-53　打开一个演示文稿

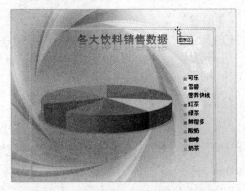

图 15-54　选择需要设置格式的图表

图 15-55　选择"数据标签内"选项

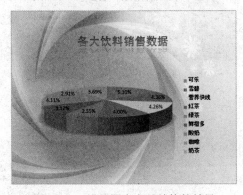

图 15-56　设置图表布局结构的效果

第 16 章　幻灯片的放映与输出

在 PowerPoint 2010 中，幻灯片制作完成后，为了方便观看，用户可以为幻灯片设置切换效果，或设置超链接、添加动作按钮等。用户还可以选择最理想的观看方式，并将演示文稿发布成其他格式的文件。本章主要介绍幻灯片的放映与输出等操作方法。

16.1　设置放映效果

当演示文稿和幻灯片讲义都设计完成后，要想得到满意的放映效果，必须进行相应设置。PowerPoint 2010 提供了多种动画效果，用户不但可以为幻灯片设置效果，还可以为幻灯片中的对象设置动画效果。本节主要介绍设置放映效果的操作方法。

16.1.1　【演练 216 + 视频】：添加切换效果

在 PowerPoint 2010 中，预定了很多种幻灯片的切换效果，除此以外，用户还可以在添加切换效果的同时，为幻灯片添加切换声音，并控制幻灯片的切换速度。

素材文件	•\素材\第 16 章\16-1.pptx	效果文件	•\效果\第 16 章\16-4.pptx
视频文件	•\视频\第 16 章\添加切换效果.swf	视频时长	94 秒

【演练 216】添加切换效果的具体操作步骤如下：

步骤① 单击"文件"菜单，在弹出的面板中单击"打开"命令，打开一个演示文稿，如图 16-1 所示。

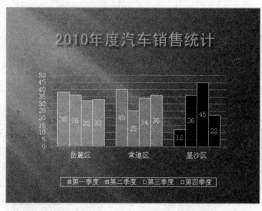

图 16-1　打开一个演示文稿

专家指点

幻灯片的切换效果就是在幻灯片的放映过程中，放映完一页后，当前页以什么方式消失，下一页以什么样的方式出现。设置切换效果，可以使幻灯片更加活泼生动。

步骤② 选择第 1 张幻灯片，切换至"转换"面板，在"切换到此幻灯片"选项板中单击

"其他"按钮 ，在弹出的列表框中选择"框"选项，如图 16-2 所示。

步骤③ 在"计时"选项板中选中"设置自动换片时间"复选框，在右侧设置时间为 00:00:04，如图 16-3 所示。

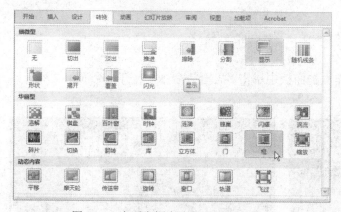

图 16-2　在列表框中选择"框"选项

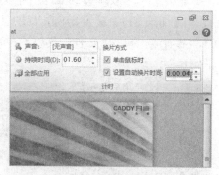

图 16-3　设置时间为 00:00:04

步骤④ 用与上述相同的方法，为第 2 张幻灯片设置相应的切换方式与切换速度，在"预览"选项板中单击"预览"按钮 ，即可预览设置切换方式的幻灯片效果，如图 16-4 所示。

幻灯片切换效果一

幻灯片切换效果二

幻灯片切换效果三

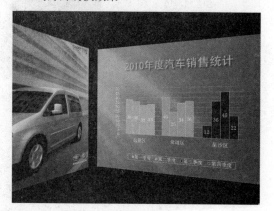

幻灯片切换效果四

图 16-4　预览幻灯片切换效果

16.1.2 【演练 217 + 视频 ▪▪】：设置切换效果

为幻灯片添加切换效果后，用户还可以根据需要设置切换效果的属性。

素材文件	•\素材\第 16 章\16-5.pptx	效果文件	•\效果\第 16 章\16-7.pptx
视频文件	•\视频\第 16 章\设置切换效果.swf	视频时长	45 秒

【演练 217】设置切换效果的具体操作步骤如下：

步骤① 单击"文件"菜单，在弹出的面板中单击"打开"命令，打开一个演示文稿，如图 16-5 所示。

图 16-5　打开一个演示文稿

步骤② 切换至"转换"面板，在"切换到此幻灯片"选项板中单击"效果选项"按钮，在弹出的列表框中选择"自左侧"选项，如图 16-6 所示。

图 16-6　在列表框中选择"自左侧"选项

 专家指点

> 若在"效果选项"列表框中选择"自底部"选项，则幻灯片将从底部向顶部进入；若选择"自顶部"选项，则幻灯片将从顶部向底部进入。

步骤③ 执行上述操作后，即可设置幻灯片的切换方向，在"预览"选项板中单击"预览"按钮 ▣，即可预览设置切换方向后的幻灯片效果，如图 16-7 所示。

图 16-7 预览设置切换方向后的幻灯片效果

16.1.3 【演练 218 + 视频---】：创建超链接

超链接的对象很多，包括文本、自选图形、表格、图表和图画等，可以利用动作按钮来创建超链接，PowerPoint 2010 带有一些已制作好的动作按钮，可以将这些动作按钮插入到演示文稿并为之定义超链接。

素材文件	• \素材\第 16 章\16-8.pptx	效果文件	• \效果\第 16 章\16-12.pptx
视频文件	• \视频\第 16 章\创建超链接.swf	视频时长	76 秒

【演练 218】创建超链接的具体操作步骤如下：

步骤① 单击"文件"菜单，在弹出的面板中单击"打开"命令，打开一个演示文稿，如图 16-8 所示。

图 16-8 打开一个演示文稿

步骤② 选择第 1 张幻灯片，在幻灯片的右下角选择需要设置超链接的图形对象，如图 16-9 所示。

步骤③ 单击鼠标右键，在弹出的快捷菜单中选择"超链接"选项，如图 16-10 所示。

步骤④ 弹出"插入超链接"对话框，在"链接到"选项区中选择"本文档中的位置"选项，在"请选择文档中的位置"列表框中选择"下一张幻灯片"选项，如图 16-11 所示。

步骤⑤ 单击"确定"按钮，即可设置图形的超链接效果，在视图区中单击"幻灯片放映"

按钮，进入幻灯片放映视图，将鼠标指针移至幻灯片中的图形上，此时鼠标指针呈手形
（如图 16-12 所示），单击鼠标左键，即可跳转至下一张幻灯片。

图 16-9　选择需要设置超链接的图形对象

图 16-10　选择"超链接"选项

图 16-11　选择"下一张幻灯片"选项

图 16-12　设置超链接后的幻灯片效果

专家指点

在"插入幻灯片"对话框中，选择"链接到"选项区中的"原有文件或网页"选项，在"查找范围"列表框中，用户可根据需要选择计算机中的相应文件或网页。

16.1.4　【演练 219 + 视频　　】：设置切换声音

在 PowerPoint 2010 中，用户还可以根据需要为幻灯片的切换方式添加声音效果。

素材文件	·\素材\第 16 章\16-13.pptx	效果文件	·\效果\第 16 章\16-16.pptx
视频文件	·\视频\第 16 章\设置切换声音.swf	视频时长	61 秒

【演练 219】设置切换声音的具体操作步骤如下：

步骤① 单击"文件"菜单，在弹出的面板中单击"打开"命令，打开一个演示文稿，如图 16-13 所示。

步骤② 选择第 1 章幻灯片，切换至"转换"面板，在"计时"选项板中单击"声音"右侧的下拉按钮，在弹出的列表框中选择"风铃"选项，如图 16-14 所示。

步骤③ 设置切换声音后，在下方设置"持续时间"为 02：00，如图 16-15 所示。

图 16-13　打开一个演示文稿

图 16-14　在列表框中选择"风铃"选项

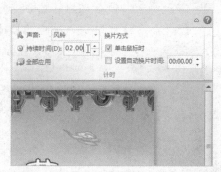

图 16-15　设置"持续时间"为 02：00

步骤④ 在视图区中单击"幻灯片放映"按钮，进入幻灯片放映视图，预览幻灯片并试听音频效果，如图 16-16 所示。

图 16-16　预览幻灯片并试听音频效果

当用户在幻灯片中设置第 1 张幻灯片的切换声音效果后，在"计时"选项板中单击"全部应用"按钮，将应用于演示文稿中的所有幻灯片。

16.2 自定义动画

自定义动画，能使幻灯片上的文本、形状、声音、图像、图表和其他对象具有动画效果，这样就可以突出重点、控制信息的流程、提高演示文稿的趣味性。自定义动画可以应用于幻灯片、占位符或段落中的项目（包括单个项目和列表项目）。本节主要介绍自定义对画的各种操作方法。

16.2.1 【演练 220 + 视频 📹】：添加进入动画

添加进入动画，就是对文本、图片等对象添加进入窗口时的一种动态效果。在添加效果前，要先选中一个对象，如文本、图形等。

素材文件	• \素材\第 16 章\16-17.pptx	效果文件	• \效果\第 16 章\16-21.pptx
视频文件	• \视频\第 16 章\添加进入动画.swf	视频时长	55 秒

【演练 220】添加进入动画的具体操作步骤如下：

步骤① 单击"文件"菜单，在弹出的面板中单击"打开"命令，打开一个演示文稿，如图 16-17 所示。

步骤② 在幻灯片中选择需要设置动画的文本对象，如图 16-18 所示。

图 16-17　打开一个演示文稿　　　　图 16-18　选择需要设置动画的文本对象

在一张幻灯片中，用户可以根据需要为一个对象设置多个不同的动画效果。

步骤③ 切换至"动画"面板，在"高级动画"选项板中单击"添加动画"按钮⭐，在弹出的列表框中选择"形状"选项，如图 16-19 所示。

步骤④ 在幻灯片中的文本对象旁边，将显示数字 1，表示添加的第 1 个进入动画，如图

16-20 所示。

步骤⑤　在视图区中单击"幻灯片放映"按钮 ，进入幻灯片放映视图，预览文本对象的进入动画效果，如图 16-21 所示。

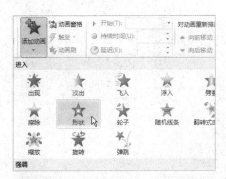

图 16-19　在列表框中选择"形状"选项

图 16-20　表示添加的第 1 个进入动画

图 16-21　预览文本对象的进入动画效果

16.2.2 【演练 221 + 视频 】：添加强调动画

添加强调动画，就是对幻灯片上已经显示的文本或对象添加效果，强调动画是为了突出显示幻灯片中的某个内容，能起到强调的作用。

素材文件	·\素材\第 16 章\16-22.pptx	效果文件	·\效果\第 16 章\16-26.pptx
视频文件	·\视频\第 16 章\添加强调动画.swf	视频时长	57 秒

【演练 221】添加强调动画的具体操作步骤如下：

步骤①　单击"文件"菜单，在弹出的面板中单击"打开"命令，打开一个演示文稿，如图 16-22 所示。

步骤②　在幻灯片中选择需要设置强调动画的文本对象，如图 16-23 所示。

步骤③　切换至"动画"面板，在"高级动画"选项板中单击"添加动画"按钮 ，在弹出的列表框中选择"放大/缩小"选项，如图 16-24 所示。

步骤④　在幻灯片中的文本对象旁边，将显示数字 1，表示添加的第 1 个进入动画，如图 16-25 所示。

图 16-22　打开一个演示文稿

图 16-23　选择需要设置动画的文本对象

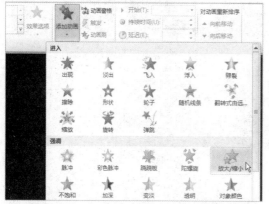

图 16-24　选择"放大/缩小"选项

图 16-25　表示添加的第 1 个进入动画

步骤⑤　在视图区中单击"幻灯片放映"按钮 ，进入幻灯片放映视图，预览文本对象的强调动画效果，如图 16-26 所示。

图 16-26　预览文本对象的强调动画效果

16.2.3　【演练 222 + 视频 】：添加动作路径

动作路径又称为路径动画，在幻灯片中可以为各种对象设置路径动画。

素材文件	·\素材\第 16 章\16-27.pptx	效果文件	·\效果\第 16 章\16-33.pptx
视频文件	·\视频\第 16 章\添加动作路径.swf	视频时长	92 秒

【演练 222】添加动作路径的具体操作步骤如下：

步骤① 单击"文件"菜单，在弹出的面板中单击"打开"命令，打开一个演示文稿，如图 16-27 所示。

步骤② 在幻灯片中选择需要设置动作路径的文本对象，如图 16-28 所示。

图 16-27　打开一个演示文稿　　　　图 16-28　选择需要设置的文本对象

步骤③ 切换至"动画"面板，在"高级动画"选项板中单击"添加动画"按钮，在弹出的列表框中选择"其他动作路径"选项，如图 16-29 所示。

步骤④ 弹出"添加动作路径"对话框，在"基本"选项板中选择"直角三角形"选项，如图 16-30 所示。

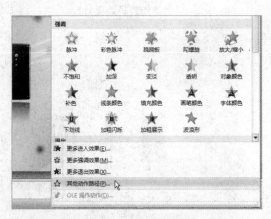

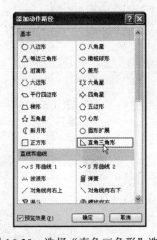

图 16-29　选择"其他动作路径"选项　　　　图 16-30　选择"直角三角形"选项

步骤⑤ 单击"确定"按钮，在幻灯片中的文本对象旁边，将显示数字 1 和一个三角形形状，表示添加的第 1 个三角形形动作路径动画，如图 16-31 所示。

步骤⑥ 将鼠标移至三角形四周的控制柄上，单击鼠标左键并拖曳，调整三角形的大小与形状，如图 16-32 所示。

步骤⑦ 在视图区中单击"幻灯片放映"按钮，进入幻灯片放映视图，预览文本对象的动作路径效果，如图 16-33 所示。

图 16-31　添加的第 1 个三角形动作路径动画

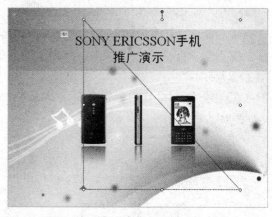

图 16-32　调整三角形的大小与形状

动作路径效果片段一

动作路径效果片段二

动作路径效果片段三

动作路径效果片段四

图 16-33　预览文本对象的动作路径效果

16.2.4　【演练 223 + 视频 】：自定义路径

用户如果对内置的动作路径不满意，还可以自己绘制动作路径。

素材文件	·\素材\第 16 章\16-34.pptx	效果文件	·\效果\第 16 章\16-40.pptx
视频文件	·\视频\第 16 章\自定义路径.swf	视频时长	91 秒

【演练 223】自定义路径的具体操作步骤如下：

步骤① 单击"文件"菜单，在弹出的面板中单击"打开"命令，打开一个演示文稿，如图 16-34 所示。

步骤② 在幻灯片中选择需要自定义动作路径的图形对象，如图 16-35 所示。

图 16-34　打开一个演示文稿　　　　　图 16-35　选择需要编辑的图形对象

专家指点

> 在幻灯片中选择需要绘制动作路径的文本对象，切换至"动画"面板，在"动画"选项板中单击"其他"按钮，在弹出的列表框中选择"自定义路径"选项，也可以手动绘制动作路径。

步骤③ 切换至"动画"面板，在"高级动画"选项板中单击"添加动画"按钮，在弹出的列表框中选择"自定义路径"选项，如图 16-36 所示。

步骤④ 将鼠标移至绘图区中的适当位置，单击鼠标左键并拖曳，至合适位置后释放鼠标，即可绘制动作路径，如图 16-37 所示。

图 16-36　选择"自定义路径"选项　　　　图 16-37　在幻灯片中绘制动作路径

步骤⑤ 用与上述相同的方法，在幻灯片中绘制另一条动作路径，效果如图 16-38 所示。

步骤⑥ 在"预览"选项板中单击"预览"按钮 ⭐，如图 16-39 所示。

图 16-38 绘制另一条动作路径

图 16-39 单击"预览"按钮

步骤⑦ 预览手动绘制的动作路径效果，如图 16-40 所示。

动作路径效果片段一

动作路径效果片段二

动作路径效果片段三

动作路径效果片段四

图 16-40 预览自定义动作路径效果

16.2.5 【演练 224 + 视频▱▱】：设置放映方式

默认情况下，PowerPoint 2010 会按照预设的演讲者放映方式来放映幻灯片，但放映过程需要人工控制。在 PowerPoint 2010 中，还有两种放映方式，一是观众自行浏览，二是在展台浏览。下面介绍设置放映方式的操作方法。

素材文件	·\素材\第 16 章\16-41.pptx	效果文件	·\效果\第 16 章\16-43.pptx
视频文件	·\视频\第 16 章\设置放映方式.swf	视频时长	59 秒

【演练 224】设置放映方式的具体操作步骤如下：

步骤① 单击"文件"菜单，在弹出的面板中单击"打开"命令，打开一个演示文稿，如图 16-41 所示。

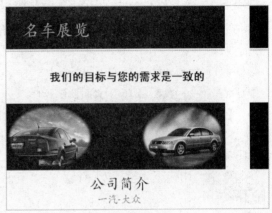

图 16-41 打开一个演示文稿

步骤② 切换至"幻灯片放映"面板，在"设置"选项板中单击"设置幻灯片放映"按钮，如图 16-42 所示。

步骤③ 弹出"设置放映方式"对话框，在"放映类型"选项区中选中"观众自行浏览（窗口）"单选按钮，在"放映选项"选项区中选中"循环放映，按 ESC 键终止"复选框，在"放映幻灯片"选项区中选中"从"单选按钮，如图 16-43 所示。

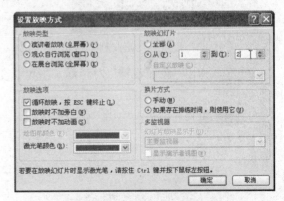

图 16-42 单击"设置幻灯片放映"按钮 　　　　图 16-43 设置幻灯片放映方式

 专家指点

切换至"幻灯片放映"面板，在"开始放映幻灯片"选项板中单击"从头开始"按钮，将从头开始播放幻灯片。

步骤④ 设置完成后，单击"确定"按钮，即可完成幻灯片放映方式的设置。

16.3 打印演示文稿

在打印演示文稿时，既可以打印整个演示文稿，也可以打印特定的幻灯片、讲义、备注页或大纲页，并且可以选择只打印幻灯片，用来作为讲义。

16.3.1 【演练 225 + 视频 ■■】：页面设置

在打印演示文稿前，可以根据需要对打印页面进行设置，使打印的形式和效果更符合实际需要。

素材文件	·\素材\第 16 章\16-44.pptx	效果文件	·\效果\第 16 章\16-47.pptx
视频文件	·\视频\第 16 章\页面设置.swf	视频时长	42 秒

【演练 225】页面设置的具体操作步骤如下：

步骤① 单击"文件"菜单，在弹出的面板中单击"打开"命令，打开一个演示文稿，如图 16-44 所示。

步骤② 切换至"设计"面板，在"页面设置"选项板中单击"页面设置"按钮 ，如图 16-45 所示。

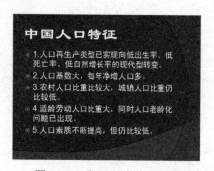

图 16-44　打开一个演示文稿

图 16-45　单击"页面设置"按钮

步骤③ 弹出"页面设置"对话框，在其中设置"宽度"为 15、"高度"为 10，如图 16-46 所示。

步骤④ 设置完成后，单击"确定"按钮，即可预览设置页面属性后的幻灯片效果，如图 16-47 所示。

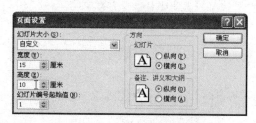

图 16-46　设置宽度和高度

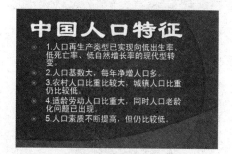

图 16-47　预览设置页面属性后的幻灯片效果

专家指点

> 在"页面设置"对话框中，若选中"幻灯片"选项区中的"纵向"单选按钮，则幻灯片将以纵向方式显示。

16.3.2　【演练 226 + 视频 】：打印演示文稿

完成幻灯片的设置后，用户可以将其打印出来，在具体打印时，还可以对打印机进行相应的设置。

素材文件	·\素材\第 16 章\16-48.pptx	效果文件	·无
视频文件	·\视频\第 16 章\打印演示文稿.swf	视频时长	33 秒

【演练 226】打印演示文稿的具体操作步骤如下：

步骤① 单击"文件"菜单，在弹出的面板中单击"打开"命令，打开一个演示文稿，如图 16-48 所示。

步骤② 单击"文件"菜单，在弹出的面板中单击"打印"命令，在中间窗格中，用户可根据需要对打印属性进行相应设置，如图 16-49 所示。

图 16-48　打开一个演示文稿

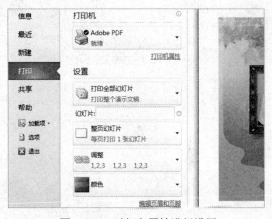

图 16-49　对打印属性进行设置

步骤③ 单击上方的"打印"按钮 （如图 16-50 所示），即可打印演示文稿。

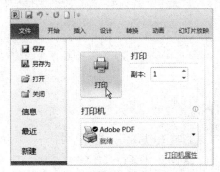

图 16-50　单击"打印"按钮

第 17 章　Word 办公案例实战

Word 2010 应用的领域非常广泛，如商务、文秘、行政、销售、管理等，本章将在前面章节的基础上，精讲 Word 2010 在商务文书中的应用。本章将通过三个典型商务案例：经管文书、公司月刊、商务信函，详细介绍其制作过程，读者学完本章后可以举一反三，制作出其他领域的各类办公文档。

17.1 【实战 + 视频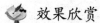】：商务文书——制作广告合同

效果欣赏

本实例的最终效果如图 17-1 所示。

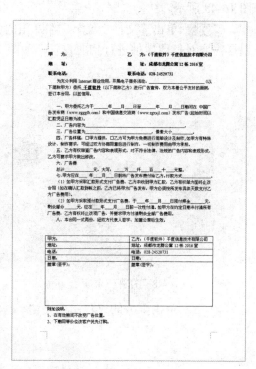

图 17-1　商务文书——制作广告合同

技术点睛

本实例制作技术点睛如下：

点睛 1：插入素材图片	点睛 2：加粗字体显示	点睛 3：设置字体大小
点睛 4：设置缩进方式	点睛 5：设置段落行距	

实战传送

接下来将介绍本实例的实战步骤。

17.1.1　制作合同首页

制作合同首页的具体操作步骤如下：

步骤①　从"开始"菜单中启动 Word 2010 应用程序，进入 Word 2010 工作界面，选择一种合适的输入法，在其中输入相应文字内容，如图 17-2 所示。

步骤②　将鼠标移至"网站广告合同"文字前，多次按【Enter】键确认，添加多行空白行，如图 17-3 所示。

图 17-2　输入相应文字内容

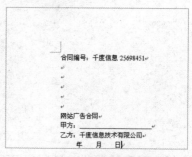

图 17-3　添加多行空白行

步骤③　用与上述相同的方法，在 Word 文档中的其他位置添加多行空白行，如图 17-4 所示。

步骤④　在 Word 文档中，将鼠标定位于需要插入图片的位置，如图 17-5 所示。

图 17-4　在其他位置添加多行空白行

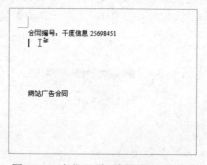

图 17-5　定位于需要插入图片的位置

 专家指点

　　单击"文件"菜单，在弹出的面板中单击"选项"按钮，弹出"Word 选项"对话框，切换至"显示"选项卡，在右侧的"始终在屏幕上显示这些格式标记"选项区中取消选择"段落标记"复选框，在文档中将不再显示段落标记，使文档更为简洁干净。

步骤⑤ 切换至"插入"面板，在"插图"选项板中单击"图片"按钮，弹出"插入图片"对话框，在其中选择需要插入的素材图片，如图 17-6 所示。

步骤⑥ 单击"插入"按钮，即可将其插入至文档中，切换至"格式"面板，在"大小"选项板中设置图片的"高度"为 1.68、"宽度"为 3.8，调整图片的大小，如图 17-7 所示。

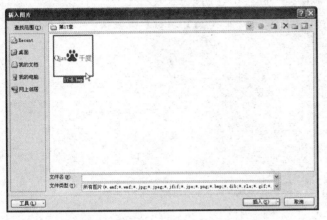

图 17-6 选择需要插入的素材图片

图 17-7 将图片插入至文档中

专家指点

> 在"插入"面板的"插图"选项板中，单击"剪贴画"按钮，打开"剪贴画"任务窗格，在其中用户可根据需要选择相应的剪贴画将其插入至 Word 文档中，使其美化文档效果。

步骤⑦ 在 Word 文档中选择"合同编号"一行文本内容，在"开始"面板的"字体"选项板中设置文字的字体效果，设置"字号"为"小四"、"中文字体"为"黑体"、"英文字体"为 Times New Roman，如图 17-8 所示。

步骤⑧ 在 Word 文档中选择"网站广告合同"一行文本内容，在"开始"面板的"字体"选项板中设置文字的字体效果和对齐方式，设置"字号"为"初号"、"字体"为"黑体"，在"段落"选项板中单击"居中"按钮 ≡，如图 17-9 所示。

图 17-8 设置文字的字体效果

图 17-9 设置文字的字体效果和对齐方式

步骤⑨ 在 Word 文档中选择"甲方"两行文本内容，在"开始"面板的"字体"选项板中设置"字号"为"四号"、"字体"为"黑体"，如图 17-10 所示。

步骤⑩ 在"段落"选项板中单击选项板右侧的"段落"按钮，弹出"段落"对话框，在"缩进"选项区中设置"特殊格式"为"首行缩进"、"磅值"为"8 字符",在"间距"选项区中设置"段前"为"12 磅"、"段后"为"12 磅"、"行距"为"1.5 倍行距",如图 17-11 所示。

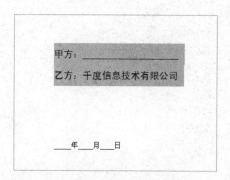

图 17-10　设置字体效果

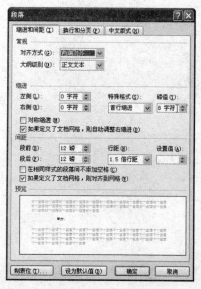

图 17-11　设置段间距效果

步骤⑪ 设置完成后,单击"确定"按钮,即可设置段落间距效果,如图 17-12 所示。

步骤⑫ 选择"年月日"一行文本内容,在"开始"面板的"字体"选项板中,设置"字号"为"四号"、"字体"为"黑体",在"段落"选项板中单击选项板右侧的"段落"按钮,弹出"段落"对话框,在"缩进"选项区中设置"特殊格式"为"首行缩进"、"磅值"为"6 字符",在"间距"选项区中设置"段前"和"段后"均为"12 磅",单击"确定"按钮,在相应下划线上按【空格】键,调整文本长度,拖曳标尺上方的"首行缩进"按钮,调整缩进值,效果如图 17-13 所示。

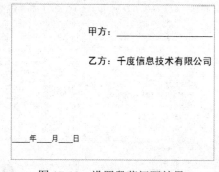

图 17-12　设置段落间距效果

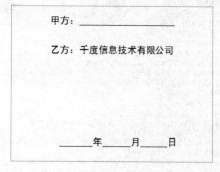

图 17-13　设置字体属性效果

专家指点

选择需要添加下划线的文本,按【Ctrl＋U】组合键即可快速添加下划线。

步骤⑬ 至此,合同首页制作完成,效果如图 17-14 所示。

图 17-14　合同首页制作完成

17.1.2　制作正文内容

制作合同正文内容的具体操作步骤如下：

步骤① 按【Enter】键，将鼠标指针定位于第二页第一行，选择一种合适的输入法，在其中输入相应文本内容，如图 17-15 所示。

步骤② 将鼠标移至第一行"甲方"文本的中间，按 4 次空格键，调整文字间距，如图 17-16 所示。

图 17-15　输入相应文本内容　　　　　　　　图 17-16　调整文字间距

步骤③ 用与上述相同的方法，调整其他文字内容之间的间距，将鼠标移至相应文本前，按【Enter】键确认，新增一行空白行，如图 17-17 所示。

步骤④ 在 Word 文档中选择需要加粗显示的文本内容，在"开始"面板的"字体"选项板中单击"加粗"按钮 **B**，加粗显示文本内容，如图 17-18 所示。

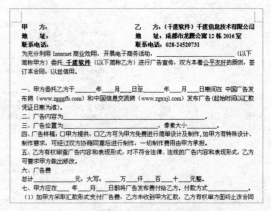

图 17-17　调整字距并新增一行　　　　　图 17-18　加粗显示文本内容

 专家指点

> 在 Word 文档中选择相应文本内容，按【Ctrl + B】组合键，也可以对文本进行加粗操作。

步骤⑤ 选择第二页中的前 3 行文本内容，在"段落"选项板中单击选项板右侧的"段落"按钮 ，弹出"段落"对话框，在"间距"选项板中设置"行距"为"1.5 倍行距"，单击"确定"按钮，调整文本行距，效果如图 17-19 所示。

步骤⑥ 将鼠标定位行第二页中的第 4 行文本前，按【Tab】键，调整文本的首行缩进效果，如图 17-20 所示。

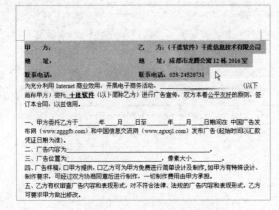
　　　　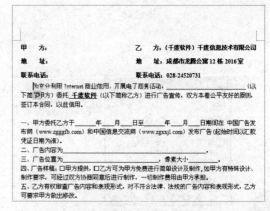

图 17-19　调整文本行距的效果　　　　　图 17-20　调整文本的首行缩进效果

 专家指点

> 在"段落"对话框的"缩进"选项区中，设置"特殊格式"为"首行缩进"、"磅值"为"2 字符"，单击"确定"按钮，也可以调整文本首行缩进效果。

步骤⑦ 用与上述相同的方法，设置其他段落文本的首行缩进效果，至此合同正文内容制作完成，效果如图 17-21 所示。

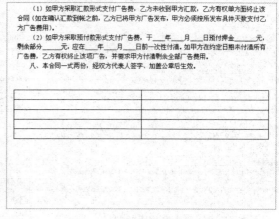

图 17-21 合同正文内容

17.1.3 制作表格效果

制作表格效果的具体操作步骤如下：

步骤① 在 Word 文档中将鼠标定位于需要插入表格的位置，切换至"插入"面板，在"表格"选项板中单击"表格"按钮，在弹出的列表框中选择"插入表格"选项，弹出"插入表格"对话框，在其中设置"列数"为 2、"行数"为 5，如图 17-22 所示。

步骤② 单击"确定"按钮，即可在文档中插入表格，如图 17-23 所示。

图 17-22 设置表格数量　　　　图 17-23 在文档中插入表格

专家指点

在"插入"面板中单击"表格"按钮，在弹出的列表框中选择"绘制表格"选项，用户可根据需要在文档中绘制相应的表格线框。

步骤③ 选择一种合适的输入法，在表格中输入相应文本内容，按【Enter】键可换行操作，如图 17-24 所示。

步骤④ 表格内容输入完成后，在表格的下方输入相应附加说明文字。至此，广告合同制作完成，效果如图 17-25 所示。

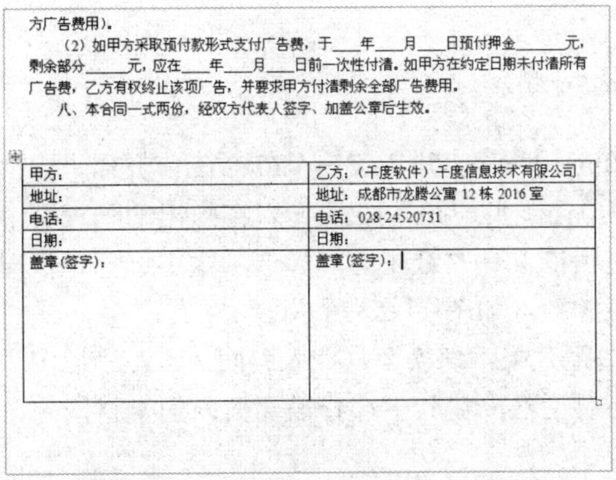

方广告费用）。

（2）如甲方采取预付款形式支付广告费，于____年____月____日预付押金______元，剩余部分______元，应在____年____月____日前一次性付清。如甲方在约定日期未付清所有广告费，乙方有权终止该项广告，并要求甲方付清剩余全部广告费用。

八、本合同一式两份，经双方代表人签字、加盖公章后生效。

甲方：	乙方：（千度软件）千度信息技术有限公司
地址：	地址：成都市龙腾公寓 12 栋 2016 室
电话：	电话：028-24520731
日期：	日期：
盖章（签字）：	盖章（签字）：

图 17-24 在表格中输入相应文本内容

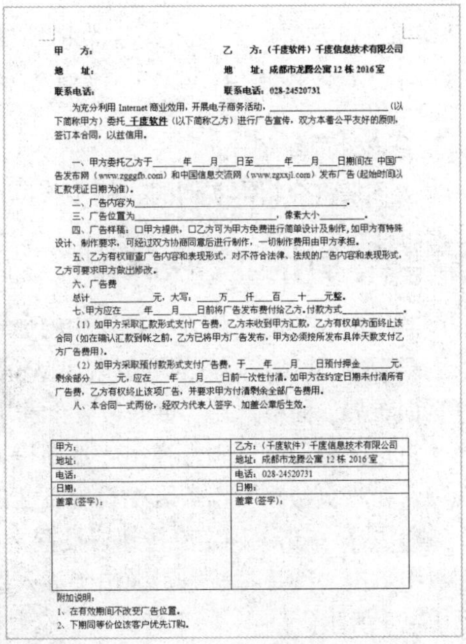

甲　方：　　　乙　方：（千度软件）千度信息技术有限公司

地　址：　　　地　址：成都市龙腾公寓 12 栋 2016 室

联系电话：　　　联系电话：028-24520731

为充分利用 Internet 商业效用，开展电子商务活动，______________（以下简称甲方）委托 千度软件（以下简称乙方）进行广告宣传，双方本着公平友好的原则，签订本合同，以兹信用。

一、甲方委托乙方于______年____月____日至______年____月____日期间在 中国广告发布网（www.zgggfb.com）和中国信息交流网（www.zgxxjl.com）发布广告（起始时间以汇款凭证日期为准）。

二、广告内容为______________________________。

三、广告位置为____________________，像素大小__________。

四、广告样稿：□甲方提供，□乙方可为甲方免费进行简单设计及制作，如甲方有特殊设计、制作要求，可经过双方协商同意后进行制作，一切制作费用由甲方承担。

五、乙方有权审查广告内容和表现形式，对不符合法律、法规的广告内容和表现形式，乙方可要求甲方做出修改。

六、广告费

总计____________元，大写：____万____仟____百____十____元整。

七、甲方应在____年____月____日前将广告发布费付给乙方。付款方式____________。

（1）如甲方采取汇款形式支付广告费，乙方未收到甲方汇款，乙方有权单方面终止该合同（如在确认汇款到帐之前，乙方已将甲方广告发布，甲方必须按所发布具体天数支付乙方广告费用）。

（2）如甲方采取预付款形式支付广告费，于____年____月____日预付押金______元，剩余部分______元，应在____年____月____日前一次性付清。如甲方在约定日期未付清所有广告费，乙方有权终止该项广告，并要求甲方付清剩余全部广告费用。

八、本合同一式两份，经双方代表人签字、加盖公章后生效。

甲方：	乙方：（千度软件）千度信息技术有限公司
地址：	地址：成都市龙腾公寓 12 栋 2016 室
电话：	电话：028-24520731
日期：	日期：
盖章（签字）：	盖章（签字）：

附加说明：

1、在有效期间不改变广告位置。

2、下期同等价位该客户优先订购。

图 17-25 广告合同制作完成

17.2 【实战＋视频】：公司宣传——制作公司月刊

效果欣赏

本实例的最终效果如图 17-26 所示。

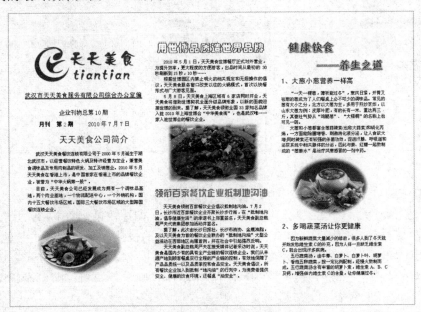

图 17-26 公司宣传——制作公司月刊

技术点睛

本实例制作技术点睛如下：

点睛 1：插入公司徽标	点睛 2：设置缩进方式	点睛 3：添加双下划线
点睛 4：绘制文本框	点睛 5：设置图片艺术效果	点睛 6：插入艺术字样式

实战传送

接下来将介绍本实例的实战步骤。

17.2.1 制作第一块版式

制作第一块版式的具体操作步骤如下：

步骤① 从"开始"菜单中启动 Word 2010 应用程序，进入 Word 2010 工作界面，切换至"页面布局"面板，在"页面设置"选项板中单击"页边距"按钮，在弹出的列表框中选择"自定义边距"选项，弹出"页面设置"对话框，在"纸张方向"选项区中选择"横向"选项，在"页边距"选项区中设置页面的边距参数，如图 17-27 所示。

步骤② 单击"确定"按钮，设置文档页边距效果，切换至"插入"面板，在"插图"选项板中单击"图片"按钮，弹出"插入图片"对话框，在其中选择需要插入的素材图片，如图 17-28 所示。

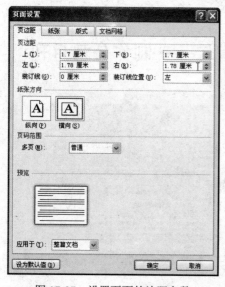

图 17-27　设置页面的边距参数

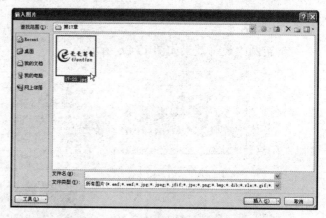

图 17-28　选择需要插入的素材图片

步骤③ 单击"插入"按钮，即可将其插入至文档中，切换至"格式"面板，在"大小"选项板中设置图片的"高度"为 3.36、"宽度"为 7.69，图片效果如图 17-29 所示。

步骤④ 选择插入的图片，单击鼠标右键，在弹出的快捷菜单中选择"其他布局选项"选项，弹出"布局"对话框，切换至"文字环绕"选项卡，在"环绕方式"选项区中单击"浮于文字上方"按钮（如图 17-30 所示），单击"确定"按钮，即可设置图片浮于文字上方。

步骤⑤ 切换至"插入"面板，在"文本"选项板中单击"文本框"按钮，在弹出的列表框中选择"绘制文本框"选项，在编辑区的适当位置单击鼠标左键并拖曳，绘制文本框，选择一种合适的输入法，在其中输入相应文本内容，如图 17-31 所示。

步骤⑥　在文本框中选择输入的文本内容，单击鼠标右键，在弹出的快捷菜单中选择"字体"选项，弹出"字体"对话框，在其中设置"字号"为"小四"、"字体颜色"为黑色、"下划线线型"为双线型，如图 17-32 所示。

图 17-29　设置图片的高度与宽度

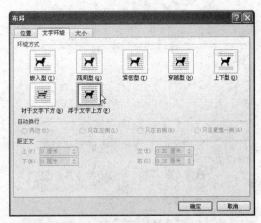

图 17-30　单击"浮于文字上方"按钮

图 17-31　输入相应文本内容

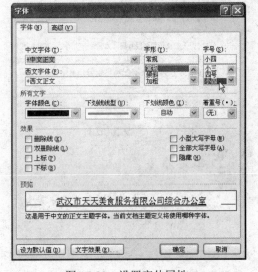

图 17-32　设置字体属性

步骤⑦　单击"确定"按钮，设置字体效果，切换至"格式"面板，在"形状样式"选项板中设置"形状填充"为"无"、"形状轮廓"为"无"，此时的文本框效果如图 17-33 所示。

步骤⑧　在文档中需要输入文本内容的位置上，双击鼠标左键，使用即点即输功能定位插入点，选择一种合适的输入法，输入相应文本内容，并设置文本内容的字体属性及段落格式，效果如图 17-34 所示。

步骤⑨　在编辑区中绘制一个文本框，在其中输入相应的文本内容，如图 17-35 所示。

步骤⑩　选择"天天美食公司简介"文本，在"开始"面板的"字体"和"段落"选项板中设置文本的相应属性，并设置其他文本的段落格式，效果如图 17-36 所示。

图 17-33　设置文本框的形状效果

图 17-34　输入相应的文本内容

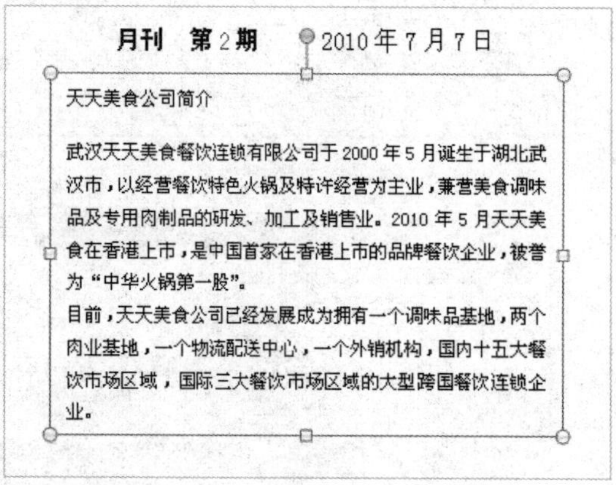

图 17-35　输入相应的文本内容

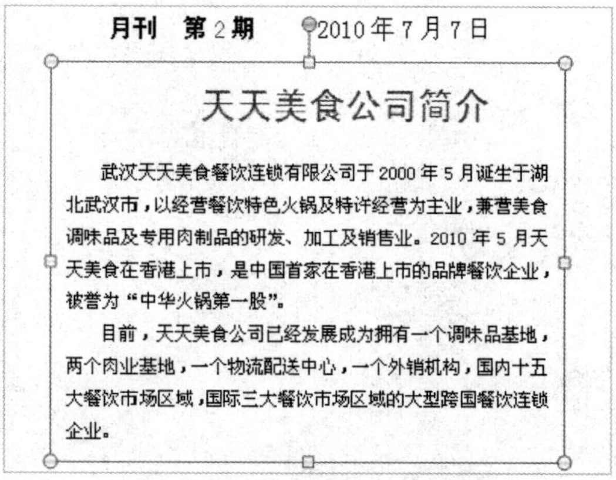

图 17-36　设置文本的字体和段落格式

 专家指点

> 在文本框中选择相应的文本内容，在"格式"面板中，用户还可以设置文本内容的字体样式为艺术效果。

步骤⑪　切换至"插入"面板，在"插图"选项板中单击"图片"按钮，在编辑区中插入一幅素材图片，设置"环绕方式"为"浮于文字上方"、"高度"为 4.28、"宽度"为 5.71，图片效果如图 17-37 所示。

步骤⑫　切换至"格式"面板，在"图片样式"选项板中单击右侧的"其他"按钮▼，在弹出的列表框中选择"柔化边缘椭圆"选项，即可设置图片的样式，手动拖曳图片四周的控制柄，还可以调整图片的形状，效果如图 17-38 所示。

 专家指点

> 选择需要编辑的素材图片，切换至"格式"面板，在"调整"选项板中单击"艺术效果"按钮，在弹出的列表框中用户可根据需要为图片设置一种艺术样式。

图 17-37　设置图片的属性

图 17-38　调整图片的形状

步骤⑬ 至此，公司月刊第一块版式制作完成，效果如图 17-39 所示。

图 17-39　月刊第一块版式制作完成

17.2.2　制作第二块版式

制作第二块版式的具体操作步骤如下：

步骤① 切换至"插入"面板，在"文本"选项板中单击"文本框"按钮，在弹出的列表框中选择"绘制文本框"选项，在编辑区中的适当位置绘制一个文本框，在其中输入相应文字，并设置文字的"字体"为"华文彩云"、"字号"为"二号"、"字体颜色"为红色，切换至"格式"面板，设置文本的形状样式，效果如图 17-40 所示。

步骤② 在编辑区中的适当位置再次绘制一个文本框，输入相应文本内容，设置"字体"为"宋体"、"字号"为"小五"、"缩进方式"为首行缩进 2 字符，文本效果如图 17-41

所示。

步骤③ 切换至"插入"面板，在"插图"选项板中单击"图片"按钮，在编辑区中的适当位置插入一幅素材图片，设置"环绕方式"为"浮于文字上方"、"高度"为4.39、"宽度"为6.79，图片效果如图17-42所示。

步骤④ 切换至"格式"面板，在"图片样式"选项板中单击右侧的"其他"按钮▿，在弹出的列表框中选择"柔化边缘矩形"选项，即可设置图片的样式，手动拖曳图片四周的控制柄，还可以调整图片的形状，效果如图17-43所示。

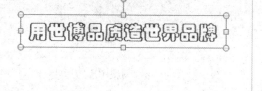

图 17-40　输入标题文本内容	图 17-41　输入正文文本内容

图 17-42　插入一幅素材图片	图 17-43　设置图片柔化边缘样式

专家指点

选择需要编辑的素材图片，在"格式"面板的"图片样式"选项板中单击"图片效果"按钮，在弹出的列表框中选择"阴影"选项，在弹出的子菜单中，用户可根据需要设置素材图片的阴影样式及效果。

步骤⑤ 在矩形图片的下方，绘制一个文本框，在其中输入相应文本内容，设置"缩进方式"为首行缩进2字符、"字号"为"小五"，如图17-44所示。

步骤⑥ 选择标题文本内容，设置"字体"为"汉仪菱心体简"、"字号"为18、"字体颜色"为橘红色，效果如图17-45所示。

图 17-44 输入相应文本内容

图 17-45 设置标题文本格式

 专家指点

在 Word 2010 中，文本框是一种可移动的、可调整大小的文字或图形的容器，使用文本框可以根据需要随意输入文本，还可以实现多个文本混排的效果。

步骤⑦ 至此公司月刊第二块版式制作完成，效果如图 17-46 所示。

图 17-46 公司月刊第二块版式制作完成

17.2.3 制作第三块版式

制作第三块版式的具体操作步骤如下：

步骤① 切换至"插入"面板，在"文本"选项板中单击"文本框"按钮，在弹出的列表框中选择"绘制文本框"选项，在编辑区中的适当位置绘制一个文本框，在其中输入相应文字，并设置相应的字体效果，切换至"格式"面板，在"艺术字样式"选项板中单击"快速样式"按钮 ，在弹出的列表框中选择"填充-红色，强调文字颜色2，粗糙棱台"选项，设置文本的艺术效果，如图 17-47 所示。

步骤② 在艺术字的下方输入相应的文本内容，并设置相应的文字字体效果及缩进方式，效果如图 17-48 所示。

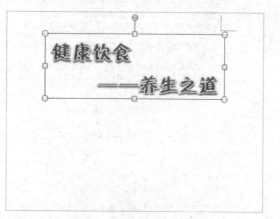

图 17-47　设置文本的艺术效果　　　　　　图 17-48　设置文字字体效果及缩进方式

 专家指点

切换至"插入"面板，在"文本"选项板中单击"艺术字"按钮，在弹出的列表框中选择一种艺术字样式，然后输入相应的艺术字文本内容，也可以在编辑区中插入艺术字效果。

步骤③ 切换至"插入"面板，在"插图"选项板中单击"图片"按钮，在编辑区中的适当位置插入一幅素材图片，设置"环绕方式"为"浮于文字上方"、"高度"为4.28、"宽度"为5.71，图片效果如图 17-49 所示。

步骤④ 切换至"格式"面板，在"图片样式"选项板中单击右侧的"其他"按钮 ，在弹出的列表框中选择"柔化边缘椭圆"选项，即可设置图片的样式，手动拖曳图片四周的控制柄，还可以调整图片的形状，效果如图 17-50 所示。

图 17-49　插入一幅素材图片　　　　　　　图 17-50　设置图片的样式

步骤⑤ 在图片的下方，再次绘制一个文本框，在其中输入相应文本内容，并设置"字号"

为"小五"、"缩进方式"为首行缩进 2 字符，如图 17-51 所示。

步骤⑥ 选择文本框中的标题文本内容，在"开始"面板的"字体"选项板中，设置"字体"为"黑体"、"字号"为"四号"，文本效果如图 17-52 所示。

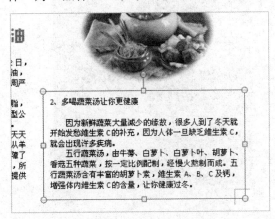

图 17-51 输入相应文本内容

图 17-52 设置标题文本格式

专家指点

> 在文本框中选择需要编辑的文本内容，单击鼠标右键，在弹出的快捷菜单中选择"字体"选项，弹出"字体"对话框，在其中用户可根据需要对文本进行相应的格式设置。

步骤⑦ 至此公司月刊第三块版式制作完成，效果如图 17-53 所示。

图 17-53 公司月刊制作完成

17.3 【实战+视频】：商务信函——制作结婚请柬

效果欣赏

本实例的最终效果如图 17-54 所示。

图 17-54 商务信函——制作结婚请柬

技术点睛

本实例制作技术点睛如下：

点睛 1：设置文字字体	点睛 2：设置文字颜色	点睛 3：绘制文本框
点睛 4：复制文本框	点睛 5：插入素材图片	点睛 6：设置图片艺术效果

实战传送

接下来将介绍本实例的实战步骤。

17.3.1 制作背景效果

制作背景效果的具体操作步骤如下：

步骤① 进入 Word 2010 工作界面，设置页边距的上、下、左、右分别为 1.5 厘米，纸张的"宽度"为 12 厘米、"高度"为 15 厘米，多次按【Enter】键，进入第 2 页，切换至"视图"面板，在"显示比例"选项板中单击"双页"按钮，双页显示文档，如图 17-55 所示。

步骤② 切换至"页面布局"面板，在"页面背景"选项板中单击"页面颜色"按钮，在弹出的列表框中选择红色，设置文档背景以红色显示，如图 17-56 所示。

图 17-55 双页显示文档   图 17-56 设置文档背景以红色显示

步骤③ 切换至"开始"面板，在"段落"选项板中单击"边框"下拉按钮，在弹出的列表框中选择"边框和底纹"选项，弹出"边框和底纹"对话框，切换至"页面边框"选项卡，在"艺术型"下拉列表框中选择一种页面艺术效果，如图 17-57 所示。

步骤④　单击"确定"按钮，即可设置页面边框的艺术效果，如图 17-58 所示。至此，页面背景效果制作完成。

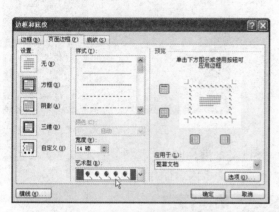

图 17-57　选择一种页面艺术效果

图 17-58　设置页面边框的艺术效果

17.3.2　制作文本内容

制作文本内容的具体操作步骤如下：

步骤①　在第 1 页的开头位置，输入文字"请柬"，按空格键可添加多个空白字符，如图 17-59 所示。

步骤②　选择输入的标题文本内容，在"开始"面板的"字体"选项板中设置"字体"为"楷体"、"字号"为"一号"、"字体颜色"为黄色，在"段落"选项板中设置"对齐方式"为"居中"，文本效果如图 15-60 所示。

图 17-59　输入文字"请柬"

图 15-60　设置文本格式

步骤③　切换至"插入"面板，在"文本"选项板中单击"文本框"按钮，在弹出的列表框中选择"绘制竖排文本框"选项，在编辑区中的适当位置绘制一个竖排文本框，在其中输入相应文字，并设置文字的"字体"为"隶书"、"字号"为"一号"、"字体颜色"为黄色，在"格式"面板中设置文本框的形状样式，效果如图 17-61 所示。

步骤④ 选择绘制的竖排文本框，按住【Shift＋Ctrl＋Alt】组合键的同时，单击鼠标左键并向下拖曳，至合适位置后释放鼠标，复制文本框，将内容更改为"台启"，如图 17-62 所示。

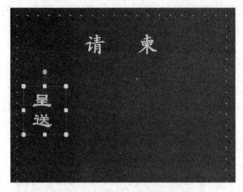

图 17-61　绘制竖排文本框

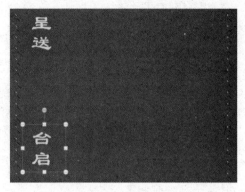

图 17-62　将内容更改为"台启"

步骤⑤ 参照与上述相同的方法，绘制其他竖排文本框，并在文本框中输入相应文本内容，设置相应的字体格式，效果如图 17-63 所示。至此，文本内容制作完成。

图 17-63　绘制其他文本框

17.3.3　制作图片效果

制作图片效果的具体操作步骤如下：

步骤① 切换至"插入"面板，在"插图"选项板中单击"图片"按钮，弹出"插入图片"对话框，在其中选择需要插入的素材图片，如图 17-64 所示。

步骤② 单击"插入"按钮，即可将素材图片插入至文档中，设置"环绕方式"为"浮于文字上方"、"高度"为 6.74、"宽度"为 8.99，图片效果如图 17-65 所示。

专家指点

在"插入图片"对话框中选择需要编辑的图片，单击"工具"按钮右侧的下拉按钮，在弹出的列表框中选择"重命名"选项，即可对图片进行重命名操作。

图 17-64　选择需要插入的素材图片

图 17-65　将图片插入至文档中

步骤③ 切换至"格式"面板，在"图片样式"选项板中单击右侧的"其他"按钮▾，在弹出的列表框中选择"映像圆角矩形"选项，设置图片的映像效果，如图 17-66 所示。

步骤④ 用与上述相同的方法，插入另一幅素材图片，并调整图片的大小和位置，效果如图 17-67 所示。

图 17-66　设置图片的映像效果

图 17-67　插入另一幅素材图片

步骤⑤ 至此结婚请柬制作完成，效果如图 17-68 所示。

图 17-68　结婚请柬制作完成

第18章 Excel 办公案例实战

Excel 是 Microsoft 公司推出的 Office 办公系列套件中另一核心成员，它在数据处理、统计图表绘制、数据库管理等电子表格、图表制作中表现了极其强大的功能。本章将通过三个典型商务案例：财务分析、销售统计和档案管理，详细介绍其制作过程，读者学完本章后可以举一反三，制作其他领域的各类数据表格。

18.1 【实战＋视频 ■■】：财务分析——制作公司损益表

效果欣赏

本实例的最终效果如图 18-1 所示。

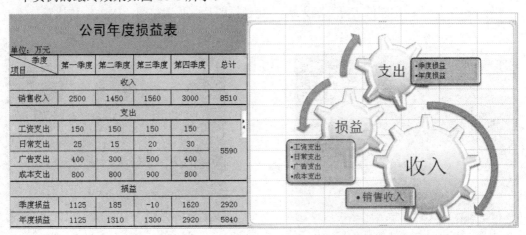

图 18-1　财务分析——制作公司损益表

技术点睛

本实例制作技术点睛如下：

点睛 1：合并单元格	点睛 2：设置居中对齐	点睛 3：设置字体效果
点睛 4：使用求和函数	点睛 5：使用公式计算	点睛 6：绘制 SmartArt 图形

实战传送

接下来将介绍本实例的实战步骤。

18.1.1 编辑表格内容

编辑表格内容的具体操作步骤如下：

步骤① 从"开始"菜单中启动 Excel 2010 应用程序，进入 Excel 2010 工作界面，选择一种合适的输入法，在单元格中输入相应文字与数据内容，如图 18-2 所示。

步骤② 将鼠标移至 A 列的列标上，此时鼠标指针呈向下箭头形状 ↓，单击鼠标右键，在弹出的快捷菜单中选择"列宽"选项，弹出"列宽"对话框，在其中设置"列宽"为10.88，单击"确定"按钮，调整工作表列宽，效果如图18-3所示。

图 18-2　输入相应文字与数据内容　　　　　　　　图 18-3　调整工作表列宽

步骤③ 将鼠标移至第 1 行行号上，单击鼠标右键，在弹出的快捷菜单中选择"行高"选项，弹出"行高"对话框，在其中设置"行高"为42，单击"确定"按钮，调整行高，如图18-4 所示。

步骤④ 用与上述相同的方法，调整其他单元格的行高，效果如图18-5所示。

图 18-4　调整行高　　　　　　　　　　　　图 18-5　调整其他单元格的行高

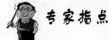 **专家指点**

　　在 Excel 2010 中，用户可以通过手动拖曳单元格行号线与列标线方式，调整单元格的行高与列宽。

步骤⑤ 选择 A1:F1 单元格区域，在"开始"面板的"对齐方式"选项板中单击"合并后居中"按钮，合并单元格区域，如图18-6所示。

步骤⑥ 用与上述相同的方法，对工作表中的其他单元格区域进行合并操作，效果如图18-7 所示。

步骤⑦ 选择 A1 单元格，在"开始"面板的"字体"选项板中设置"字体"为"黑体"、"字号"为20，文本如图18-8所示。

步骤⑧ 选择 A3 单元格，在"开始"面板的"字体"选项板中单击"边框"下拉按钮，在弹出的列表框中选择"其他边框"选项，弹出"设置单元格格式"对话框，在"线条"选项区中选择相应的线条样式，在"边框"选项区中单击相应的按钮，设置边框线条样式，如

图 18-9 所示。

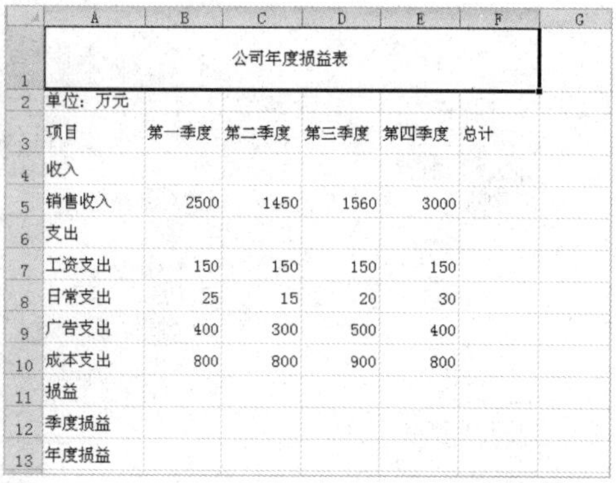

图 18-6 合并单元格区域

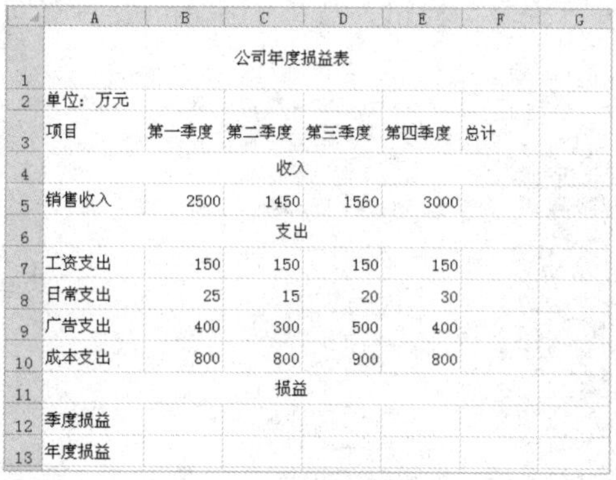

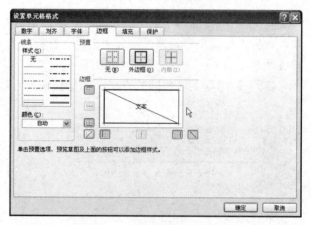

图 18-7 合并其他单元格区域

图 18-8 设置字体效果

图 18-9 设置边框线条样式

 专家指点

　　选择相应的线条样式后，在"边框"选项区中相应的边框线上单击鼠标左键，也可以更改相应边框效果。

　　步骤⑨ 切换至"对齐"选项卡，在"文本控制"选项区中选中"自动换行"复选框，单击"确定"按钮，设置边框与对齐效果，在"开始"面板的"对齐方式"选项区中单击"顶端对齐"按钮，设置文本顶端对齐效果，在 A3 单元格中输入相应文字，如图 18-10 所示。

　　步骤⑩ 参照与上述相同的方法，设置其他单元格区域的边框效果，如图 18-11 所示。

　　步骤⑪ 选择 B3:F3 单元格区域，在"开始"面板的"对齐方式"选项板中单击"居中"按钮，设置文本内容的居中效果，如图 18-12 所示。

　　步骤⑫ 用与上述相同的方法，设置其他单元格的居中对齐效果，如图 18-13 所示。

　　步骤⑬ 选择 A1 单元格，在"开始"面板的"字体"选项板中单击"填充颜色"按钮，在弹出的列表框中选择绿色，为单元格填充绿色，如图 18-14 所示。

　　步骤⑭ 用与上述相同的方法，为其他单元格填充相应颜色，如图 18-15 所示。至此，表格内容编辑完成。

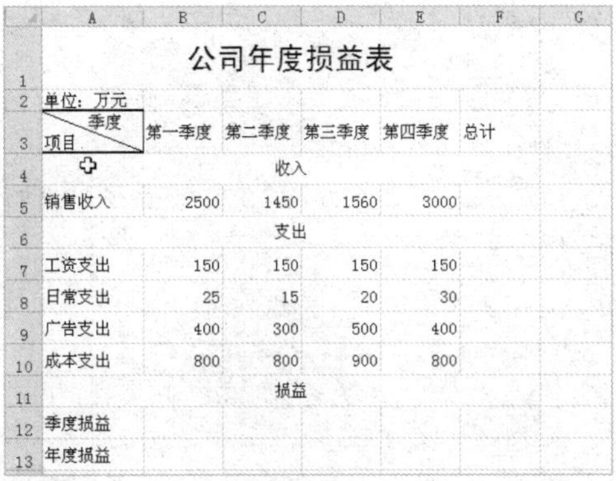

公司年度损益表					
单位：万元					
季度 项目	第一季度	第二季度	第三季度	第四季度	总计
收入					
销售收入	2500	1450	1560	3000	
支出					
工资支出	150	150	150	150	
日常支出	25	15	20	30	
广告支出	400	300	500	400	
成本支出	800	800	900	800	
损益					
季度损益					
年度损益					

图 18-10　在 A3 单元格中输入相应文字

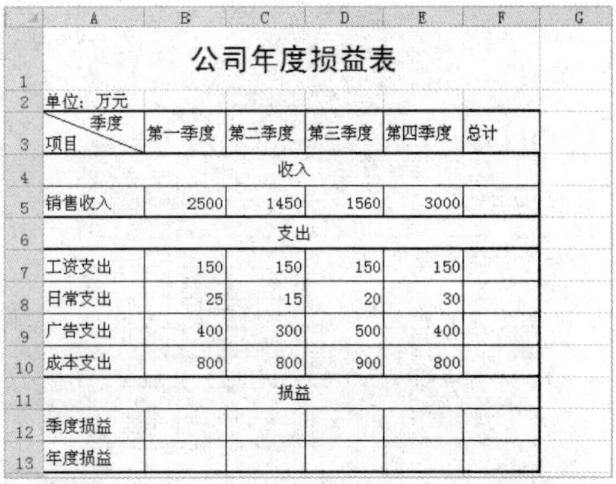

公司年度损益表					
单位：万元					
季度 项目	第一季度	第二季度	第三季度	第四季度	总计
收入					
销售收入	2500	1450	1560	3000	
支出					
工资支出	150	150	150	150	
日常支出	25	15	20	30	
广告支出	400	300	500	400	
成本支出	800	800	900	800	
损益					
季度损益					
年度损益					

图 18-11　设置其他单元格的边框效果

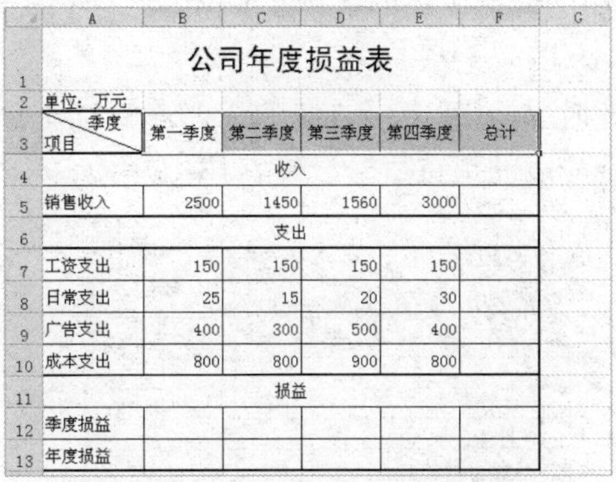

公司年度损益表					
单位：万元					
季度 项目	第一季度	第二季度	第三季度	第四季度	总计
收入					
销售收入	2500	1450	1560	3000	
支出					
工资支出	150	150	150	150	
日常支出	25	15	20	30	
广告支出	400	300	500	400	
成本支出	800	800	900	800	
损益					
季度损益					
年度损益					

图 18-12　设置文本内容的居中效果

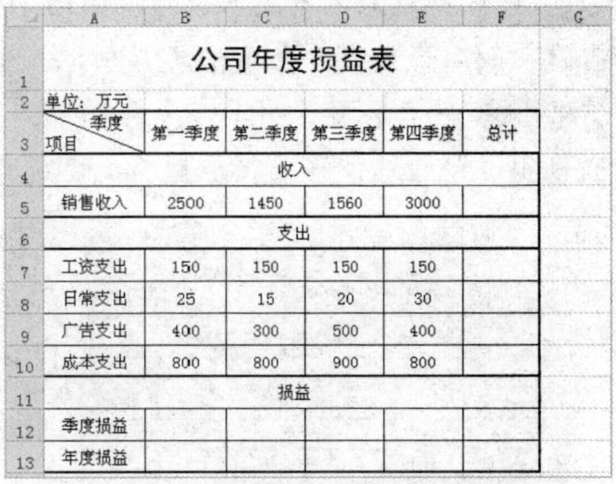

公司年度损益表					
单位：万元					
季度 项目	第一季度	第二季度	第三季度	第四季度	总计
收入					
销售收入	2500	1450	1560	3000	
支出					
工资支出	150	150	150	150	
日常支出	25	15	20	30	
广告支出	400	300	500	400	
成本支出	800	800	900	800	
损益					
季度损益					
年度损益					

图 18-13　设置其他单元格的居中效果

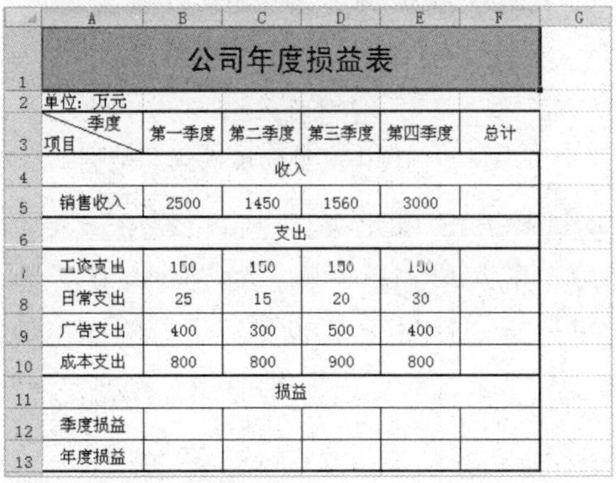

公司年度损益表					
单位：万元					
季度 项目	第一季度	第二季度	第三季度	第四季度	总计
收入					
销售收入	2500	1450	1560	3000	
支出					
工资支出	150	150	150	150	
日常支出	25	15	20	30	
广告支出	400	300	500	400	
成本支出	800	800	900	800	
损益					
季度损益					
年度损益					

图 18-14　为单元格填充绿色

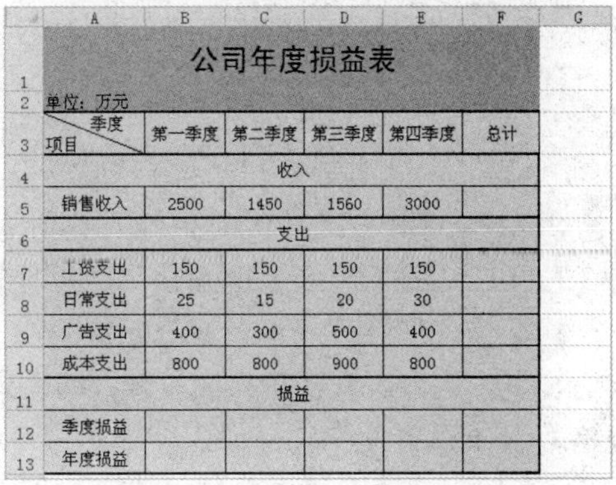

公司年度损益表					
单位：万元					
季度 项目	第一季度	第二季度	第三季度	第四季度	总计
收入					
销售收入	2500	1450	1560	3000	
支出					
工资支出	150	150	150	150	
日常支出	25	15	20	30	
广告支出	400	300	500	400	
成本支出	800	800	900	800	
损益					
季度损益					
年度损益					

图 18-15　为其他单元格填充相应颜色

18.1.2　计算表格数据

计算表格数据的具体操作步骤如下：

步骤1 选择 F5 单元格，在“编辑栏”中输入函数“＝SUM（”，然后选择 B5:E5 单元格区域，并按【Enter】键确认，即可使用函数计算单元格数据总和，如图 18-16 所示。

步骤2 选择 F7:F10 单元格区域，对该单元格区域进行合并操作，然后在编辑栏中输入“＝SUM（B7:E7, B8:E8, B9:E9, B10:E10）”，并按【Enter】键确认，计算单元格区域中的数值总和，如图 18-17 所示。

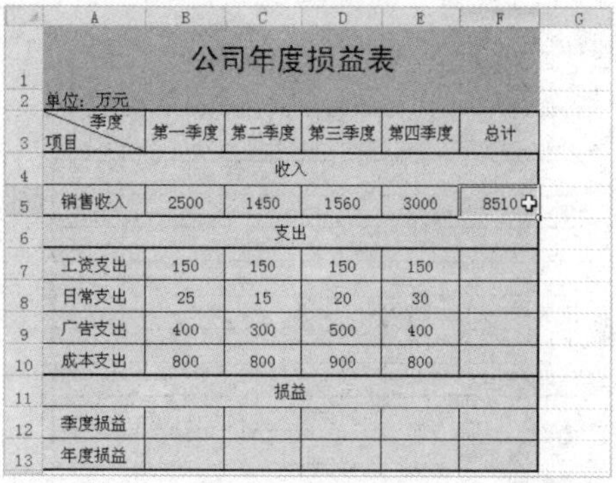

公司年度损益表

单位：万元

季度/项目	第一季度	第二季度	第三季度	第四季度	总计
收入					
销售收入	2500	1450	1560	3000	8510
支出					
工资支出	150	150	150	150	
日常支出	25	15	20	30	
广告支出	400	300	500	400	
成本支出	800	800	900	800	
损益					
季度损益					
年度损益					

图 18-16　使用函数计算单元格数据总和

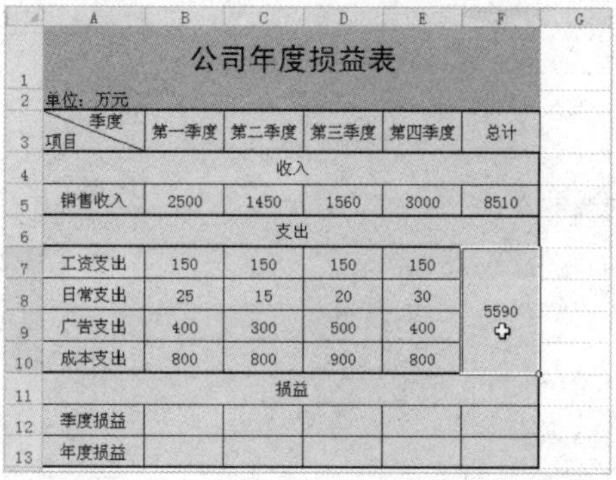

公司年度损益表

单位：万元

季度/项目	第一季度	第二季度	第三季度	第四季度	总计
收入					
销售收入	2500	1450	1560	3000	8510
支出					
工资支出	150	150	150	150	5590
日常支出	25	15	20	30	
广告支出	400	300	500	400	
成本支出	800	800	900	800	
损益					
季度损益					
年度损益					

图 18-17　计算单元格区域中的数值总和

步骤③ 选择 B12 单元格，在编辑栏中输入"＝SUM（B5,-SUM（B7:B10））"，按【Enter】键确认，即可计算第一季度的损益数据，如图 18-18 所示。

步骤④ 将鼠标移至 B12 单元格的左下角，此时鼠标指针呈十字形状，单击鼠标左键并向右拖曳，至合适位置后释放鼠标，即可得出其他季度的损益数据，如图 18-19 所示。

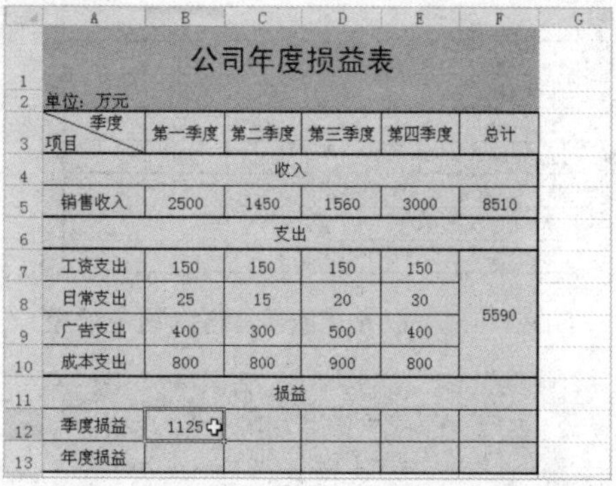

公司年度损益表

单位：万元

季度/项目	第一季度	第二季度	第三季度	第四季度	总计
收入					
销售收入	2500	1450	1560	3000	8510
支出					
工资支出	150	150	150	150	5590
日常支出	25	15	20	30	
广告支出	400	300	500	400	
成本支出	800	800	900	800	
损益					
季度损益	1125				
年度损益					

图 18-18　计算第一季度的损益数据

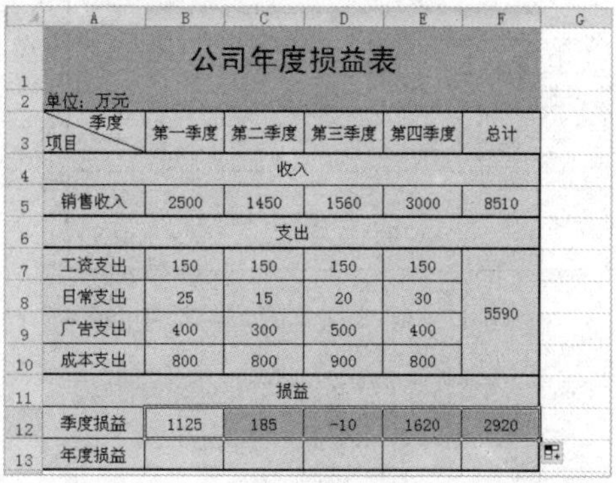

公司年度损益表

单位：万元

季度/项目	第一季度	第二季度	第三季度	第四季度	总计
收入					
销售收入	2500	1450	1560	3000	8510
支出					
工资支出	150	150	150	150	5590
日常支出	25	15	20	30	
广告支出	400	300	500	400	
成本支出	800	800	900	800	
损益					
季度损益	1125	185	-10	1620	2920
年度损益					

图 18-19　得出其他季度的损益数据

步骤⑤ 选择 E13 单元格，输入数值 1125，然后选择 C13 单元格，在编辑栏中输入"＝B13＋C12"，按【Enter】键确认，即可计算第二季度中的年度损益数据，如图 18-20 所示。

步骤⑥ 将鼠标移至 C13 单元格的左下角，此时鼠标指针呈十字形状，单击鼠标左键并向右拖曳，至合适位置后释放鼠标，即可得出其他的年度损益数据，如图 18-21 所示。至此，表格数据计算完成。

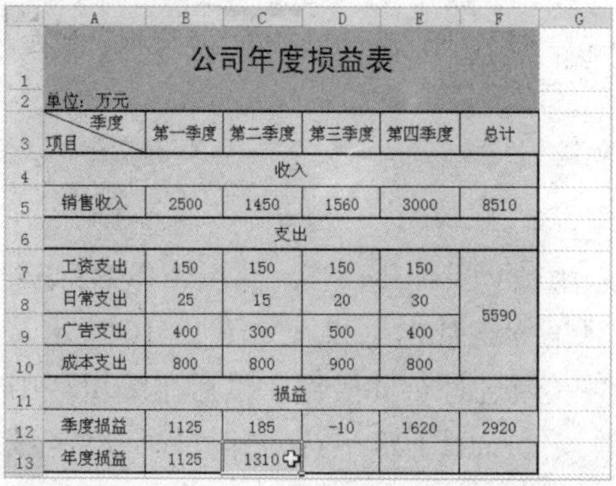

公司年度损益表

单位：万元

季度/项目	第一季度	第二季度	第三季度	第四季度	总计
收入					
销售收入	2500	1450	1560	3000	8510
支出					
工资支出	150	150	150	150	5590
日常支出	25	15	20	30	
广告支出	400	300	500	400	
成本支出	800	800	900	800	
损益					
季度损益	1125	185	-10	1620	2920
年度损益	1125	1310			

图 18-20　计算第二季度中的年度损益数据

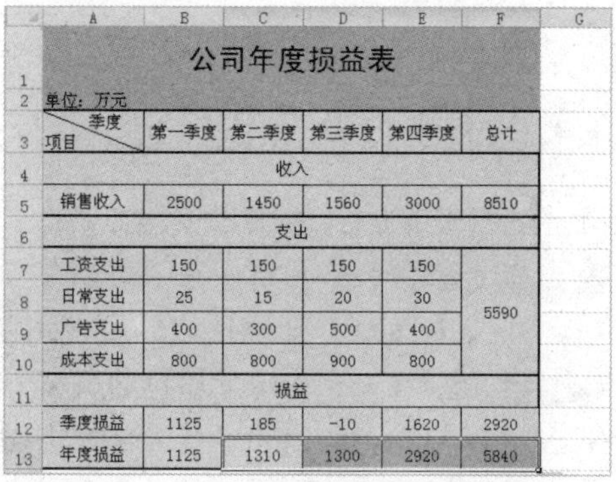

公司年度损益表

单位：万元

季度/项目	第一季度	第二季度	第三季度	第四季度	总计
收入					
销售收入	2500	1450	1560	3000	8510
支出					
工资支出	150	150	150	150	5590
日常支出	25	15	20	30	
广告支出	400	300	500	400	
成本支出	800	800	900	800	
损益					
季度损益	1125	185	-10	1620	2920
年度损益	1125	1310	1300	2920	5840

图 18-21　得出其他的年度损益数据

18.1.3　使用图形说明

使用图形说明的具体操作步骤如下：

步骤① 切换至"插入"面板，在"插图"选项板中单击 SmartArt 按钮，弹出"选择 SmartArt 图形"对话框，在其中选择一种图形样式，如图 18-22 所示。

步骤② 单击"确定"按钮，将图形插入工作表中，切换至"设计"面板，在"SmartArt 样式"选项板中设置图形的样式，拖曳 SmartArt 图形四周的控制柄，调整图表的大小，如图 18-23 所示。

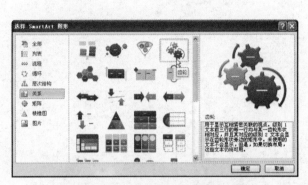

图 18-22　选择一种图形样式

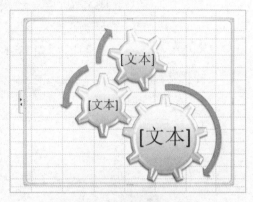

图 18-23　调整图表的大小

步骤③ 单击图形左侧的三角形按钮，弹出"在此处键入文字"窗口，在上方窗格中用户可根据需要输入相应文本内容，此时图形中的文字将进行相应更改，如图 18-24 所示。

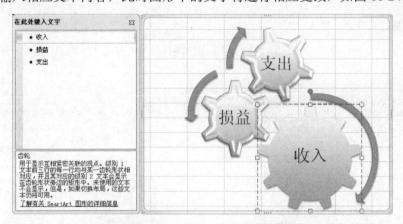

图 18-24　图形中的文字将进行相应更改

步骤④ 切换至"设计"面板，在"创建图形"选项板中单击"添加项目符号"按钮，在"在此处键入文字"窗口中添加相应项目符号，在项目符号中输入相应文本内容，在"开始"面板中设置文字的字体大小及对齐方式，效果如图 18-25 所示。

步骤⑤ 用与上述相同的方法，在"在此处键入文字"窗口中添加多个项目符号内容，在"开始"面板中设置文字的相应属性，并根据需要调整文本框的大小，效果如图 18-26 所示。

步骤⑥ 至此，公司损益表制作完成，效果如图 18-27 所示。

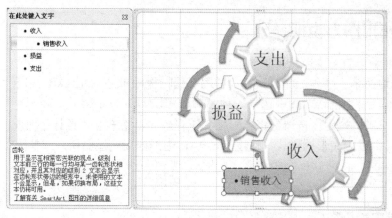

图 18-25　添加项目符号内容

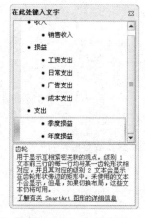

"在此处键入文字"窗口

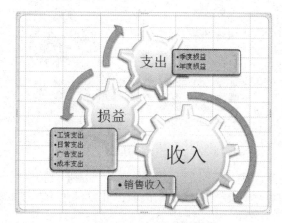

图形中的文本框效果

图 18-26　添加多个项目符号内容

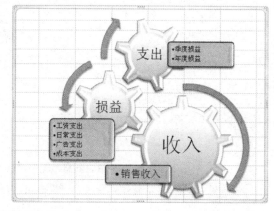

图 18-27　公司损益表制作完成

18.2 【实战＋视频】：销售统计——制作年度销售统计

效果欣赏

本实例的最终效果如图 18-28 所示。

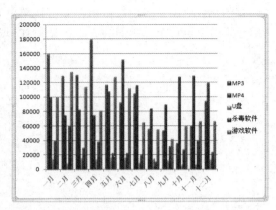

图 18-28 销售统计——制作年度销售统计

技术点睛

本实例制作技术点睛如下：

点睛 1：合并单元格	点睛 2：绘制直线图形	点睛 3：设置单元格底纹
点睛 4：设置行高列宽	点睛 5：使用公式计算	点睛 6：创建数据图表

实战传送

接下来将介绍本实例的实战步骤。

18.2.1 制作销售数据

制作销售数据的具体操作步骤如下：

步骤① 进入 Excel 2010 工作界面，按【Ctrl＋A】组合键选择所有单元格，单击鼠标右键，在弹出的快捷菜单中选择"设置单元格格式"选项，弹出"设置单元格格式"对话框，在"对齐"选项卡中选中"自动换行"复选框，单击"确定"按钮，选择一种合适的输入法，在单元格中输入相应文字与数据内容，如图 18-29 所示。

步骤② 将鼠标移至第 1 行的行号上，单击鼠标右键，在弹出的快捷菜单中选择"行高"选项，弹出"行高"对话框，在其中设置"行高"为 35.25，如图 18-30 所示。

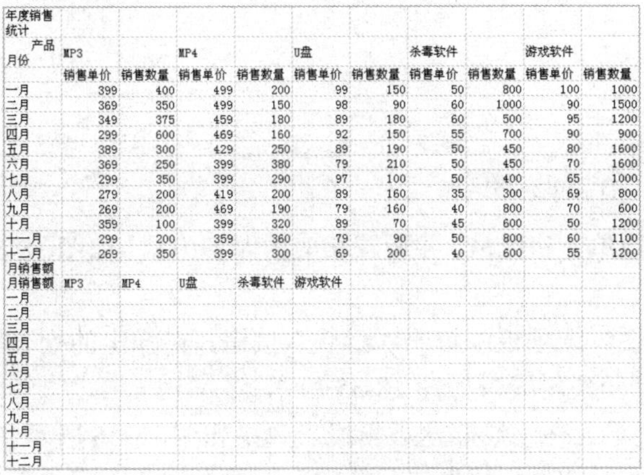

图 18-29 输入相应文字与数据内容

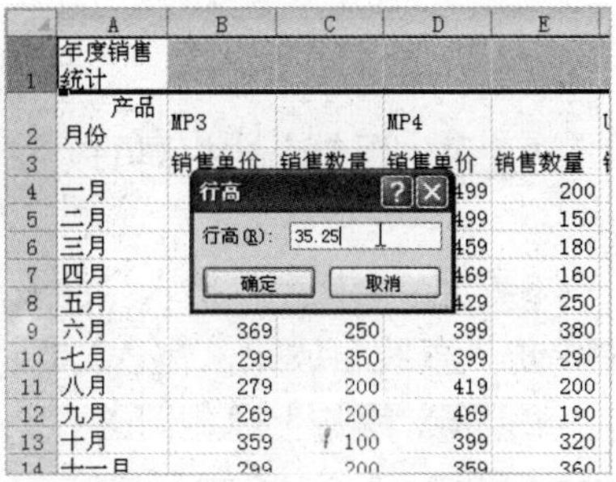

图 18-30 设置"行高"为 35.25

步骤3 单击“确定”按钮，即可调整单元格行高，效果如图 18-31 所示。

步骤4 用与上述相同的方法，调整其他单元格的行高与列宽，效果如图 18-32 所示。

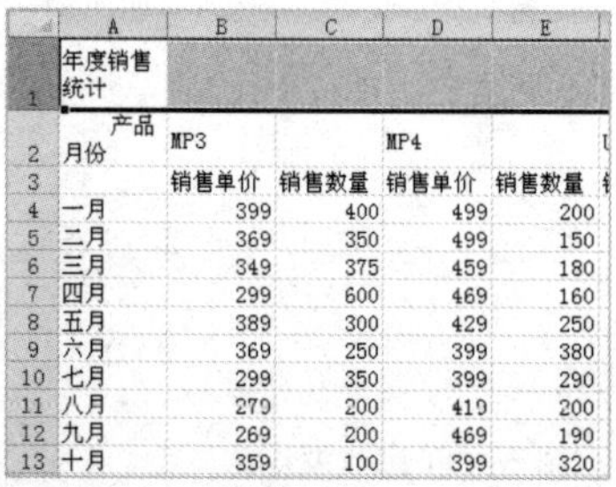

	A	B	C	D	E
1	年度销售统计				
2	产品月份	MP3		MP4	
3		销售单价	销售数量	销售单价	销售数量
4	一月	399	400	499	200
5	二月	369	350	499	150
6	三月	349	375	459	180
7	四月	299	600	469	160
8	五月	389	300	429	250
9	六月	369	250	399	380
10	七月	299	350	399	290
11	八月	279	200	419	200
12	九月	269	200	469	190
13	十月	359	100	399	320

图 18-31　调整单元格行高效果

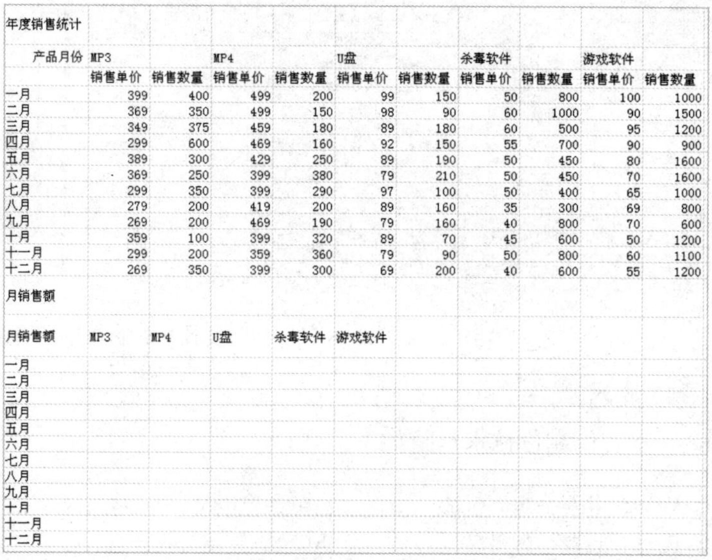

年度销售统计										
产品月份	MP3		MP4		U盘		杀毒软件		游戏软件	
	销售单价	销售数量	销售单价	销售数量	销售单价	销售数量	销售单价	销售数量	销售单价	销售数量
一月	399	400	499	200	99	150	50	800	100	1000
二月	369	350	499	150	98	90	60	1000	90	1500
三月	349	375	459	180	89	180	60	500	95	1200
四月	299	600	469	160	92	150	55	700	90	900
五月	389	300	429	250	89	190	50	450	80	1600
六月	369	250	399	380	79	210	50	450	70	1600
七月	299	350	399	290	97	100	50	400	65	1000
八月	279	200	419	200	89	160	35	300	69	800
九月	269	200	469	190	79	160	40	800	70	600
十月	359	100	399	320	89	70	45	600	50	1200
十一月	299	200	359	360	79	90	50	800	60	1100
十二月	269	350	399	300	69	200	40	600	55	1200
月销售额										
月销售额	MP3	MP4	U盘	杀毒软件	游戏软件					
一月										
二月										
三月										
四月										
五月										
六月										
七月										
八月										
九月										
十月										
十一月										
十二月										

图 18-32　调整其他单元格的行高与列宽

步骤5 选择 A1:K1 单元格区域，在“开始”面板的“对齐方式”选项板中单击“合并后居中”按钮，合并单元格区域，如图 18-33 所示。

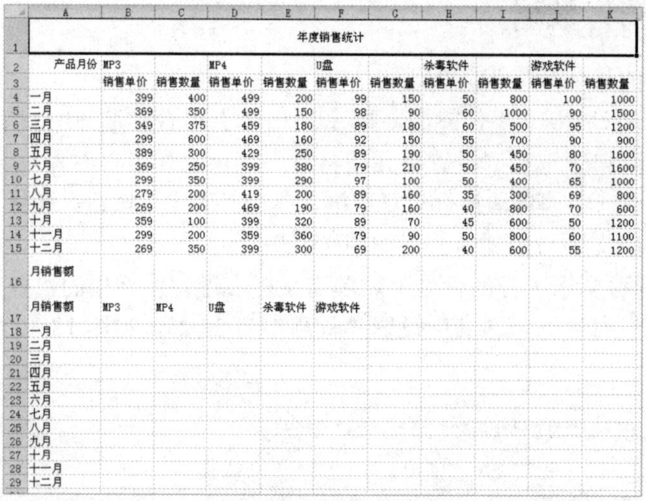

	A	B	C	D	E	F	G	H	I	J	K
1	年度销售统计										
2	产品月份	MP3		MP4		U盘		杀毒软件		游戏软件	
3		销售单价	销售数量	销售单价	销售数量	销售单价	销售数量	销售单价	销售数量	销售单价	销售数量
4	一月	399	400	499	200	99	150	50	800	100	1000
5	二月	369	350	499	150	98	90	60	1000	90	1500
6	三月	349	375	459	180	89	180	60	500	95	1200
7	四月	299	600	469	160	92	150	55	700	90	900
8	五月	389	300	429	250	89	190	50	450	80	1600
9	六月	369	250	399	380	79	210	50	450	70	1600
10	七月	299	350	399	290	97	100	50	400	65	1000
11	八月	279	200	419	200	89	160	35	300	69	800
12	九月	269	200	469	190	79	160	40	800	70	600
13	十月	359	100	399	320	89	70	45	600	50	1200
14	十一月	299	200	359	360	79	90	50	800	60	1100
15	十二月	269	350	399	300	69	200	40	600	55	1200
16	月销售额										
17	月销售额	MP3	MP4	U盘	杀毒软件	游戏软件					
18	一月										
19	二月										
20	三月										
21	四月										
22	五月										
23	六月										
24	七月										
25	八月										
26	九月										
27	十月										
28	十一月										
29	十二月										

图 18-33　合并单元格区域

步骤6 用与上述相同的方法，合并其他单元格区域，并设置相应的对齐方式，如图 18-34 所示。

步骤7 切换至“插入”面板，在“插图”选项板中单击“形状”按钮，在弹出的列表框中单击“直线”按钮，在 A2 单元格中绘制一条斜线，如图 18-35 所示。

步骤8 用与上述相同的方法，在 A17 单元格中绘制两条斜线，效果如图 18-36 所示。

步骤9 选择 A1 单元格，在“开始”面板的“字体”选项板中，设置文本的“字体”为

"黑体"、"字号"为 20，文本效果如图 18-37 所示。

（步骤⑩） 用与上述相同的方法，设置其他文本的字体和字号效果，如图 18-38 所示。

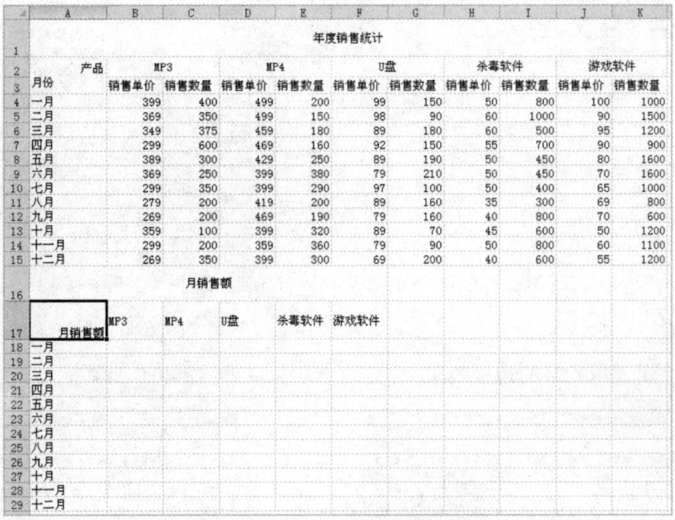

图 18-34　合并其他单元格区域

图 18-35　在 A2 单元格中绘制一条斜线

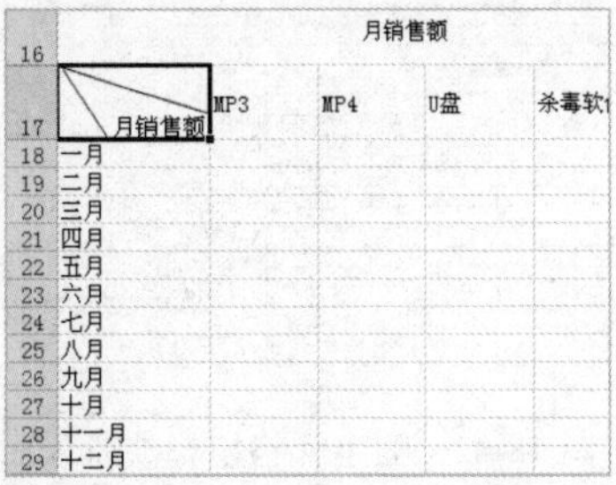

图 18-36　在 A17 单元格中绘制两条斜线

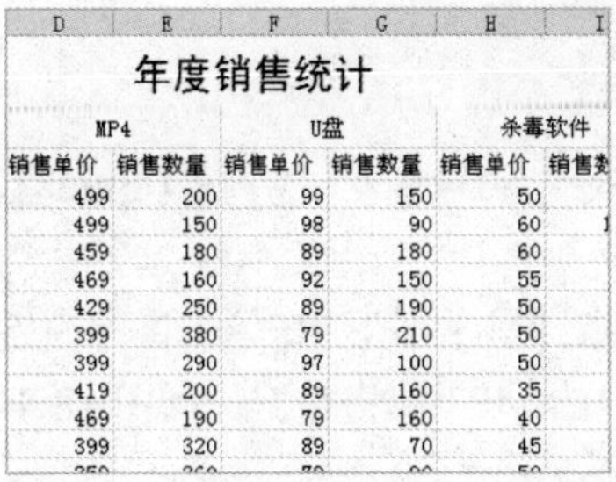

图 18-37　设置文本字体和字号效果

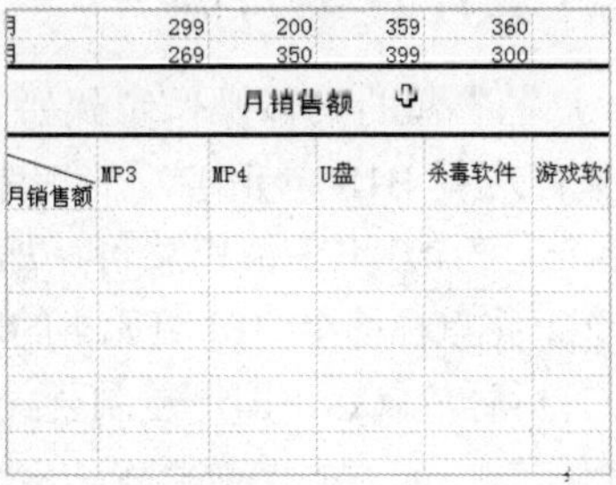

图 18-38　设置其他文本的字体和字号

（步骤⑪） 选择 A2:K15 单元格区域，在"开始"面板的"字体"选项板中单击"边框"下拉按钮，在弹出的列表框中选择"所有框线"选项，设置单元格的边框效果，如图 18-39所示。

（步骤⑫） 用与上述相同的方法，为其他单元格添加边框效果，如图 18-40 所示。

（步骤⑬） 选择 A1 单元格，在"开始"面板的"字体"选项板中，单击"填充颜色"下拉按钮，在弹出的列表框中选择淡蓝色，为单元格填充淡蓝色，如图 18-41 所示。

（步骤⑭） 用与上述相同的方法，为其他单元格填充相应的颜色，如图 18-42 所示。

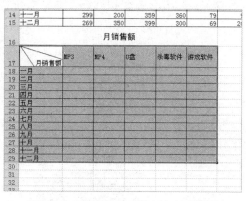

图 18-39　设置单元格的边框效果

图 18-40　为其他单元格添加边框效果

图 18-41　为单元格填充淡蓝色

图 18-42　为其他单元格填充相应的颜色

18.2.2　统计月销售额

统计月销售额的具体操作步骤如下：

步骤① 选择 B18 单元格，在"编辑栏"中输入公式"＝B4*C4"，并按【Enter】键确认，即可得出一月份的 MP3 销售总价，如图 18-43 所示。

步骤② 将鼠标移至 B18 单元格的右下角，此时鼠标指针呈十字形状，单击鼠标左键并拖曳，至合适位置后释放鼠标，即可复制公式，得出其他月份中的 MP3 销售数据，如图 18-44 所示。

图 18-43　得出一月份的 MP3 销售总价

图 18-44　得出其他月份中的 MP3 销售数据

步骤3 将鼠标定位于 C18 单元格，在“编辑栏”中输入公式“＝D4*E4”，并按【Enter】键确认，即可得出一月份的 MP4 销售总价，如图 18-45 所示。

步骤4 将鼠标移至 C18 单元格的右下角，此时鼠标指针呈十字形状，单击鼠标左键并拖曳，至合适位置后释放鼠标，即可复制公式，得出其他月份中的 MP4 销售数据，如图 18-46 所示。

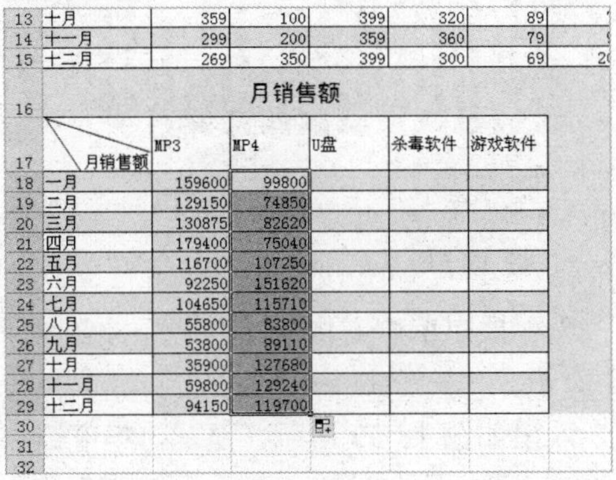

步骤5 用与上述相同的方法，得出 U 盘、杀毒软件以及游戏软件在各个月份中的销售总价，如图 18-47 所示。

13	十月	359	100	399	320	89
14	十一月	299	200	359	360	79
15	十二月	269	350	399	300	69
16	月销售额					
17	月销售额	MP3	MP4	U盘	杀毒软件	游戏软件
18	一月	159600	99800			
19	二月	129150				
20	三月	130875				
21	四月	179400				
22	五月	116700				
23	六月	92250				
24	七月	104650				
25	八月	55800				
26	九月	53800				
27	十月	35900				
28	十一月	59800				
29	十二月	94150				

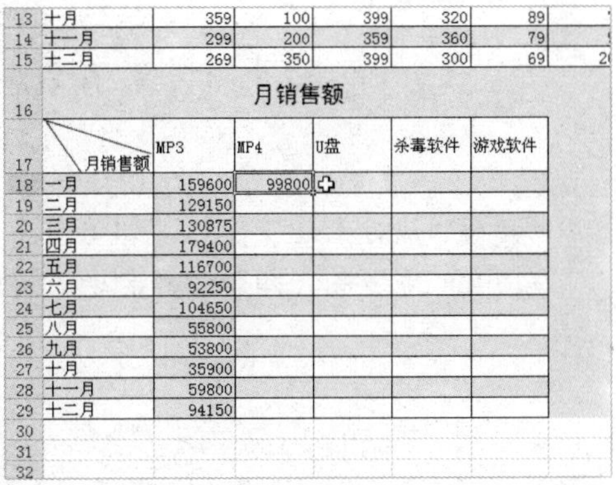

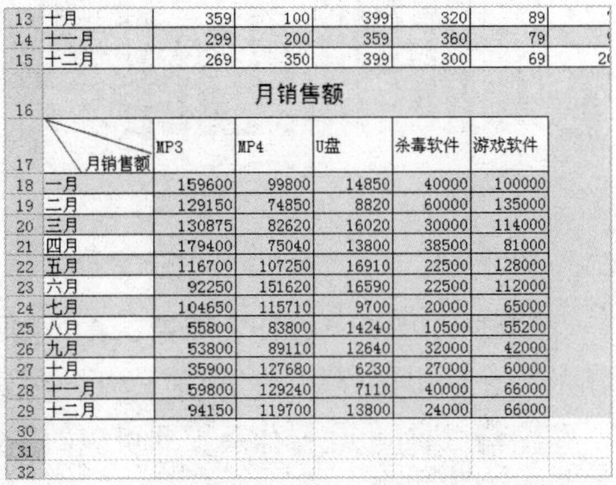

图 18-45　得出一月份的 MP4 销售总价

13	十月	359	100	399	320	89
14	十一月	299	200	359	360	79
15	十二月	269	350	399	300	69
16	月销售额					
17	月销售额	MP3	MP4	U盘	杀毒软件	游戏软件
18	一月	159600	99800			
19	二月	129150	74850			
20	三月	130875	82620			
21	四月	179400	75040			
22	五月	116700	107250			
23	六月	92250	151620			
24	七月	104650	115710			
25	八月	55800	83800			
26	九月	53800	89110			
27	十月	35900	127680			
28	十一月	59800	129240			
29	十二月	94150	119700			

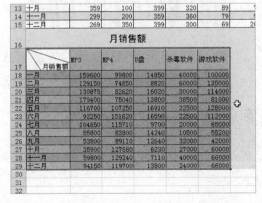

图 18-46　得出其他月份中的 MP4 销售数据

13	十月	359	100	399	320	89
14	十一月	299	200	359	360	79
15	十二月	269	350	399	300	69
16	月销售额					
17	月销售额	MP3	MP4	U盘	杀毒软件	游戏软件
18	一月	159600	99800	14850	40000	100000
19	二月	129150	74850	8820	60000	135000
20	三月	130875	82620	16020	30000	114000
21	四月	179400	75040	13800	38500	81000
22	五月	116700	107250	16910	22500	128000
23	六月	92250	151620	16590	22500	112000
24	七月	104650	115710	9700	20000	65000
25	八月	55800	83800	14240	10500	55200
26	九月	53800	89110	12640	32000	42000
27	十月	35900	127680	6230	27000	60000
28	十一月	59800	129240	7110	40000	66000
29	十二月	94150	119700	13800	24000	66000

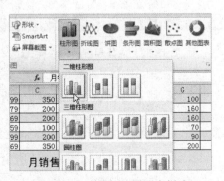

图 18-47　得出其他产品在各个月份中的销售总价

18.2.3 创建数据图表

创建数据图表的具体操作步骤如下：

步骤1 在工作表中选择需要创建数据图表的单元格区域，如图 18-48 所示。

步骤2 切换至“插入”面板，在“图表”选项板中单击“柱形图”按钮，在弹出的列表框中选择相应的柱形图图表样式，如图 18-49 所示。

13	十月	359	100	399	320	89
14	十一月	299	200	359	360	79
15	十二月	269	350	399	300	69
16	月销售额					
17	月销售额	MP3	MP4	U盘	杀毒软件	游戏软件
18	一月	159600	99800	14850	40000	100000
19	二月	129150	74850	8820	60000	135000
20	三月	130875	82620	16020	30000	114000
21	四月	179400	75040	13800	38500	81000
22	五月	116700	107250	16910	22500	128000
23	六月	92250	151620	16590	22500	112000
24	七月	104650	115710	9700	20000	65000
25	八月	55800	83800	14240	10500	55200
26	九月	53800	89110	12640	32000	42000
27	十月	35900	127680	6230	27000	60000
28	十一月	59800	129240	7110	40000	66000
29	十二月	94150	119700	13800	24000	66000

图 18-48　选择单元格区域

图 18-49　选择柱形图图表样式

专家指点

> 在"柱形图"列表框中，用户可根据需要选择相应的图表样式，其中包括三维柱形图、圆柱图等样式。

步骤③ 执行上述操作后，即可在工作表中插入图表数据，如图 18-50 所示。

步骤④ 拖曳图表四周的控制柄，可以适当的调整图表的大小，如图 18-51 所示。

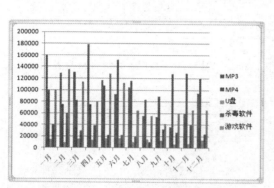

图 18-50　在工作表中插入图表数据　　　　图 18-51　适当的调整图表的大小

步骤⑤ 切换至"设计"面板，在"图表样式"选项板中单击右侧的"其他"按钮 ，在弹出的列表框中选择相应的图表样式，如图 18-52 所示。

步骤⑥ 执行上述操作后，即可更改图表样式，效果如图 18-53 所示。至此，年度销售统计数据表制作完成。

图 18-52　选择相应的图表样式

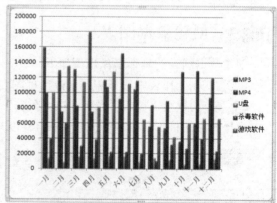

图 18-53　更改图表样式的效果

18.3　【实战＋视频 】：档案管理——制作员工档案表

 效果欣赏

本实例的最终效果如图 18-54 所示。

员工档案表

更新日期：　2010-6-7 2:49 PM

编号	姓名	性别	出生年月	进公司时间	工资	年龄	工龄	备注
1	刘乐	男	1985年6月	2006年5月	2000	25	6	在职
2	王方	男	1963年7月	1990年6月	5000	47	21	在职
3	王论	女	1848年7月	1973年8月	6000	62	38	已退休
4	刘淑芳	女	1947年6月	1982年8月	4500	63	28	已退休
5	王强	男	1976年12月	1996年7月	4500	34	15	在职
6	李选义	男	1986年11月	2007年4月	2300	24	4	在职
7	刘娟	女	1983年9月	2004年6月	3000	27	7	在职
8	袁潘	女	1943年8月	1973年6月	4000	67	38	在职
9	蔡潭	女	1981年6月	1999年11月	4000	29	12	在职
10	罗力	男	1967年7月	1981年8月	4500	43	30	在职
11	石林	男	1985年10月	2007年3月	2400	25	4	在职
12	李一	女	1968年5月	1989年7月	5000	42	22	在职
13	张明	女	1946年3月	1973年7月	4000	64	38	已退休
14	安远	男	1978年6月	1999年8月	5000	32	12	在职
15	聂冰	男	1988年2月	2008年3月	1800	22	3	在职
16	高洁	女	1975年5月	1998年6月	3500	35	13	在职
17	李双	女	1986年6月	2007年9月	2100	24		在职

图 18-54　销售统计——制作员工档案表

技术点睛

本实例制作技术点睛如下：

点睛 1：调整行高列宽	点睛 2：添加背景图片	点睛 3：设置时间格式
点睛 4：使用时间函数	点睛 5：使用公式计算	点睛 6：创建数据筛选

实战传送

接下来将介绍本实例的实战步骤。

18.3.1　制作背景效果

制作背景效果的具体操作步骤如下：

步骤① 进入 Excel 2010 工作界面，选择 A1:I1 单元格区域，在"开始"面板的"对齐方式"选项板中单击"合并后居中"按钮，合并单元格区域，如图 18-55 所示。

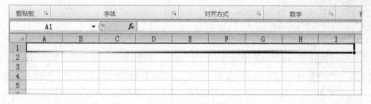

图 18-55　合并单元格区域

步骤② 将鼠标移至第 1 行行号上，单击鼠标右键，在弹出的快捷菜单中选择"行高"选项，弹出"行高"对话框，设置"行高"为 35.25，单击"确定"按钮，调整行单元格行高效果，如图 18-56 所示。

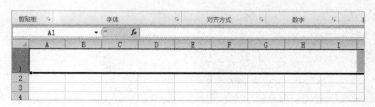

图 18-56　调整行单元格行高效果

步骤③ 用与上述相同的方法，调整第 2 行单元格的行高效果，如图 18-57 所示。

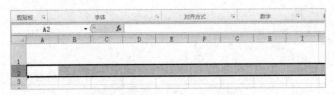

图 18-57　调整第 2 行单元格的行高效果

步骤④　将鼠标指针移至 B 列的列标上，单击鼠标右键，在弹出的快捷菜单中选择"列宽"选项，弹出"列宽"对话框，在其中设置"列宽"为 14.75，单击"确定"按钮，调整单元格列宽效果，如图 18-58 所示。

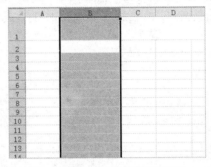

图 18-58　调整单元格列宽效果

步骤⑤　用与上述相同的方法，调整其他单元格的列宽效果，如图 18-59 所示。

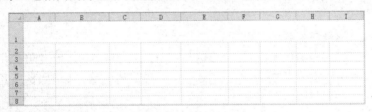

图 18-59　调整其他单元格的列宽效果

步骤⑥　选择 A3:I20 单元格区域，在"开始"面板的"字体"选项板中单击"边框"下拉按钮，弹出列表框，选择"所有框线"选项，即可为单元格添加边框，如图 18-60 所示。

步骤⑦　切换至"页面布局"面板，在"页面设置"选项板中单击"背景"按钮，弹出"工作表背景"对话框，在其中选择需要设置为背景的素材图片，如图 18-61 所示。

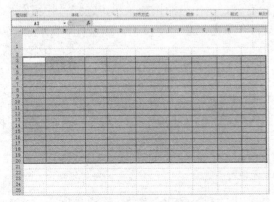

图 18-60　为单元格添加边框

图 18-61　选择需要的素材图片

步骤⑧　单击"插入"按钮，即可为工作表添加背景图片，效果如图 18-62 所示。

步骤⑨　切换至"文件"菜单，在弹出的面板中单击"选项"按钮，弹出"Excel 选项"对话框，切换至"高级"选项卡，在"此工作表的显示选项"选项区中取消选择"显示网格线"复选框，单击"确定"按钮，取消显示网格线，效果如图 18-63 所示。至此，工作表的背景效果制作完成。

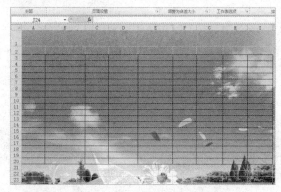

图 18-62　为工作表添加背景图片

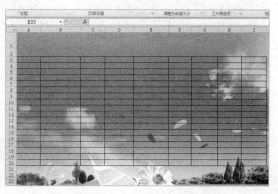

图 18-63　取消显示网格线

18.3.2　创建表格数据

创建表格数据的具体操作步骤如下：

步骤①　在工作表中选择一种合适的输入法，在单元格中输入相应文本与数据内容，如图 18-64 所示。

步骤②　选择 A1 单元格，在"开始"面板的"字体"选项板中设置"字体"为"黑体"、"字号"为 20，效果如图 18-65 所示。

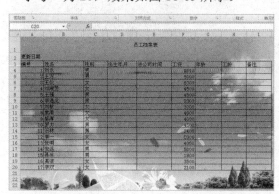

图 18-64　输入相应文本与数据内容

图 18-65　设置文字相应属性

步骤③　选择 A3:I20 单元格区域，在"开始"面板的"对齐方式"选项板中单击"居中"按钮，设置文本内容为居中对齐，如图 18-66 所示。

步骤④　选择 D4:E20 单元格区域，单击鼠标右键，弹出快捷菜单，选择"设置单元格格式"选项，弹出"设置单元格格式"对话框，切换至"数字"选项卡，在"分类"列表框中选择"日期"选项，在右侧的"类型"下拉列表框中选择一种日期格式，如图 18-67 所示。

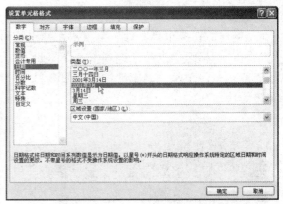

图 18-66　设置文本内容为居中对齐　　　　　　　图 18-67　选择一种日期格式

专家指点

　　在"日期"选项区中，用户可根据需要选择相应的日期样式，还可以设置其他国家、地区的日期时间。

步骤⑤　单击"确定"按钮，设置单元格格式，用与上述相同的方法，设置 G4:H20 单元格区域中的数值格式为整数，在 D4:E20 单元格区域中输入相应文本内容，如图 18-68 所示。

步骤⑥　选择 G4 单元格，在"编辑栏"中输入函数"＝（TODAY（）-D4）/365"，按【Enter】键确认，即可得出单元格中员工的年龄，如图 18-69 所示。

图 18-68　输入相应文本内容　　　　　　　　　图 18-69　得出单元格中员工的年龄

步骤⑦　将鼠标移至 G4 单元格右下角，此时鼠标指针呈十字形状，单击鼠标左键并拖曳，至合适位置后释放鼠标，即可复制公式，得出其他员工的年龄，效果如图 18-70 所示。

步骤⑧　选择 H4 单元格，在"编辑栏"中输入函数"＝（TODAY（）-E4）/365＋1"，按【Enter】键确认，即可得出单元格中员工的工龄，如图 18-71 所示。

专家指点

　　复制公式的过程中，用户还可以使用复制和粘贴功能进行公式的复制。

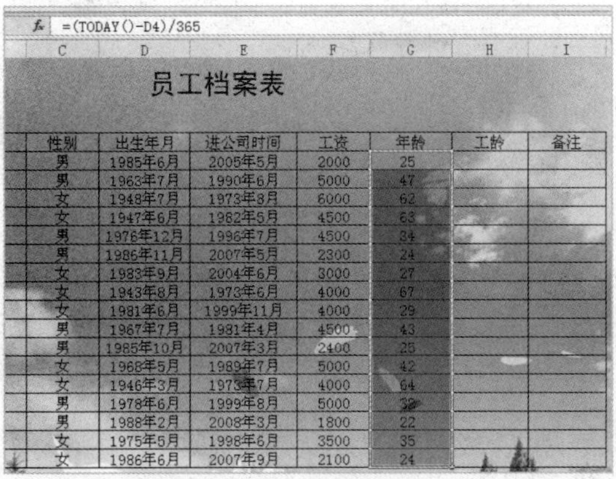

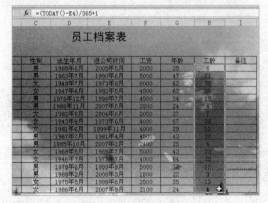

图 18-70　得出其他员工的年龄

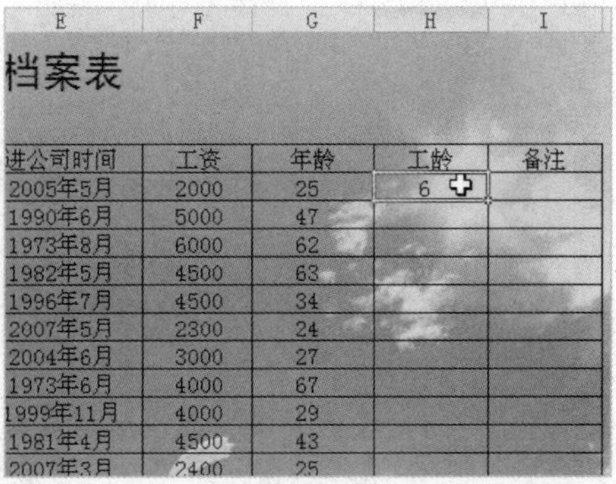

图 18-71　得出单元格中员工的工龄

步骤⑨ 将鼠标移至 H4 单元格右下角，此时鼠标指针呈十字形状，单击鼠标左键并拖曳，至合适位置后释放鼠标，即可复制公式，得出其他员工的工龄，效果如图 18-72 所示。

步骤⑩ 选择 I4 单元格，在"编辑栏"中输入函数"=IF（G4>=60,"已退休","在职"）"，按【Enter】键确认，即可得出单元格中员工的在职情况，用与上述相同的方法复制公式，得出其他单元格中员工的在职情况，选择 B2 单元格，在其中输入函数"=NOW（）"，并按【Enter】键确认，适当调整列宽，效果如图 18-73 所示。至此，表格数据创建完成。

图 18-72　得出其他员工的工龄

图 18-73　输入其他函数进行计算

18.3.3　创建数据筛选

创建数据筛选的具体操作步骤如下：

步骤① 选择 A3:I3 单元格区域，切换至"数据"面板，在"排序和筛选"选项板中单击"筛选"按钮，启用筛选功能，如图 18-74 所示。

步骤② 单击"备注"单元格右侧的下拉按钮，在弹出的列表框中取消选择"已退休"复选框，如图 18-75 所示。

步骤③ 单击"确定"按钮，即可对数据进行筛选操作，只显示在职的员工档案情况，效果如图 18-76 所示。

步骤④ 切换至"数据"面板，在"排序和筛选"选项板中单击"筛选"按钮，关闭筛选功能，显示所有员工档案情况，效果如图 18-77 所示。至此，员工档案表制作完成。

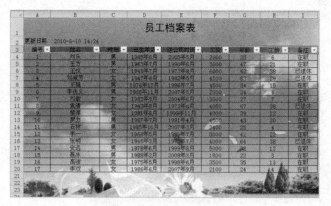

图 18-74 启用筛选功能

图 18-75 取消选择"已退休"复选框

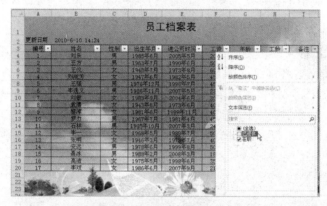

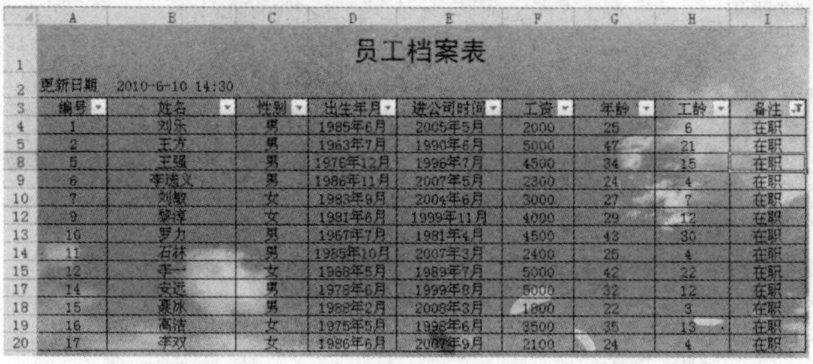

图 18-76 只显示在职的员工档案情况

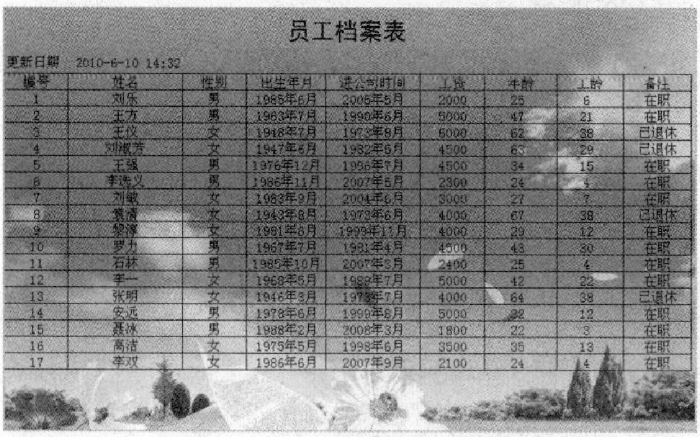

图 18-77 员工档案表最终效果

第 19 章 PowerPoint 商务应用

由 PowerPoint 制作的演示文稿可以广泛地应用在会议、教学、产品演示等场合。由它创作出的文稿可以集文字、图形、图像、声音以及视频剪辑等多媒体元素于一体，在一组图文并茂的画面中表达用户的想法。PowerPoint 提供了将演示文稿打印成标准幻灯片的功能，以便在投影仪上使用。另外，网络大潮的冲击使得该软件还具有面向 Internet 的诸多功能，如在网上发布演示文稿、与其他用户一起举行联机会议等。

本章将通过三个典型商务案例：公司简介、商务教程和产品介绍，详细介绍其制作过程，读者学完本章后可以举一反三，制作出其他领域的各类演示文稿。

19.1 【实战＋视频】：公司简介——制作飞龙科技

效果欣赏

本实例的最终效果如图 19-1 所示。

幻灯片画面效果片段一

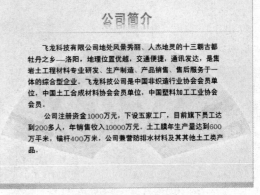

幻灯片画面效果片段二

幻灯片画面效果片段三

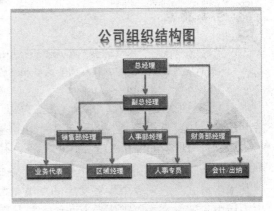

幻灯片画面效果片段四

图 19-1 公司简介——制作飞龙科技

技术点睛

本实例制作技术点睛如下：

点睛 1：设置主题样式	点睛 2：插入艺术字	点睛 3：绘制基本图形
点睛 4：设置放映动画	点睛 5：设置切换效果	点睛 6：插入声音文件

实战传送

接下来将介绍本实例的实战步骤。

19.1.1　制作幻灯片内容

制作幻灯片内容的具体操作步骤如下：

步骤① 从"开始"菜单中启动 PowerPoint 2010 应用程序，进入 PowerPoint 2010 工作界面，在"开始"面板的"幻灯片"选项板中单击"版式"按钮，在弹出的列表框中选择"空白"选项，更改幻灯片版式，如图 19-2 所示。

步骤② 切换至"设计"面板，在"主题"选项板中选择一种幻灯片主题样式，幻灯片如图 19-3 所示。

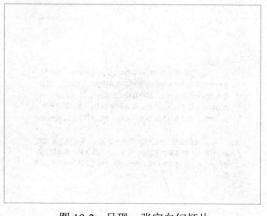

图 19-2　呈现一张空白幻灯片

图 19-3　设置幻灯片主题样式

 专家指点

　　在"主题"选项板中，PowerPoint 2010 提供了多种主题模板样式，用户可根据需要选择合适的主题模板，还可以根据需要选择相应的图片为主题模板。

步骤③ 切换至"插入"面板，在"图像"选项板中单击"图片"按钮，插入一幅素材图片至幻灯片中，并调整素材图片的大小和位置，使其覆盖整个幻灯片，如图 19-4 所示。

步骤④ 切换至"插入"面板，在"文本"选项板中单击"艺术字"按钮 A，在弹出的列表框中选择第五排第 5 种艺术字样式，然后输入相应文本内容，切换至"格式"面板，在"艺术字样式"选项板中设置文字的"填充颜色"为蓝色，切换至"开始"面板，在"字体"选项板中设置文字的"字体"为"黑体"、"字号"为 45，然后单击"加粗" B 和"文字阴影"按钮 S，此时幻灯片中的艺术字效果如图 19-5 所示。

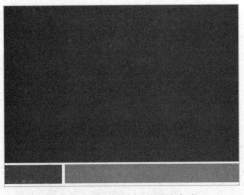

图 19-4　插入图片并调整大小

图 19-5　插入艺术字效果

步骤⑤ 切换至"插入"面板，在"文本"选项板中单击"文本框"按钮，在弹出的列表框中选择"横排文本框"选项，在幻灯片右下角绘制一个横排文本框，并输入相应文本内容，在"开始"面板的"字体"选项板中设置"字体"为"隶书"、"字号"为 20、"字体颜色"为白色，效果如图 19-6 所示。

步骤⑥ 在工作界面左侧的"幻灯片"选项卡中选择第 1 张幻灯片，单击鼠标右键，在弹出的快捷菜单中选择"新建幻灯片"选项，新建一张幻灯片，如图 19-7 所示。

图 19-6　绘制文本框并输入文本内容

图 19-7　新建一张幻灯片

步骤⑦ 在该幻灯片中创建相应的艺术字与横排文本框，并设置文字的相应字体、字号以及字体颜色等属性，效果如图 19-8 所示。

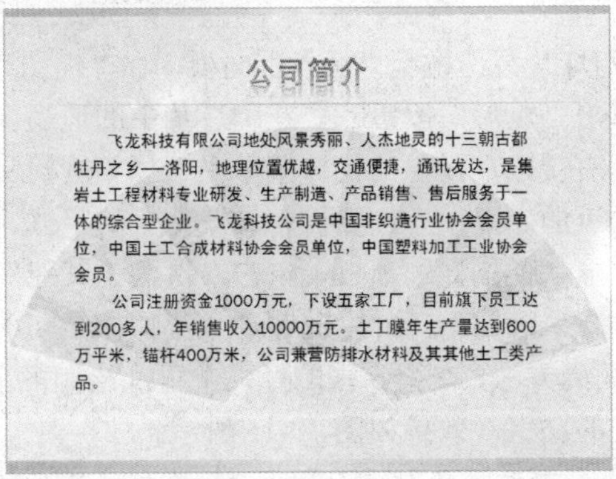

图 19-8　创建相应的艺术字与横排文本框

步骤⑧ 用与上述相同的方法，再次新建 3 张幻灯片，在各个幻灯片中创建相应的艺术字与横排文本框，并设置文字的相应字体、字号以及字体颜色等属性，效果如图 19-9 所示。

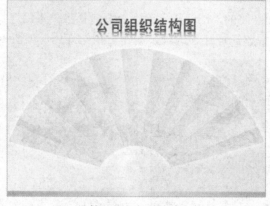

第 3 张幻灯片内容　　　　　　　　　　　第 4 张幻灯片内容

第 5 张幻灯片内容

图 19-9　新建 3 张幻灯片并创建相应内容

 **专家指点**

> 选择需要设置字体属性的文本内容，在弹出的浮动面板中，用户也可以快速设置字体属性。

步骤⑨ 进入第 5 张幻灯片，切换至"插入"面板，在"插图"选项板中单击"形状"按钮，在弹出的列表框中单击"矩形"按钮□，在幻灯片中的适当位置绘制一个适当大小的矩形，在该矩形上单击鼠标右键，在弹出的快捷菜单中选择"编辑文字"选项，在矩形中输入相应文字，在"开始"面板的"字体"选项板中设置文字的字体、字号以及颜色等属性，切换至"格式"面板，在"形状样式"选项板中单击右侧的"其他"按钮，在弹出的列表框中选择第六排第 6 种形状样式，此时幻灯片中的图形效果如图 19-10 所示。

步骤⑩ 用与上述相同的方法，在第 5 张幻灯片中再次绘制多个矩形图形，并设置相应的矩形样式，然后输入相应的文字，效果如图 19-11 所示。

步骤⑪ 切换至"插入"面板，在"插图"选项板中单击"形状"按钮，在弹出的列表框中单击"箭头"按钮，在幻灯片中的适当位置绘制一个箭头，切换至"格式"面板，在"形状样式"选项板中设置相应的箭头形状样式，如图 19-12 所示。

步骤⑫ 用与上述相同的方法，在幻灯片中绘制多个箭头与直线形状，并设置相应的图形样式，效果如图 19-13 所示。至此，幻灯片内容制作完成。

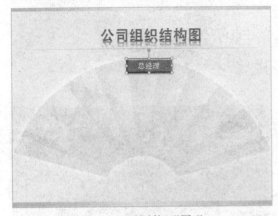

图 19-10　绘制矩形图形

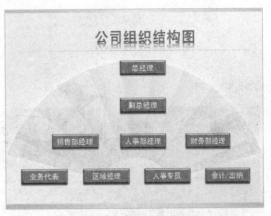

图 19-11　再次绘制多个矩形图形

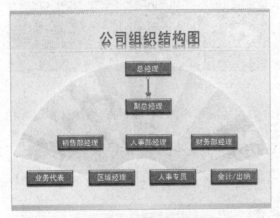

图 19-12　设置相应的箭头形状样式

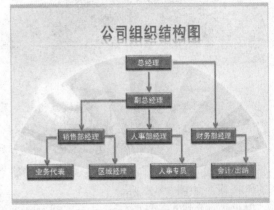

图 19-13　绘制多个箭头与直线形状

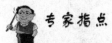 专家指点

在"形状"列表框中单击"直线"按钮，即可在幻灯片中绘制多条直线。

19.1.2　制作幻灯片动画

制作幻灯片动画的具体操作步骤如下：

步骤① 进入第 1 张幻灯片，选择标题文本框，切换至"动画"面板，在"动画"选项板中单击右侧的"其他"按钮，在弹出的列表框中选择"擦除"选项，如图 19-14 所示。

步骤② 在"计时"选项板中，设置"开始"为"上一动画之后"、"持续时间"为 02.00，如图 19-15 所示。

步骤③ 单击视图区中的"幻灯片放映"按钮，放映幻灯片，预览动画效果（如图 19-16 所示），单击"效果选项"按钮，在弹出的列表框中选择"自顶部"选项。

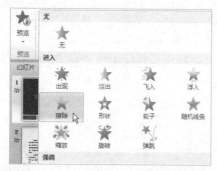

图 19-14　在列表框中选择"擦除"选项

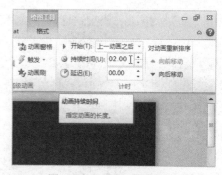

图 19-15　设置计时属性

图 19-16　放映幻灯片并预览动画效果

步骤④　用与上述相同的方法，为演示文稿中的其他对象添加相应的对画效果，并设置相应的计时属性，放映幻灯片，预览动画效果，如图 19-17 所示。

步骤⑤　在工作界面左侧的"幻灯片"选项卡中选择第 2 张幻灯片，切换至"转换"面板，在"切换到此幻灯片"选项板中单击右侧的"其他"按钮，在弹出的列表框中选择"随机线条"选项，如图 19-18 所示。

步骤⑥　在"计时"选项板中设置"持续时间"为 01.00，在"换片方式"选项区中选中"设置自动换片时间"复选框，在右侧设置时间为 00:04.87，如图 19-19 所示。

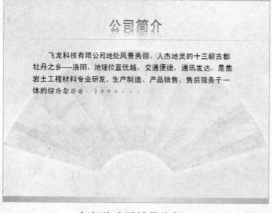

幻灯片动画效果片段一　　　　　　　　　幻灯片动画效果片段二

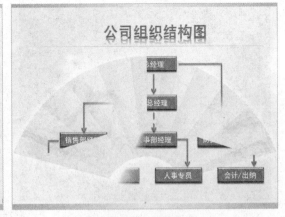

幻灯片动画效果片段三　　　　　　　幻灯片动画效果片段四

图 19-17　放映幻灯片并预览动画效果

图 19-18　选择"随机线条"选项

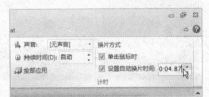

图 19-19　设置时间为 00:04.87

步骤⑦ 单击视图区中的"幻灯片放映"按钮 放映幻灯片，预览幻灯片切换效果，如图 19-20 所示。

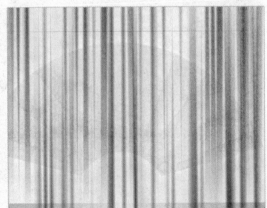

图 19-20　预览幻灯片切换效果

步骤⑧ 用与上述相同的方法，为其他幻灯片设置切换动画，效果如图 19-21 所示。至此，幻灯片动画效果制作完成。

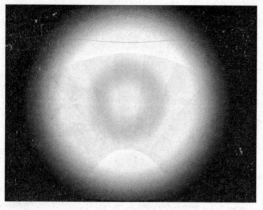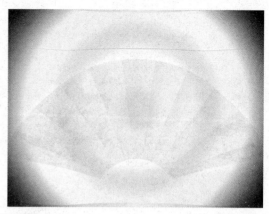

幻灯片"涟漪"切换动画效果

幻灯片"框"切换动画效果

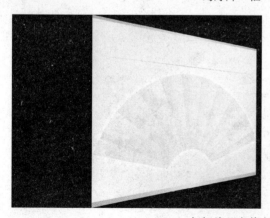

幻灯片"立体方"切换动画效果

图 19-21　为其他幻灯片设置切换动画

19.1.3　制作幻灯片声音

制作幻灯片声音的具体操作步骤如下：

步骤① 进入第 1 张幻灯片，切换至"插入"面板，在"媒体"选项板中单击"音频"按钮，在弹出的列表框中选择"文件中的音频"选项，弹出"插入音频"对话框，在其中选择需要插入的音频文件，如图 19-22 所示。

步骤② 单击"插入"按钮，即可将其插入至幻灯片中，并调整音频图标的大小和位置，如图 19-23 所示。

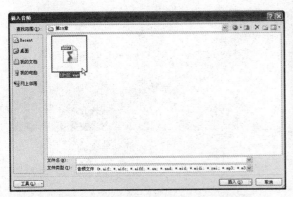

图 19-22　选择需要插入的音频文件

图 19-23　调整音频图标的大小和位置

步骤③ 选择插入的音频图标，切换至"播放"面板，在"音频选项"选项板中选中"放映时隐藏"和"循环播放，直到停止"复选框，设置"开始"为"跨幻灯片播放"，如图 19-24 所示。

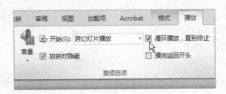

图 19-24　设置音频相应属性

步骤④ 单击"幻灯片放映"按钮 🖳 放映幻灯片，试听音频效果，如图 19-25 所示。至此，公司简介制作完成。

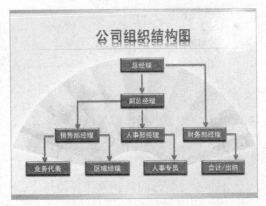

图 19-25　放映幻灯片并试听音频效果

19.2 【实战 + 视频 📹】：商务教程——制作商务礼仪

本实例的最终效果如图 19-26 所示。

幻灯片画面效果片段一

幻灯片画面效果片段二

幻灯片画面效果片段三

幻灯片画面效果片段四

图 19-26　商务教程——制作商务礼仪

技术点睛

本实例制作技术点睛如下：

点睛 1：绘制文本框	点睛 2：插入素材图片	点睛 3：设置图片格式
点睛 4：设置字体效果	点睛 5：设置对象动画	点睛 6：插入声音文件

实战传送

接下来将介绍本实例的实战步骤。

19.2.1　制作文本与图片

制作文本与图片的具体操作步骤如下：

步骤① 进入 PowerPoint 2010 工作界面，单击"文件"菜单，在弹出的面板中单击"打开"命令，打开一个演示文稿，如图 19-27 所示。

步骤② 进入第 1 张幻灯片，在其中绘制一个横排文本框，输入文字"成功商务"，在"字体"选项板中设置"字体"为"方正舒体"、"字号"为 66、"字体颜色"分别为红色和黑色，选择"成功"文本，单击"加粗"按钮，加粗显示"成功"文本效果，如图 19-28 所示。

图 19-27　打开一个演示文稿

图 19-28　加粗显示"成功"文本效果

步骤③　用与上述相同的方法，在第 1 张幻灯片中创建其他横排文本框，在文本框中输入相应文本内容，并设置相应的字体格式，设置相应的文本框样式，效果如图 19-29 所示。

步骤④　切换至"插入"面板，在"插图"选项板中单击"图片"按钮，在幻灯片中插入一张素材图片，切换至"格式"面板，在"调整"选项板中单击"颜色"按钮，在弹出的列表框中选择"设置透明色"选项，然后在图片的白色背景上单击鼠标左键，设置为透明背景效果，如图 19-30 所示。

图 19-29　创建其他横排文本框

图 19-30　插入素材图片

步骤⑤　进入第 2 张幻灯片，用与上述相同的方法，分别插入两张素材图片，并设置图片的大小与格式，效果如图 19-31 所示。

步骤⑥　切换至"插入"面板，在"插图"选项板中单击"形状"按钮，在弹出的列表框中单击"矩形"按钮，在幻灯片下方绘制一个长条矩形，在"格式"面板中设置图形的填充颜色和轮廓颜色，效果如图 19-32 所示。

步骤⑦　在幻灯片中的适当位置绘制两个横排文本框，在其中输入相应文本内容，并设置文本的字体格式，效果如图 19-33 所示。

步骤⑧　在幻灯片的左下角，再次绘制一个横排文本框，输入文字"成功商务"，在"开始"面板的"字体"选项板中设置文本的字体格式，效果如图 19-34 所示。

步骤⑨　用与上述相同的方法，在第 3 张和第 4 张幻灯片中添加相应的图片与文本框，并设置相应的格式，效果如图 19-35 所示。至此，文本与图片效果制作完成。

图 19-31　分别插入两张素材图片

图 19-32　设置图形的填充和轮廓颜色

图 19-33　设置文本的字体格式

图 19-34　设置文本的字体格式

图 19-35　在幻灯片中添加相应的图片与文本框

专家指点

制作幻灯片内容的过程中，如果需要制作的图片或文本与前面幻灯片的部分内容一样，此时可以使用复制和粘贴功能对内容进行相应操作，减少重复的工作任务。

19.2.2　制作放映动画

制作放映动画的具体操作步骤如下：

步骤① 进入第 1 张幻灯片，选择标题文本框，切换至"动画"面板，在"动画"选项板中单击右侧的"其他"按钮，在弹出的列表框中选择"擦除"选项，在"计时"选项板中设置"持续时间"为 01.00，单击"幻灯片放映"按钮 放映幻灯片，预览动画效果，如图 19-36 所示。

图 19-36　放映幻灯片并预览动画效果

步骤② 用与上述相同的方法，设置第 1 张幻灯片中其他对象的动画效果，如图 19-37 所示。

图 19-37　设置幻灯片中其他对象的动画效果

步骤③ 用与上述相同的方法，设置其他幻灯片中对象的动画效果，如图 19-38 所示。

幻灯片动画效果片段一　　　　　　　　　　幻灯片动画效果片段二

幻灯片动画效果片段三　　　　　　　　　　幻灯片动画效果片段四

图 19-38　设置其他幻灯片中对象的动画效果

专家指点

幻灯片动画制作完成后，按【F5】键，可以快速浏览幻灯片内容。

19.2.3　制作影片声音

制作影片声音的具体操作步骤如下：

步骤①　进入第 1 张幻灯片，切换至"插入"面板，在"媒体"选项板中单击"音频"按钮，在弹出的列表框中选择"文件中的音频"选项，弹出"插入音频"对话框，在其中选择需要插入的音频文件，如图 19-39 所示。

步骤②　单击"插入"按钮，即可将其插入至幻灯片中，并调整音频图标的大小和位置，如图 19-40 所示。

图 19-39　选择需要插入的音频文件　　　　图 19-40　调整音频图标的大小和位置

步骤③　选择插入的音频图标，切换至"播放"面板，在"音频选项"选项板中选中"放映时隐藏"和"循环播放，直到停止"复选框，设置"开始"为"跨幻灯片播放"，如图 19-41 所示。

步骤④　单击"幻灯片放映"按钮 放映幻灯片，试听

图 19-41　设置音频相应属性

音频效果，如图 19-42 所示。至此，商务教程制作完成。

图 19-42　放映幻灯片

19.3 【实战＋视频】：产品介绍——制作手机产品演示

本实例的最终效果如图 19-43 所示。

幻灯片画面效果片段一

幻灯片画面效果片段二

幻灯片画面效果片段三

幻灯片画面效果片段四

图 19-43　产品介绍——制作手机产品演示

技术点睛

本实例制作技术点睛如下：

点睛 1：设置背景效果	点睛 2：绘制基本图形	点睛 3：设置文字艺术效果
点睛 4：绘制文本框	点睛 5：翻转素材图片	点睛 6：制作动画效果

实战传送

接下来将介绍本实例的实战步骤。

19.3.1　制作第 1 张幻灯片

制作第 1 张幻灯片的具体操作步骤如下：

步骤① 进入 PowerPoint 2010 工作界面，在幻灯片中单击鼠标右键，在弹出的快捷菜单中选择"设置背景格式"选项，弹出"设置背景格式"对话框，选中"图片或纹理填充"单选按钮，单击"文件"按钮，弹出"插入图片"对话框，在其中选择需要插入的图片，如图 19-44 所示。

步骤② 单击"插入"按钮，然后单击"关闭"按钮，即可在幻灯片中插入背景图片，如图 19-45 所示。

图 19-44　选择需要插入的图片

步骤③ 切换至"插入"面板，单击"插图"选项板中的"形状"按钮，在弹出的列表框中单击"矩形"按钮，在幻灯片中绘制一个矩形（"高度"为 4 厘米、"宽度"为 25.4 厘米），如图 19-46 所示。

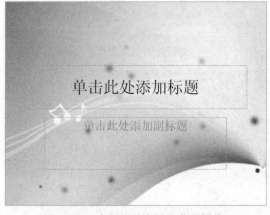

图 19-45　在幻灯片中插入背景图片

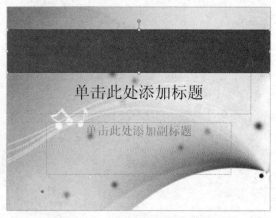

图 19-46　在幻灯片中绘制一个矩形

步骤④ 切换至"格式"面板，单击"形状样式"选项板中"形状填充"右侧的下三角按钮，在弹出的列表框中选择"浅蓝"选项，单击"形状轮廓"右侧的下三角按钮，在弹出的列表框中选择"无轮廓"选项，在矩形上单击鼠标右键，在弹出的快捷菜单中选择"设置形状格式"选项，弹出"设置形状格式"对话框，然后设置"透明度"为 80%，单击"关闭"

按钮，效果如图 19-47 所示。

步骤⑤　单击"单击此处添加标题"文本框，输入"SONY ERICSSON 手机推广演示"，选中文本，在"字体"选项板中设置"字体"为"黑体"、英文的字体为 Times New Roman、"字号"为 36，然后调节文本框的大小和位置，切换至"格式"面板，单击"排列"选项板中的"对齐"按钮，在弹出的列表框中选择"左右居中"选项，效果如图 19-48 所示。

图 19-47　设置"透明度"为 80%

图 19-48　创建文本框效果

步骤⑥　单击"单击此处添加副标题"文本框，按【Delete】键删除，切换至"插入"面板，单击"插图"选项板中的"图片"按钮，插入 3 幅素材图片，然后调整图片的大小和位置，按住【Ctrl】键的同时选择 3 张素材图片，切换至"格式"面板，单击"排列"选项板中的"对齐"按钮，在弹出的列表框中选择"顶端对齐"选项，效果如图 19-49 所示。

步骤⑦　单击"图片样式"选项板中的"图片效果"按钮，在弹出的列表框中选择"映像"|"紧密映像，接触"选项，为图片添加映像效果，如图 19-50 所示。至此，第 1 张幻灯片的内容制作完成。

图 19-49　设置图片的格式

图 19-50　第 1 张幻灯片的内容制作完成

19.3.2　制作第 2 张幻灯片

制作第 2 张幻灯片的具体操作步骤如下：

步骤① 新建一张"空白"幻灯片，并为幻灯片添加相应的背景效果，如图 19-51 所示。

步骤② 切换至"插入"面板，单击"插图"选项板中的"形状"按钮，在弹出的列表框中单击"椭圆"按钮，在幻灯片中绘制一个椭圆（"高度"为 3.7 厘米、"宽度"为 5.7 厘米），切换至"格式"面板，单击"形状样式"选项板中的"其他"按钮，在弹出的列表框中选择"强烈效果-强调颜色 3"，单击"形状效果"按钮，在弹出的列表框中形状"三维旋转"|"宽松透视"选项，然后单击"排列"选项板中的"对齐"按钮，在弹出的列表框中选择"左右居中"选项，效果如图 19-52 所示。

图 19-51　为幻灯片添加相应的背景效果

图 19-52　在幻灯片中绘制椭圆效果

步骤③ 用与上述相同的方法，再次在幻灯片中绘制两个椭圆，切换至"格式"面板，在其中为椭圆图形设置相应的图形格式，效果如图 19-53 所示。

步骤④ 将中间的椭圆复制 6 个，然后调节椭圆的大小，并分别放置在合适的位置上，切换至"插入"面板，单击"插图"选项板中的"形状"按钮，在弹出的列表框中单击"直线"按钮，绘制一条直线，切换至"格式"面板，单击"形状样式"选项板中"形状轮廓"右侧的下三角按钮，在弹出的列表框中选择"虚线"|"长划线"选项。将虚线复制 5 根，然后分别调节虚线的长度和位置，如图 19-54 所示。

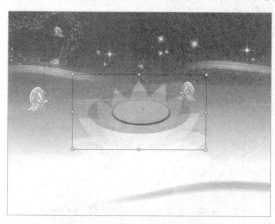
图 19-53　设置相应的图形格式

图 19-54　分别调节虚线的长度和位置

步骤⑤ 切换至"插入"面板，单击"插图"选项板中的"图片"按钮，在幻灯片中插入 7 幅素材图片，调整素材图片的大小和位置，并对相应的图片进行旋转操作，效果如图

19-55 所示。

步骤⑥ 绘制一个文本框，输入"1=6 的精彩，还不快来体验！"，选中文本，在"字体"选项板中设置"字体"为"华文琥珀"、"字号"为 32，并单击"加粗"按钮 **B**，切换至"格式"面板，单击"艺术字样式"选项板中的"文本轮廓"按钮，效果如图 19-56 所示。

图 19-55　插入图片并设置格式

图 19-56　绘制文本框并设置文字格式

步骤⑦ 单击"艺术字样式"选项板中的"文本效果"按钮，在弹出的列表框中选择"转换"|"下弯弧"选项，然后将文本框往下拉，并用鼠标拖曳文本框转换的红色控制点，效果如图 19-57 所示。

步骤⑧ 单击"文本效果"按钮，在弹出的列表框中选择"映像"|"紧密映像，8pt偏移量"选项，效果如图 19-58 所示。至此，第 2 张幻灯片的内容制作完成。

图 19-57　设置文本下弯弧效果

图 19-58　设置文本的映像效果

　专家指点

　　在"格式"面板中用户可以为文本设置不同的变形效果，使幻灯片更加美观。

19.3.3　制作第 3 张幻灯片

制作第 3 张幻灯片的具体操作步骤如下：

步骤① 新建一张"空白"幻灯片，并为幻灯片添加相应的背景效果，如图 19-59 所示。

步骤② 切换至"插入"面板，单击"插图"选项板中的"图片"按钮，在幻灯片中插入两幅素材图片，调整素材图片的大小和位置，并对相应的图片进行翻转操作，效果如图 19-60 所示。

图 19-59 为幻灯片添加相应的背景效果

图 19-60 插入两幅素材图片

 专家指点

在"格式"面板的"排列"选项板中，用户可以设置图片的翻转效果。

步骤③ 选择手机图片，单击"图片样式"选项板中的"图片效果"按钮，在弹出的列表框中选择"阴影"|"向下偏移"选项，然后设置"映像"为"紧密映像，接触"，效果如图 19-61 所示。

步骤④ 绘制一个文本框，输入"快乐学习天地"，选中文本，在"字体"选项板中设置"字体"为"黑体"、"字号"为 18、"字体颜色"为"白色"；切换至"格式"面板，单击"形状样式"选项板中的"其他"按钮，在弹出的列表框中选择"浅色 1 轮廓，彩色填充-强调颜色 3"选项，效果如图 19-62 所示。

图 19-61 设置"映像"为"紧密映像，接触"

图 19-62 绘制文本框并输入文字

步骤⑤ 用与上述相同的方法，在幻灯片中绘制其他文本框，在文本框中输入相应文本内容，并设置文本的相应属性，切换至"格式"面板，在该面板中设置文本框的相应样式，效果如图 19-63 所示。

图 19-63　绘制其他文本框并输入文本内容

19.3.4 制作动画效果

制作动画效果的具体操作步骤如下：

步骤① 进入第 1 张幻灯片，选择标题文本框，切换至"动画"面板，在"动画"选项板中单击右侧的"其他"按钮，在弹出的列表框中选择"阶梯状"选项，为文本框添加"阶梯状"动画效果，在"计时"选项板中设置"开始"为"上一动画之后"、"持续时间"为 01.00，单击"幻灯片放映"按钮 放映幻灯片，预览动画效果，如图 19-64 所示。

图 19-64　放映幻灯片并预览动画效果

专家指点

在"动画"选项板中，用户还可以根据需要设置动画的播放方向，使动画更加丰富多彩。

步骤② 用与上述相同的方法，设置第 1 张幻灯片中其他对象的动画效果，如图 19-65 所示。

幻灯片动画效果片段一

幻灯片动画效果片段二

幻灯片动画效果片段三

幻灯片动画效果片段四

图 19-65 设置幻灯片中其他对象的动画效果

步骤③ 用与上述相同的方法，设置其他幻灯片中对象的动画效果，如图 19-66 所示。

幻灯片动画效果片段一

幻灯片动画效果片段二

幻灯片动画效果片段三

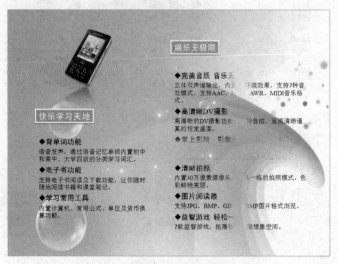

幻灯片动画效果片段四

图 19-66　设置其他幻灯片中对象的动画效果

步骤④ 分别选择相应的幻灯片，切换至"转换"面板，在"计时"选项板中设置幻灯片的切换时间。至此，手机产品演示动画制作完成。

第 20 章　综合案例实战

通过前面章节的学习，可以了解到：Word 是功能强人的文字和表格处理软件，Excel 是专门进行数值计算、数据分析和创建图表等操作的电子表格处理软件，而 PowerPoint 则是一款优秀的演示文稿制作软件。这三款软件均是 Office 中的"主力军"。本章将综合使用这三款软件，以"员工工资表"为例，详细讲解其创建过程，让读者能收到立竿见影的效果，从而对 Office 的强大功能有更深一层的理解。

20.1　【实战＋视频🎥】：运用 Word 制作表格

效果欣赏

本实例的最终效果如图 20-1 所示。

员工编号	姓名	性别	部门	基本工资	加班费	奖金	食宿津贴
0001	刘文	男	销售部	700	100	1000	300
0002	汪洋	男	人事部	1200	400	100	300
0003	宋宁	女	财务部	1500	500	100	300
0004	蒋燕	女	销售部	700	200	1500	300
0005	王信	男	财务部	1500	500	100	300
0006	林小	女	销售部	700	200	1900	300
0007	袁洁	女	人事部	1200	400	100	300
0008	肖月	女	销售部	700	100	2500	300
0009	李笑	男	销售部	700	300	3000	300
0010	王明	男	销售部	700	200	2600	300
0011	周珍	女	人事部	1200	350	100	300
0012	文洁	女	财务部	1500	500	100	300
0013	周杰	男	销售部	700	150	2500	300
0014	朱永	男	人事部	1200	400	100	300
0015	刘玉	女	销售部	700	200	4500	300
0016	胡月	男	公关部	2000	500	1500	300
0017	陈文	女	销售部	700	300	3200	300
0018	张清	男	公关部	2000	500	1000	300
0019	何林	男	人事部	1200	450	100	300

图 20-1　运用 Word 制作表格

技术点睛

本实例制作技术点睛如下：

点睛 1：绘制表格	点睛 2：设置表格样式	点睛 3：设置边框颜色
点睛 4：添加表格边框	点睛 5：调整行高列宽	点睛 6：设置字体格式

实战传送

接下来将介绍本实例的实战步骤。

20.1.1　绘制表格框架

绘制表格框架的具体操作步骤如下：

步骤① 进入 Word 2010 工作界面，切换至"页面布局"面板，在"页面设置"选项板中单击"页边距"按钮，在弹出的列表框中选择"自定义边距"选项，弹出"页面设置"对话框，在其中设置"左"和"右"均为 2 厘米，如图 20-2 所示。

步骤② 单击"确定"按钮，设置页边距，切换至"插入"面板，在"表格"选项板中单击"表格"按钮，在弹出的列表框中选择"插入表格"选项，弹出"插入表格"对话框，在其中设置"列数"为 8、"行数"为 21，如图 20-3 所示。

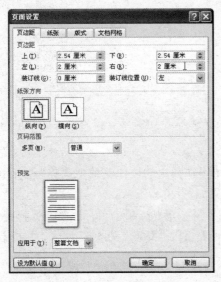

图 20-2 设置页边距参数

图 20-3 设置表格尺寸

步骤③ 单击"确定"按钮，即可在编辑区中插入表格，如图 20-4 所示。

步骤④ 切换至"设计"面板，在"表格样式"选项板中单击右侧的"其他"按钮，在弹出的列表框中选择"浅色底纹-强调文字颜色 5"选项，添加表格样式，如图 20-5 所示。

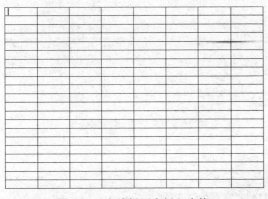

图 20-4 在编辑区中插入表格

图 20-5 添加表格样式

步骤⑤ 选择表格中的所有单元格，在"表格样式"选项板中单击"边框"下拉按钮，在弹出的列表框中选择"边框和底纹"选项，弹出"边框和底纹"对话框，在"颜色"列表框中选择蓝色，单击"全部"按钮，使表格框线呈蓝色显示，如图 20-6 所示。

步骤⑥ 单击"确定"按钮，为表格添加边框，效果如图 20-7 所示。至此，表格框架绘制完成。

图 20-6　使表格框线呈蓝色显示

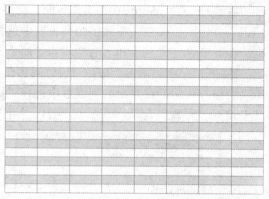

图 20-7　为表格添加边框效果

20.1.2　设置表格格式

设置表格格式的具体操作步骤如下：

（步骤①）选择第一行单元格区域，单击鼠标右键，在弹出的快捷菜单中选择"合并单元格"选项，即可合并单元格，并添加相应的框线，效果如图 20-8 所示。

（步骤②）将鼠标移至第一行前面，此时鼠标指针呈 ⏶ 形状，单击鼠标左键，选择整行，切换至"布局"面板，在"单元格大小"选项板中设置表格的"高度"为 1.52 厘米，并按【Enter】键确认，设置表格行高效果，如图 20-9 所示。

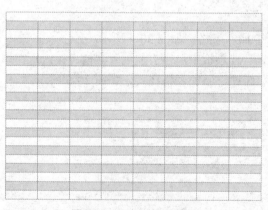

图 20-8　添加相应的框线

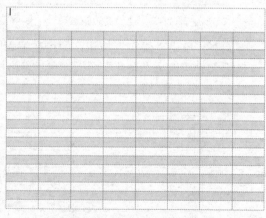

图 20-9　设置表格行高效果

专家指点

在 Word 2010 中，用户也可以使用拖曳鼠标的方式来选择表格。

（步骤③）用与上述相同的方法，设置第二行的行高为 0.71 厘米，选择第一列，在"单元格大小"选项板中设置表格的"宽度"为 2.35 厘米，并按【Enter】键确认，设置表格列宽效果，如图 20-10 所示。

（步骤④）用与上述相同的方法，设置表格其他列的列宽效果，如图 20-11 所示。至此，表格格式设置完成。

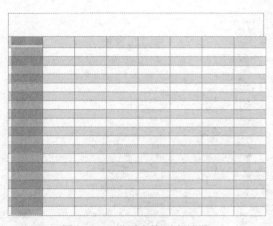

图 20-10　设置表格列宽效果

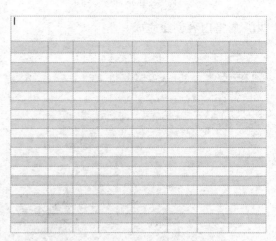

图 20-11　设置表格其他列的列宽效果

20.1.3　创建表格内容

创建表格内容的具体操作步骤如下：

步骤① 选择一种合适的输入法，在表格中输入相应文本内容，如图 20-12 所示。

步骤② 选择第一行中的表格内容，在"开始"面板的"字体"选项板中设置"字体"为
"黑体"、"字号"为 20、"字体颜色"为黑色，切换至"布局"面板，在"对齐方式"选项
板中单击"水平居中"按钮 ，设置文本水平对齐，效果如图 20-13 所示。

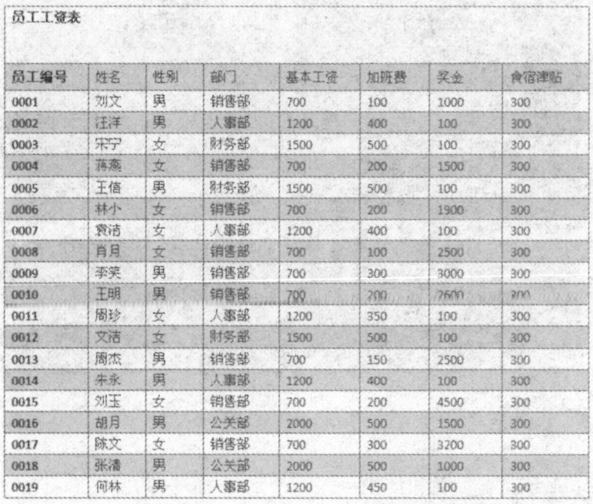

图 20-12　在表格中输入相应文本内容

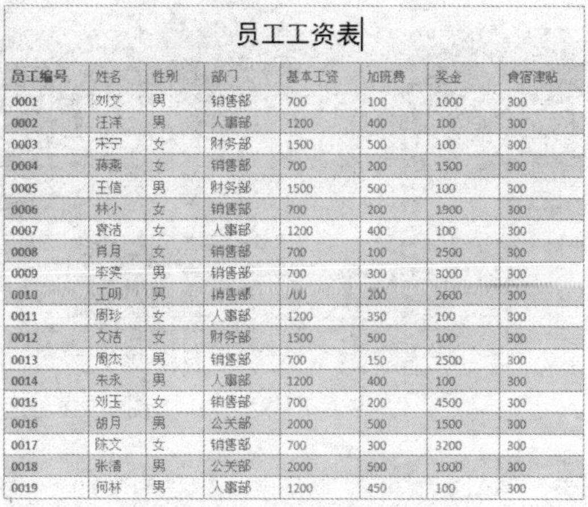

图 20-13　设置文本水平对齐

 专家指点

> 在"格式"面板中也可以设置表格内容的对齐方式。

步骤③ 选择第二行表格内容，在"开始"面板的"字体"选项板中，设置"字体"为"黑
体"、"字号"为"小四"、"字体颜色"为黑色，切换至"布局"面板，在"对齐方式"选项
板中单击"水平居中"按钮 ，设置文本水平对齐，效果如图 20-14 所示。

步骤④ 用与上述相同的方法，设置其他文本内容的字体格式，效果如图 20-15 所示。至

此，表格内容创建完成。

员工工资表							
员工编号	姓名	性别	部门	基本工资	加班费	奖金	食宿津贴
0001	刘文	男	销售部	700	100	1000	300
0002	汪洋	男	人事部	1200	400	100	300
0003	宋宁	女	财务部	1500	500	100	300
0004	蒋燕	女	销售部	700	200	1500	300
0005	王信	男	财务部	1500	500	100	300
0006	林小	女	销售部	700	200	1900	300
0007	袁洁	女	人事部	1200	400	100	300
0008	肖月	女	销售部	700	100	2500	300
0009	李笑	男	销售部	700	300	3000	300
0010	王明	男	销售部	700	200	2600	300
0011	周珍	女	人事部	1200	350	100	300
0012	文洁	女	财务部	1500	500	100	300
0013	周杰	男	销售部	700	150	2500	300
0014	朱永	男	人事部	1200	400	100	300
0015	刘玉	女	销售部	700	200	4500	300
0016	胡月	男	公关部	2000	500	1500	300
0017	陈文	女	销售部	700	300	3200	300
0018	张清	男	公关部	2000	500	1000	300
0019	何林	男	人事部	1200	450	100	300

图 20-14　设置文本水平对齐

员工工资表							
员工编号	姓名	性别	部门	基本工资	加班费	奖金	食宿津贴
0001	刘文	男	销售部	700	100	1000	300
0002	汪洋	男	人事部	1200	400	100	300
0003	宋宁	女	财务部	1500	500	100	300
0004	蒋燕	女	销售部	700	200	1500	300
0005	王信	男	财务部	1500	500	100	300
0006	林小	女	销售部	700	200	1900	300
0007	袁洁	女	人事部	1200	400	100	300
0008	肖月	女	销售部	700	100	2500	300
0009	李笑	男	销售部	700	300	3000	300
0010	王明	男	销售部	700	200	2600	300
0011	周珍	女	人事部	1200	350	100	300
0012	文洁	女	财务部	1500	500	100	300
0013	周杰	男	销售部	700	150	2500	300
0014	朱永	男	人事部	1200	400	100	300
0015	刘玉	女	销售部	700	200	4500	300
0016	胡月	男	公关部	2000	500	1500	300
0017	陈文	女	销售部	700	300	3200	300
0018	张清	男	公关部	2000	500	1000	300
0019	何林	男	人事部	1200	450	100	300

图 20-15　设置其他文本内容的字体格式

20.2 【实战 + 视频】：运用 Excel 处理数据

效果欣赏

本实例的最终效果如图 20-16 所示。

员工工资表										
员工编号	姓名	性别	部门	基本工资	加班费	奖金	食宿津贴	应发工资	应扣税金	实发工资
1	刘文	男	销售部	700	100	1000	300	2100	75	2025
2	汪洋	男	人事部	1200	400	100	300	2000	60	1940
3	宋宁	女	财务部	1500	500	100	300	2400	120	2280
4	蒋燕	女	销售部	700	200	1500	300	2700	165	2535
5	王信	男	财务部	1500	500	100	300	2400	120	2280
6	林小	女	销售部	700	200	1900	300	3100	225	2875
7	袁洁	女	人事部	1200	400	100	300	2000	60	1940
8	肖月	女	销售部	700	100	2500	300	3600	300	3300
9	李笑	男	销售部	700	300	3000	300	4300	405	3895
10	王明	男	销售部	700	200	2600	300	3800	330	3470
11	周珍	女	人事部	1200	350	100	300	1950	35	1915
12	文洁	女	财务部	1500	500	100	300	2400	120	2280
13	周杰	男	销售部	700	150	2500	300	3650	307.5	3342.5
14	朱永	男	人事部	1200	400	100	300	2000	60	1940
15	刘玉	女	销售部	700	200	4500	300	5700	820	4880
16	胡月	男	公关部	2000	500	1500	300	4300	405	3895
17	陈文	女	销售部	700	300	3200	300	4500	435	4065
18	张清	男	公关部	2000	500	1000	300	3800	330	3470
19	何林	男	人事部	1200	450	100	300	2050	67.5	1982.5

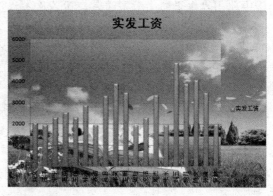

图 20-16　运用 Excel 处理数据

技术点睛

本实例制作技术点睛如下：

点睛 1：设置对齐方式	点睛 2：设置字体格式	点睛 3：调整行高列宽
点睛 4：使用函数计算	点睛 5：插入数据图表	点睛 6：设置图表格式

实战传送

接下来将介绍本实例的实战步骤。

20.2.1 设置表格格式

设置表格格式的具体操作步骤如下：

（步骤①）在 Word 2010 中，将所有文本内容进行复制操作，然后切换至 Excel 2010 工作界面，将文本内容进行粘贴，效果如图 20-17 所示。

（步骤②）将鼠标移至第一行的行号上，单击鼠标右键，在弹出的快捷菜单中选择"行高"选项，弹出"行高"对话框，在其中设置"行高"为 44.25 厘米，单击"确定"按钮，调整单元格行高，效果如图 20-18 所示。

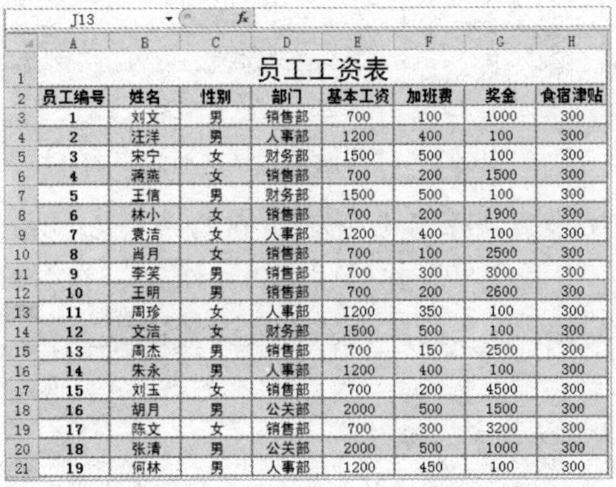

图 20-17　将文本内容进行粘贴

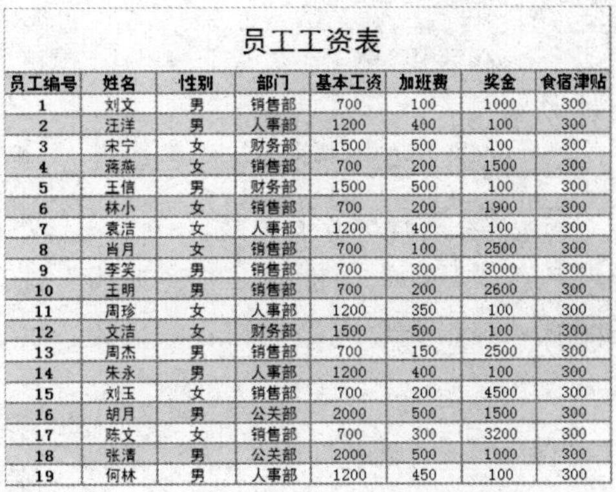

图 20-18　调整单元格的行高效果

（步骤③）用与上述相同的方法，调整第二行单元格的行高为 28.5 厘米，将鼠标移至 E 列的列标上，单击鼠标右键，在弹出的快捷菜单中选择"列宽"选项，弹出"列宽"对话框，在其中设置"列宽"10.13 厘米，单击"确定"按钮，效果如图 20-19 所示。

（步骤④）用与上述相同的方法，调整"H 列"为 9.5 厘米、"I 列"为 9.38 厘米、"J 列"为 9.38 厘米、"H 列"为 9.13 厘米、"K 列"为 9.13 厘米，效果如图 20-20 所示。

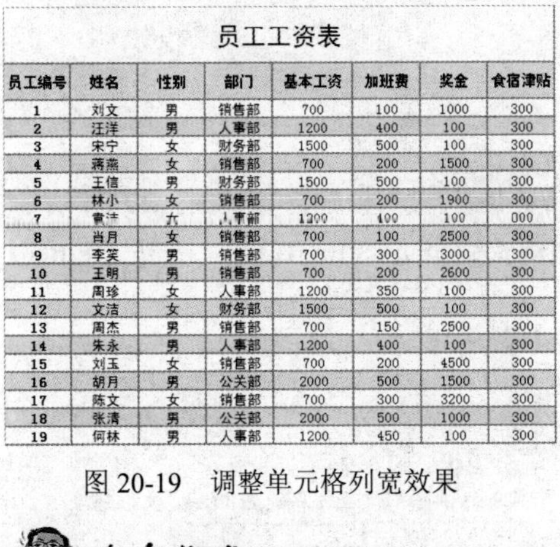

图 20-19　调整单元格列宽效果

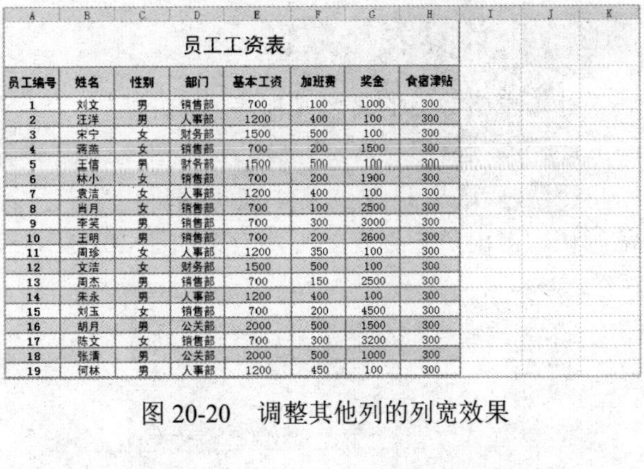

图 20-20　调整其他列的列宽效果

专家指点

选择需要调整行高的单元格，在"开始"面板的"单元格"选项板中，单击"格式"右侧的下拉按钮，在弹出的列表框中选择"行高"选项，在弹出的对话框中也可以设置行高参数。

（步骤⑤）选择 G2 单元格，在"开始"面板的"剪贴板"选项板中单击"格式刷"按钮，然后选择 I2:K2 单元格区域，释放鼠标左键，即可复制格式，效果如图 20-21 所示。

（步骤⑥）用与上述相同的方法，对其他单元格进行格式的复制，如图 20-22 所示。

图 20-21　复制单元格格式　　　　　　图 20-22　对其他单元格进行格式复制

步骤⑦ 选择 A1 单元格，在"字体"选项板中设置"字号"为 23，选择 A1:K1 单元格区域，在"开始"面板的"对齐方式"选项板中单击两次"合并后居中"按钮，合并单元格区域，并设置相应边框和底纹效果，如图 20-23 所示。至此，表格格式设置完成。

图 20-23　合并单元格区域并设置边框效果

20.2.2 计算表格数据

计算表格数据的具体操作步骤如下：

步骤① 选择一种合适的输入法，在 I2:K2 单元格区域中输入相应内容，如图 20-24 所示。

步骤② 选择 I3 单元格，在"编辑栏"中输入函数"＝SUM（E3:H3）"，并按【Enter】键确认，得出员工应发工资，效果如图 20-25 所示。

图 20-24　在单元格区域中输入相应内容　　　　图 20-25　得出员工应发工资

步骤③ 用与上述相同的方法，得出其他员工的应发工资，如图 20-26 所示。

步骤④ 选择 J3 单元格，在"编辑栏"中输入函数"＝IF（I3＜1600,0,IF（I3＜2000,

（I3-1600）*0.1, IF（I3＜5000，（I3-1600）*0.15，（I3-1600）*0.2）））", 并按【Enter】键确认，得出员工应扣税金，效果如图 20-27 所示。

基本工资	加班费	奖金	食宿津贴	应发工资	应扣税金	实发工资
700	100	1000	300	2100		
1200	400	100	300	2000		
1500	500	100	300	2400		
700	200	1500	300	2700		
1500	500	100	300	2400		
700	200	1900	300	3100		
1200	400	100	300	2000		
700	100	2500	300	3600		
700	300	3000	300	4300		
700	200	2600	300	3800		
1200	350	100	300	1950		
1500	500	100	300	2400		
700	150	2500	300	3650		
1200	400	100	300	2000		
700	200	4500	300	5700		
2000	500	1500	300	4300		
700	300	3200	300	4500		
2000	500	1000	300	3800		
1200	450	100	300	2050		

图 20-26　得出其他员工的应发工资

1600, 0, IF(I3<2000, (I3-1600)*0.1, IF(I3<5000, (I3-1600)*0.15, (I3-1600)*0.2)))

员工工资表

基本工资	加班费	奖金	食宿津贴	应发工资	应扣税金	实发工资
700	100	1000	300	2100	75	
1200	400	100	300	2000		
1500	500	100	300	2400		
700	200	1500	300	2700		
1500	500	100	300	2400		
700	200	1900	300	3100		
1200	400	100	300	2000		
700	100	2500	300	3600		
700	300	3000	300	4300		
700	200	2600	300	3800		
1200	350	100	300	1950		
1500	500	100	300	2400		
700	150	2500	300	3650		
1200	400	100	300	2000		
700	200	4500	300	5700		
2000	500	1500	300	4300		

图 20-27　得出员工应扣税金

步骤 5　用与上述相同的方法，得出其他员工的应扣税金，如图 20-28 所示。

步骤 6　选择 K3 单元格，在"编辑栏"中输入函数"＝I3-J3"，并按【Enter】键确认，得出员工的实发工资，效果如图 20-29 所示。

基本工资	加班费	奖金	食宿津贴	应发工资	应扣税金	实发工资
700	100	1000	300	2100	75	
1200	400	100	300	2000	60	
1500	500	100	300	2400	120	
700	200	1500	300	2700	165	
1500	500	100	300	2400	120	
700	200	1900	300	3100	225	
1200	400	100	300	2000	60	
700	100	2500	300	3600	300	
700	300	3000	300	4300	405	
700	200	2600	300	3800	330	
1200	350	100	300	1950	35	
1500	500	100	300	2400	120	
700	150	2500	300	3650	307.5	
1200	400	100	300	2000	60	
700	200	4500	300	5700	820	
2000	500	1500	300	4300	405	
700	300	3200	300	4500	435	
2000	500	1000	300	3800	330	
1200	450	100	300	2050	67.5	

图 20-28　得出其他员工的应扣税金

基本工资	加班费	奖金	食宿津贴	应发工资	应扣税金	实发工资
700	100	1000	300	2100	75	2025
1200	400	100	300	2000	60	
1500	500	100	300	2400	120	
700	200	1500	300	2700	165	
1500	500	100	300	2400	120	
700	200	1900	300	3100	225	
1200	400	100	300	2000	60	
700	100	2500	300	3600	300	
700	300	3000	300	4300	405	
700	200	2600	300	3800	330	
1200	350	100	300	1950	35	
1500	500	100	300	2400	120	
700	150	2500	300	3650	307.5	
1200	400	100	300	2000	60	
700	200	4500	300	5700	820	
2000	500	1500	300	4300	405	
700	300	3200	300	4500	435	
2000	500	1000	300	3800	330	
1200	450	100	300	2050	67.5	

图 20-29　得出员工的实发工资

步骤 7　用与上述相同的方法，得出其他员工的实发工资，效果如图 20-30 所示。至此，表格数据计算完成。

基本工资	加班费	奖金	食宿津贴	应发工资	应扣税金	实发工资
700	100	1000	300	2100	75	2025
1200	400	100	300	2000	60	1940
1500	500	100	300	2400	120	2280
700	200	1500	300	2700	165	2535
1500	500	100	300	2400	120	2280
700	200	1900	300	3100	225	2875
1200	400	100	300	2000	60	1940
700	100	2500	300	3600	300	3300
700	300	3000	300	4300	405	3895
700	200	2600	300	3800	330	3470
1200	350	100	300	1950	35	1915
1500	500	100	300	2400	120	2280
700	150	2500	300	3650	307.5	3342.5
1200	400	100	300	2000	60	1940
700	200	4500	300	5700	820	4880
2000	500	1500	300	4300	405	3895
700	300	3200	300	4500	435	4065
2000	500	1000	300	3800	330	3470
1200	450	100	300	2050	67.5	1982.5

图 20-30　得出其他员工的实发工资

20.2.3 创建数据图表

创建数据图表的具体操作步骤如下：

步骤① 在工作表中选择 B2:B21、K2:K21 单元格区域，切换至"插入"面板，在"图表"选项板中单击"柱形图"按钮，弹出列表框，选择相应的图表样式，如图 20-31 所示。

步骤② 执行上述操作后，即可在工作表中插入数据图表，拖曳图表四周的控制柄，调整图表的大小，如图 20-32 所示。

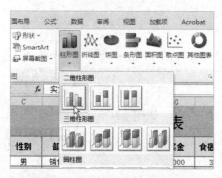

图 20-31 选择相应的图表样式

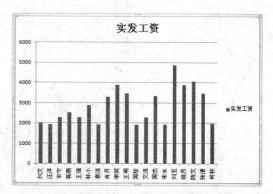

图 20-32 调整图表的大小

步骤③ 选择创建的数据图表，切换至"设计"面板，在"图表样式"列表框中选择"样式 26"选项，如图 20-33 所示。

图 20-33 选择"样式 26"选项

步骤④ 更改图表样式，效果如图 20-34 所示。

步骤⑤ 选择图表形状，切换至"格式"面板，在"形状样式"列表框中选择"中等效果-橙色，强调颜色 6"选项，更改图表形状样式，效果如图 20-35 所示。

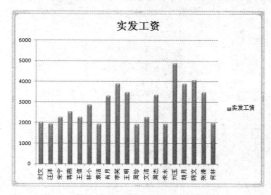

图 20-34 更改图表样式

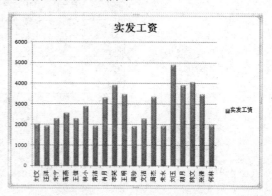

图 20-35 更改图表形状样式

步骤⑥ 选择图表标题，在"开始"面板的"字体"选项板中设置"字体"为"黑体"、"字号"为 20，效果如图 20-36 所示。

步骤⑦ 在图表区的白色背景上单击鼠标右键，在弹出的快捷菜单中选择"设置图表区域格式"选项，弹出"设置图表区格式"对话框，选中"图片或纹理填充"单选按钮，单击"文件"按钮，弹出"插入图片"对话框，选择需要插入的素材图片，如图 20-37 所示。

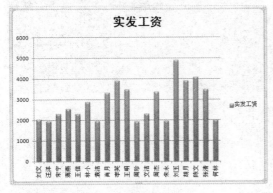

图 20-36　设置标题字体格式

图 20-37　选择需要插入的素材图片

 专家指点

切换至"布局"面板，在相应选项板中也可以设置图表区的格式。

步骤⑧ 单击"插入"按钮，返回"设置图表区格式"对话框，单击"关闭"按钮，返回工作表，即可查看已更改背景的图表效果，如图 20-38 所示。

步骤⑨ 用与上述相同的方法，更改绘图区中的背景效果，如图 20-39 所示。至此，数据图表创建完成。

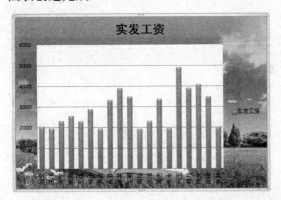

图 20-38　查看已更改背景的图表效果

图 20-39　更改绘图区中的背景效果

20.3　【实战＋视频】：运用 PowerPoint 制作演示文稿

效果欣赏

本实例的最终效果如图 20-40 所示。

图 20-40　运用 PowerPoint 制作演示文稿

技术点睛

本实例制作技术点睛如下：

点睛 1：设置背景效果	点睛 2：设置文字格式	点睛 3：插入素材图片
点睛 4：设置图片样式	点睛 5：复制 Excel 数据	点睛 6：制作动画效果

实战传送

接下来将介绍本实例的实战步骤。

20.3.1　制作首页效果

制作首页效果的具体操作步骤如下：

步骤❶　进入 PowerPoint 2010 工作界面，在幻灯片中单击鼠标右键，在弹出的快捷菜单中选择"设置背景格式"选项，为幻灯片添加相应的背景效果，如图 20-41 所示。

步骤❷　单击"单击此处添加标题"文本框，输入文本"莱茵服饰有限公司"，选中文本，在"字体"选项板中设置"字体"为"汉仪菱心体简"、"字号"为 50、"字体颜色"为白色，然后调节文本框的大小和位置，如图 20-42 所示。

图 20-41　为幻灯片添加相应的背景效果　　　　图 20-42　调节文本框的大小和位置

步骤❸　用与上述相同的方法，在幻灯片中的其他位置输入相应文本内容，并设置文本的字体效果，切换至"格式"面板，在"艺术字样式"选项板中设置文本的艺术字样式，效果如图 20-43 所示。

步骤④ 切换至"插入"面板，在"插图"选项板中单击"图片"按钮，在幻灯片中插入一幅素材图片，然后调整图片的大小和位置，切换至"格式"面板，在"图片样式"选项板的列表框中选择"柔化边缘矩形"选项，设置图片样式，效果如图 20-44 所示。至此，幻灯片首页效果制作完成。

图 20-43 设置文本的艺术字样式　　　　图 20-44 幻灯片首页效果制作完成

20.3.2 制作表格与图表

制作表格与图表的具体操作步骤如下：

步骤① 新建一张幻灯片，并为幻灯片添加相应的背景效果，如图 20-45 所示。

步骤② 单击"单击此处添加标题"文本框，输入文本"员工工资表"，选中文本，在"字体"选项板中设置"字体"为"黑体"、"字号"为 40、"字体颜色"为白色，单击"文字阴影"按钮 S，然后调节文本框的大小和位置，如图 20-46 所示。

图 20-45 为幻灯片添加相应的背景效果　　　　图 20-46 创建与设置文本内容

步骤③ 在第 2 个文本框中单击"表格"按钮，在幻灯片中插入一个 20 行 5 列的表格，并适当的调整表格宽度与高度，在"设计"选项板中设置表格的样式，在"布局"选项板中设置表格的对齐方式与其他属性，效果如图 20-47 所示。

步骤④ 打开上一例制作的 Excel 工作表，在其中选择相应文本与数据内容，进行复制操作，然后切换至 PowerPoint 幻灯片的表格中，对相应文本与数据进行粘贴操作，并设置文本的字体格式，效果如图 20-48 所示。

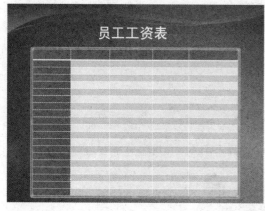

图 20-47　插入表格

图 20-48　复制文本与数据内容

步骤⑤ 用与上述相同的方法，新建一张幻灯片，并为幻灯片添加相应的背景效果，创建相应文本内容，然后将 Excel 工作表中的图表进行复制操作，其将粘贴至幻灯片中，并适当的调整图表的大小，效果如图 20-49 所示。至此，表格与图表制作完成。

图 20-49　创建文本与图表的效果

20.3.3　制作动画效果

制作动画效果的具体操作步骤如下：

步骤① 进入第一张幻灯片，选择标题文本框，切换至"动画"面板，在"动画"选项板中单击右侧的"其他"按钮，在弹出的列表框中选择"飞入"选项，为文本框添加"飞入"动画效果，在"计时"选项板中设置"开始"为"上一动画之后"、"持续时间"为 01.50，单击"幻灯片放映"按钮 放映幻灯片，预览动画效果，如图 20-50 所示。

步骤② 用与上述相同的方法，设置第 1 张幻灯片中其他对象的动画效果，如图 20-51

所示。

图 20-50 放映幻灯片并预览动画效果

幻灯片动画效果片段一

幻灯片动画效果片段二

幻灯片动画效果片段三

幻灯片动画效果片段四

图 20-51 设置幻灯片中其他对象的动画效果

步骤③ 用与上述相同的方法，设置其他幻灯片中对象的动画效果，如图 20-52 所示。

步骤④ 分别选择相应的幻灯片，切换至"转换"面板，在"计时"选项板中设置幻灯片的切换时间。至此，员工工资表制作完成。

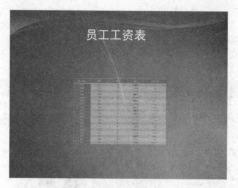

幻灯片动画效果片段一

幻灯片动画效果片段二

幻灯片动画效果片段三

幻灯片动画效果片段四

图 20-52 设置其他幻灯片中对象的动画效果